Peter Steinberg
und 49 Mitautoren

Wärmemanagement des Kraftfahrzeugs V

Prof. Dr.-Ing. Peter Steinberg
und 49 Mitautoren

Wärmemanagement des Kraftfahrzeugs V

Mit 207 Bildern und 22 Tabellen

Haus der Technik Fachbuch Band 68

Herausgeber:
Prof. Dr.-Ing. Ulrich Brill · Essen

expert verlag®

Bibliografische Information Der Deutschen Bibliothek

Die Deutsche Bibliothek verzeichnet diese Publikation
in der Deutschen Nationalbibliografie;
detaillierte bibliografische Daten sind im Internet über
http://dnb.ddb.de abrufbar.

Bibliographic Information published by Die Deutsche Bibliothek

Die Deutsche Bibliothek lists this Publication
in the Deutsche Nationalbibliografie;
detailed bibliographic data is available in the Internet at
http://dnb.ddb.de .

ISBN-10: 3-8169-2651-7
ISBN-13: 978-3-8169-2651-1

Bei der Erstellung des Buches wurde mit großer Sorgfalt vorgegangen; trotzdem können Fehler nicht vollständig ausgeschlossen werden. Verlag und Autoren können für fehlerhafte Angaben und deren Folgen weder eine juristische Verantwortung noch irgendeine Haftung übernehmen.
Für Verbesserungsvorschläge und Hinweise auf Fehler sind Verlag und Autoren dankbar.

Tel.: +49 (0) 71 59-92 65-0, Fax: +49 (0) 71 59-92 65-20
E-Mail: expert@expertverlag.de, Internet: www.expertverlag.de

Printed in Germany

Haus der Technik Fachbuch

Herausgeber der Reihe
Prof. Dr.-Ing. Ulrich Brill
Geschäftsführendes Vorstandsmitglied des Hauses der Technik e.V.

Innovationen sind Antrieb für Wachstum und Konkurrenzfähigkeit. Voraussetzungen hierzu sind Wissen und Erfahrung, Motivation und Kreativität. Wissen und Bildung – somit auch Weiterbildung – werden längst als vierter Produktionsfaktor neben Arbeit, Boden und Kapital gewertet.

So steuern die in zahlreichen Tagungen, Seminaren und Workshops oder auch aus Fachzeitschriften oder Fachbüchern gewonnenen Erkenntnisse die Entscheidungen und die ständig erforderlichen Verbesserungen in kleinen Schritten. Auch im Zeitalter des Internet und dessen neuer Möglichkeiten sind die traditionellen Informations- und Lernformen nach wie vor aktuell und erfreuen sich sogar zunehmender Nachfrage.

Mit seiner interdisziplinären und praxisorientierten Zielrichtung war das Haus der Technik vor mehr als 75 Jahren die erste Einrichtung seiner Art; von Beginn an hatte Deutschlands führendes Institut qualitativ hoch stehende Weiterbildung in Wort und Schrift auf seine Fahnen geschrieben.

Die bewährten *Haus der Technik Fachbücher* befassen sich mit den wichtigen Themen der Technik, der Wirtschaft und angrenzender Gebiete, wie Medizintechnik, Biotechnik und neue Medien. Das Beste, das oft mühsam und mit viel Aufwand von den Veranstaltungsreferenten zusammengetragen wurde, wird damit einem größeren Fachpublikum zugänglich gemacht. Die *Haus der Technik Fachbücher* dienen den Teilnehmern als nützliches Nachschlagewerk und anderen Interessenten beim Selbststudium zu beruflichem Nutzen und Erfolg.

Vorwort

Der vorliegende Band gibt die Vorträge wieder, die anlässlich der 5. Tagung „Wärmemanagement des Kraftfahrzeugs" am 1. und 2. Juni in Berlin gehalten werden. Die Autoren sind anerkannte Fachleute aus der Kraftfahrzeugindustrie und deren Zulieferern, aus Hochschulen sowie aus dem Dienstleistungsbereich. Die Autoren zeigen in diesem Buch den aktuellen Stand des Fachgebietes „Wärme- und Energiemanagement" in Forschung und Entwicklung auf.

Fortschritte im Wärmemanagement greifen positiv in den Energiehaushalt eines Fahrzeuges ein. Damit erhöht sich die Effizienz, wodurch die dem Fahrzeug zugeführte Energie in Form von Kraftstoff sinkt. Damit kann auch das Wärme- und Energiemanagement seinen Beitrag für das Erreichen der ACEA-Selbstverpflichtung (2008/2009) leisten. Von Wärmemanagementmaßnahmen profitiert der Kunde nicht nur durch einen geringeren Kraftstoffverbrauch seines Fahrzeuges, sondern künftig auch durch die neue Fahrzeugbesteuerung aufgrund des CO_2-Ausstoßes.

Den Autoren und Vortragenden danke ich herzlich für Ihre Mühe, ebenso allen, die zum Gelingen dieses Tagungsbandes beitrugen.

Cottbus, im Mai 2006 Prof. Dr. Peter Steinberg

Inhaltsverzeichnis

1 Optimierte Wärmeübertragung durch state-of-the-art Wärmeübertragungs- und Kühlerschutzmittel

Claudius Kormann

Abstract

Essential properties of engine coolants are summarized. Examples for new product developments are given.

Zusammenfassung

Wesentliche Eigenschaften von modernen Kühlerschutzmitteln werden beschrieben. Beispiele und Eigenschaften von neu entwickelten Kühlerschutzmitteln werden gegeben.

1. Einleitung

In den meisten Fahrzeugen sorgt heute ein Wasserkreislauf für die notwenige Kühlung des Motors. Rund ein Drittel des Energiegehalts des Kraftstoffs fließt in Form von Wärme durch diesen Kreislauf, und die spezifische Heizflächenleistung kann lokal die Größenordnung von 500.000 Watt pro Quadratmeter erreichen. Nur ein hochwertiges Kühlerschutzmittel, bestehend aus Wasser, einem Frostschutzmittel und dem Inhibitorpaket (Mischung von chemischen Wirkstoffen) erfüllt die Leistungsanforderungen in modernen Kraftfahrzeugen.

2. Die Flüssigkeit

Tatsächlich ist Wasser dank seiner hohen spezifischen Wärmekapazität und seiner geringen Viskosität ein nahezu optimales Wärmeübertragungsmittel. Gegen die Sprengkraft gefrierenden Wasser ist Frostschutz erforderlich: Hier dosiert man in der Regel ca. 30-50% Ethylenglykol (selten Propylenglykol, künftig möglicherweise Glyzerin).

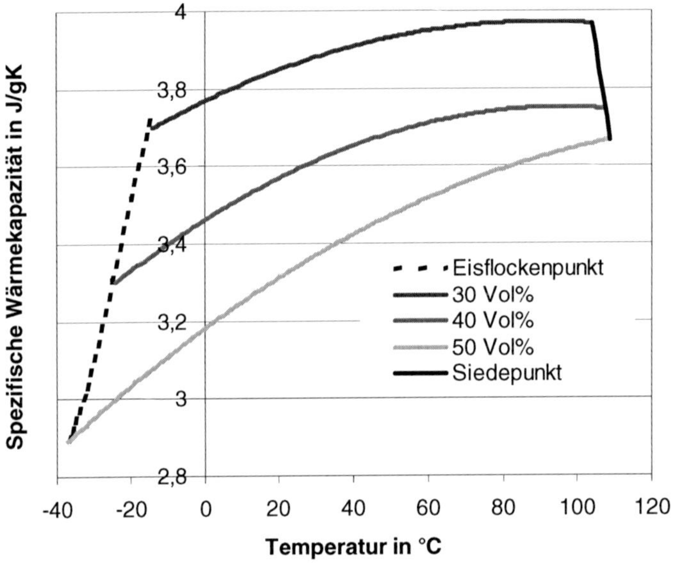

Bild 1: Spezifische Wärmekapazität von Kühlerschutzmitteln in Abhängigkeit von der der Glykolkonzentration und der Temperatur

Nützliche Nebenwirkung des Frostschutzmittels sind erhöhte Siedetemperaturen von bis zu 109 °C bei Normaldruck und bis zu 120 °C bei 1,5 bar.

3. Das Inhibitorpaket

Ohne Inhibitoren würde ein thermisch belastetes Wasser-Glykol-Gemisch in kürzester Zeit schwere Korrosionsschäden am Kühlsystem verursachen. Inhibitorpakete (ca. 5% bezogen auf die Glykolmenge) bestehen aus einer Auswahl von Korrosionsinhibitoren und anderen Wirkstoffen. Sie ermöglichen im Kühlsystem eine Vielzahl von Funktionen und Performancesteigerungen (vgl. Tabelle 1). Mit einem hochwertig formulierten Inhibitorpaket eines Markenherstellers sind im Kühlsystem eines PKW „fill for life" Service-Intervalle möglich.

Tabelle 1

Funktionen des Inhibitorpakets im Kühlerschutzmittel
Korrosionsschutz für eine Vielzahl von Metallen (insbes. Aluminium, Eisen)
Schutz gegen Kavitation
Überhitzungsschutz
Förderung der Wärmeübertragung
Hochtemperaturstabilität
Schutz gegen Nebenwirkungen unterschiedlicher Wasserqualitäten (Wasserhärte)
Schutz von Elastomeren und Kunststoffen
Schaumkontrolle
Ablagerungskontrolle

Unterschiedliche Kühlerschutzmittel sollen nicht ungeprüft miteinander vermischt werden, da nachteilige Wechselwirkungen nicht ausgeschlossen werden können. Auch ist sowohl Unter- als auch Überkonzentrierung zu vermeiden. Je nach Region und Vorgeschichte dominieren silikat-haltige, silikat-freie, nitrit-haltige oder nitrit-freie Formulierungen. In Europa gelten phosphat-haltige Formulierungen wegen des verbreitet harten Wassers als riskant. Begriffe wie „NAP-free“ (NAP = nitrite, amine, phosphate) oder „OAT“ (OAT = organic acid technology) werden gerne zu Marketingzwecken zur Abgrenzung gegenüber „älteren“, nicht notwendig schlechteren Formulierungen verwendet.

Es gibt eine Vielzahl von Spezifikationen für Kühlerschutzmittel (z.B. BS6580, ASTM D3306, JIS K 2234), die oft mehr als 20 Eigenschaften festlegen, wobei OEM Spezifikationen (z.B. TL774F, DBL7700, GM6277M) in der Regel besonders anspruchsvoll und vieldimensional sind.

Aufgrund der Tatsache, dass die Flüssigkeit mehr als 100 Bauteile und eine Vielzahl von Werkstoffen im Kühlsystem kontaktiert, wird deutlich, dass die Entwicklung eines neuen Kühlerschutzmittels ein hohes Maß an Erfahrung erfordert. Die Kundenanforderung an das Kühlerschutzmittel bleibt dagegen einfach: schützt gegen Frost, Rost, Überhitzung.

4. Beispiele für Neuentwicklungen

Trotz der hohen Hürde, die eine neue OEM-Freigabe stellt, ermutigen drei Trends zur Optimierung bzw. Neuentwicklung von Kühlerschutzmitteln: Kostendruck, zunehmende Leistungsverdichtung, steigende Anforderungen an Ökologie.

4.1 Glyzerin

Beispielhaft werden im folgenden die Eigenschaften eines kostenoptimierten Kühlerschutzmittels mit Glyzerin-Beimischung gezeigt. Glyzerin, auch ein Glykol, entsteht als preiswertes Nebenprodukt der Biodieselherstellung. Glyzerin gilt als ökologisch unproblematisch. Es kann gezeigt werden (Tabelle 2), dass ein Teilersatz von etwa

25 Gew% Ethylenglykol durch Glyzerin möglich ist und wesentliche physikalische Eigenschaften nahezu unverändert bleiben.

Tabelle 2 Vergleich von Glykolen

	Füllfertiger (50Vol%) Kühlerschutz mit Ethylenglykol	Füllfertiger (50Vol%) Kühlerschutz mit Ethylenglykol – Glyzerin – Mischung 3:1
Frostschutz	< -35 °C	< -35 °C
Siedepunkt	109 °C	109 °C
Spezifische Wärmekapazität bei 100 °C	3,7 J/gK	3,7 J/gK
Wärmeleitfähigkeit bei 100 °C	0.44 W/Km	>0.44 W/Km (calc.)
Viskosität bei 100 °C	0.78 mm2/s	0.83 mm2/s
Dichte bei 20 °C	1.07 kg/L	1.09 kg/L
Prandtl –Zahl bei 100°C	6.4	7.1(calc.)

Kritischer verhalten sich Ethylenglykol/Glyzerin-Mischungen hinsichtlich des Korrosionsschutzes: nicht jedes Inhibitorpaket verträgt sich mit einer Ethylenglykol/Glyzerin-Mischung.

Tabelle 3 zeigt Korrosionsschutzwerte eines anerkannten dynamischen Korrosionsschutzversuchs (Versuchsbedingungen vgl. Tabelle 4), bei dem ein beheizter Aluminium-Coupon von dem mit korrosivem Wasser verdünnten Kühlerschutzmittel überströmt wird.

Tabelle 3 Vergleich von Inhibitorpaketen

Inhibitorpaket	Glyzerinanteil im Glykol	Gewichtsverlust des Aluminium-Coupons / Milligramm
Nr. 1 (silikat-frei)	Kein Glyzerin	16
Nr. 1 (silikat-frei)	25 Gew.% Glyzerin	53
Nr. 2 (enthält stabilisiertes Silikat)	Kein Glyzerin	6
Nr. 2 (enthält stabilisiertes Silikat)	25 Gew.% Glyzerin	10

Offensichtlich zeigt das marktübliche Kühlerschutzmittel auf Basis Inhibitorpaket Nr. 1 eine gewisse Unverträglichkeit mit Glyzerin. Das Inhibitorpaket 2 (von BASF) hat eine bessere Toleranz gegenüber Glyzerin.

Tabelle 4 Prüfbedingung des dynamischen Korrosionsversuchs

Parameter	Werte
Temperatur der Prüfflüssigkeit : *Eingang-Heißkammer, °C *Ausgang- Heißkammer, °C	 95 105
Überdruck , bar	1,5
Durchfluss, l/h	210
Laufzeit, h	96
Heizleistung, W	2300
Nominale Heizflächenbelastung, W/cm²	75
Werkstoffprobe ca. 65 Gramm	GALSi6Cu4
Konzentration der Prüfflüssigkeit, Vol.%	30
Wassersorte	ASTM D1384

4.2 Höchste Heizflächenbelastungen

Ein weiterer Aspekt bei der Auslegung moderner Kühlsysteme betrifft die zunehmende Leistungsverdichtung. Das Kühlerschutzmittel im Kühlkreislauf der Zukunft wird im Bereich von Wärmeübertragern im Zusammenhang mit zunehmender Abgasrückführung (AGR) thermisch besonders belastet. Es wird regelmäßig an die Siedegrenze herangefahren. Bessere Wärmeübertragung durch das Kühlerschutzmittel entsteht durch Erhöhung der Förderleistung oder durch Erhöhung des Wassergehalts (dank der höheren spezifischen Wärmekapazität des Wassers).

Im folgenden wird beispielhaft gezeigt, dass auch durch Mikrostrukturierung[1] von kritischen Bauteilen eine Absenkung der Oberflächentemperatur erzielt werden kann. Die Mikrostrukturierung von Metallen kann auf unterschiedliche Weise, zum Beispiel durch Flammspritzen erreicht werden. Eine mikrostrukturierte Oberfläche fördert oberflächennahe Turbulenzen, aber auch die Förderung von Siedekeimen führt zu einer beachtlichen Temperaturabsenkung von 10 bis 20 Grad, abhängig von der Strömungsgeschwindigkeit. Es wurden wiederum anwendungsnahe Bedingungen simuliert, etwa wie sie in den Kühlkanälen zwischen den Abgasventilen im Motorblock eines Nutzfahrzeugs herrschen: eine beheizte Graugussoberfläche wurde mit 100 °C heißem Kühlmittel angeströmt. Wegen des Systemdrucks von 3,2 bar liegt der Siedepunkt bei etwa 143°C. Die Doppelpfeile in Bild 2 zeigen die vorteilhafte Temperaturabsenkung, welche sich bei hohen Heizflächenbelastungen an der Metalloberfläche durch eine mikrostrukturierte, poröse Beschichtung erreichen lässt.

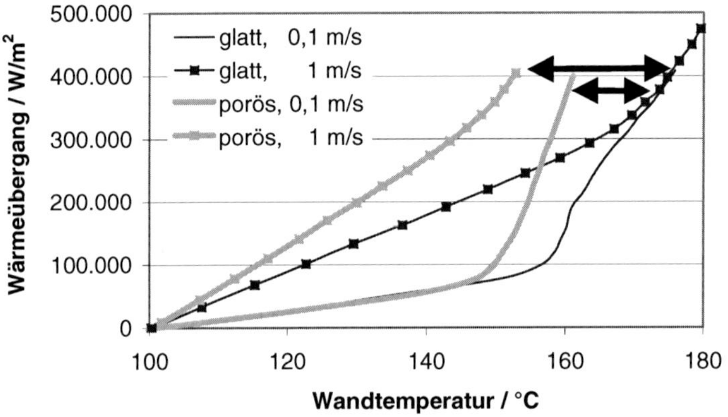

Bild 2: Verbesserter Wärmeübergang an porösen Oberflächen

Im Temperaturbereich ab 143 °C siedet das Kühlmittel unter diesen Bedingungen, und es kann gezeigt werden, das ausgewählte Kühlmittel diesen Belastungen standhalten, also keine Ablagerungen auf den Oberflächen hinterlassen.

Literatur

[1] Ramstorfer, Steiner, Brenn, Kormann, Rammer: "Enhanced flow boiling heat transfer from porous surfaces in automotive coolant liquid". ASME Journal of Heat Transfer, in preparation.

2 Thermodynamischer Vergleich zwischen einer Hochdruck- und einer Niederdruck-Abgasrückführung

Klaus Tüber, Peter Ambros

Abstract

As world-wide exhaust legislation for diesel powered vehicles becomes more and more rigorous, extensive measures inside and outside the engine are necessary. This includes a cooled exhaust gas recirculation (EGR), which makes possible substantial reduction of nitrogen oxide emissions. Thereby, the EGR process can be implemented in a conventional high pressure EGR loop or in a low pressure EGR loop. In the latter case, part of the exhaust gas is extracted after the turbine and the diesel particulate filter to be recirculated and mixed with fresh air before the compressor.

The present contribution describes the fundamental advantages and disadvantages of these two EGR systems and supplies a simulation model for a vehicle, which was generated using KULI®, a one-dimensional simulation software package. This model permits the computation of the charge air inlet temperature to the engine and the thermodynamic effects on the involved heat exchangers (EGR cooler, Charge air cooler and Radiator). It shows that in case of unchanged components a substantial thermal advantage for the low pressure EGR loop can result. For the boundary conditions of the selected basis case the engine intake air temperature could be reduced around 5.1K without penalizing the coolant side. An additional parametric study examines the influence of fresh air mass flow, air compression ratio, exhaust gas temperature, EGR rate and coolant rate in the EGR cooler.

Zusammenfassung

Zur Erreichung der sich weltweit verschärfenden Abgasgesetzgebung bei Dieselfahrzeugen sind umfangreiche inner- und außermotorische Maßnahmen notwendig. Dazu zählt beispielsweise die gekühlte Abgasrückführung (AGR), welche eine wesentliche Reduzierung der Stickoxidemissionen ermöglicht. Eine Realisierung der AGR kann dabei in einem konventionellen Hochdruck-AGR-Kreislauf oder in einem Niederdruck-AGR-Kreislauf erfolgen. Im letzteren Fall wird ein Teil des Abgases nach der Turbine und dem Partikelfilter entnommen, zurückgeführt und mit der Frischluft vor dem Verdichter gemischt.

Der vorliegende Beitrag erläutert die grundsätzlichen Vor- und Nachteile dieser beiden AGR-Systeme und liefert ein Simulationsmodell für ein konkretes Fahrzeug, welches mit dem eindimensionalen Simulationsprogramm KULI® aufgebaut wurde. Dieses Modell erlaubt die Berechnung der Motoreintrittstemperatur und der thermodynamischen Auswirkungen auf die beeinflussten Wärmeübertrager (AGR-, Ladeluft- und Kühlmittel-Kühler). Es zeigt, dass sich bei unveränderten Komponenten ein thermischer Vorteil für den Niederdruck-AGR-Kreis ergeben kann. Für die zugrunde gelegten Randbedingungen des gewählten Basisfalls ergab sich beispielsweise eine Absenkung der Motoransauglufttemperatur um 5,1K, ohne die Kühlmittelseite zu benachteiligen. Eine zusätzliche Parameterstudie untersucht den Einfluss von Frischluftdurchsatz, Verdichtungsverhältnis, Abgastemperatur, AGR-Rate und Kühlmittelrate im AGR-Kühler.

1. Einleitung

In Bild 1 sind die europäischen, amerikanischen und japanischen Grenzwerte für frühere, heutige und zukünftige Partikel- und Stickoxid-Emissionen von Diesel-Pkw dargestellt. Die in der Darstellung nicht genannten EURO5 Grenzwerte befinden sich derzeit in der Begutachtungsphase. Die zuständige europäische Kommission schlägt für Stickoxide (NOx) ein Limit von 0,2g/km und für die Partikelmasse (PM) einen Grenzwert von 0,005g/km vor.

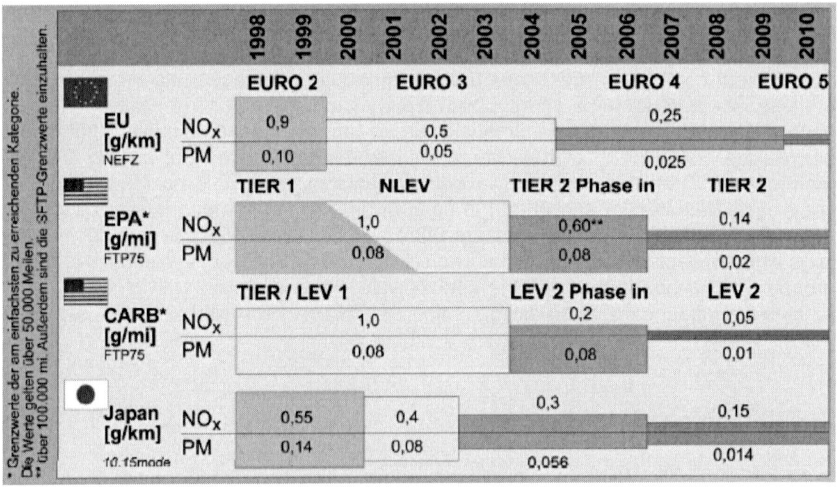

Bild 1: Entwicklung der weltweiten Abgasgrenzwerte von Partikelmasse (PM) und Stickoxide (NOx) für Diesel-Pkw [1]

Aufgrund der verstärkten Verwendung eines Partikelfilters für zukünftige Dieselfahrzeuge, konzentrieren sich die Aktivitäten insbesondere auf die NOx-Minimierung. Eine sehr wirksame Technik, diese Forderungen zu erfüllen, ist die äußere Abgasrückführung (AGR). Dabei wird Abgas in das Saugrohr rückgeführt, wodurch der Inertgasanteil in der Frischgasfüllung steigt. Dadurch verlangsamt sich die Brenngeschwindigkeit und senkt sich die Verbrennungsspitzentemperatur ab, was letztendlich zu einer Verringerung der stark temperaturabhängigen NOx-

Emissionen führt. Das NOx-Reduktionspotential der AGR steigt mit der Rückführrate und einer möglichst geringen Temperatur des rückgeführten Abgases, weshalb üblicherweise dieser Teil des Abgasmassenstroms durch einen von Kühlmittel durchströmten Abgaswärmeübertrager gekühlt wird.

Bei der gekühlten Abgasrückführung, wie sie in Bild 2 dargestellt ist, wird ein Teil des Abgases vor der Turbine des Abgasturboladers entnommen, im AGR-Kühler (AGRK) gekühlt und danach der Frischluft nach dem luftgekühlten Ladeluftkühler (LLK) beigemischt. In diesem Fall befindet sich das in die verdichtete Ladeluft rückgeführte Abgas auf einem hohen Druckniveau, weshalb man auch von einer Hochdruck-Abgasrückführung (HD-AGR) spricht.

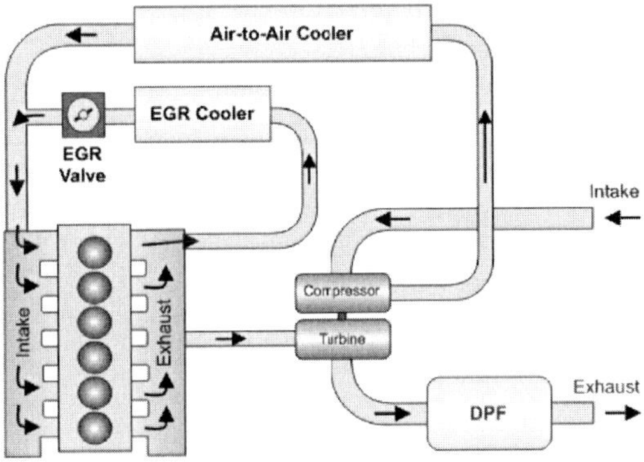

Bild 2: Schema der Hochdruck-Abgasrückführung [9]

Wird das Abgas erst nach Dieselpartikelfilter (DPF) und Turbine entnommen, spricht man von einer Niederdruck-Abgasrückführung (ND-AGR), da in diesem Fall das Abgas bereits in der Turbine entspannt wurde. Wie in Bild 3 dargestellt, wird auch dabei das rückgeführte Abgas gekühlt, anschließend aber der Frischluft vor dem Verdichter des Abgasturboladers und damit auch vor dem Ladeluftkühler beigemischt.

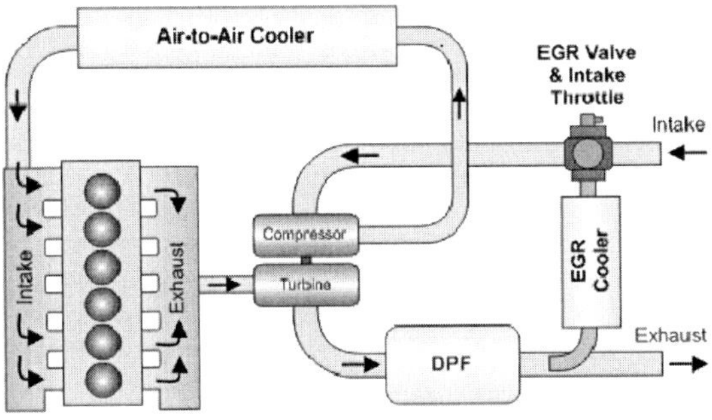

Bild 3: Schema der Niederdruck-Abgasrückführung [9]

Unabhängig von der Anordnung bestehen beide AGR-Systeme aus dem Abgaskühler, den Abgasleitungen und einem AGR-Ventil, welches die zurückzuführende Abgasmenge regelt. Ähnlich wie in Bild 3 dargestellt ist, kann eine zusätzliche AGR-Drosselklappe eingesetzt werden, die bei geringen Abgasmassenströmen das Druckgefälle zwischen Abgas- und Ansaugleitung erhöht und dadurch die AGR-Rate steigert. Da das treibende Druckgefälle der ND-AGR im Vergleich zur HD-AGR höher ist, lassen sich mit dieser Variante höhere AGR-Raten erzielen.

Weitere Vorteile der ND-AGR sind die Erhöhung und weitgehende Entkopplung des möglichen Ladedrucks von der AGR-Rate, da stets der gesamte Abgasmassenstrom durch die Turbine geleitet wird. Zudem wird durch die relativ lange, gemeinsame Laufstrecke hin zum Motor eine bessere Durchmischung des Abgas/Luft-Gemisches erreicht, wodurch den einzelnen Zylindern eine homogene Verbrennungsluft zur Verfügung gestellt wird.

Im Folgenden wird der thermische Einfluss der ND-AGR auf die Kühlung des homogenen Gemisches aus Abgas und Frischluft sowie die beteiligten Wärmeübertrager vorgestellt. Nach einer kurzen Einführung in die verwendeten Simulationsmodelle werden die Ergebnisse eines ausgewählten Basisfalls diskutiert. Anschließend werden die Auswirkungen verschiedener Parameter der AGR auf die Temperatur der Motoransaugluft präsentiert. Danach wird der Einfluss der unterschiedlichen Rückführungsstrategien auf unterschiedliche Lastzustände untersucht. Zum Abschluss werden die Auswirkungen der ND-AGR auf die beteiligten Bauteile erläutert und ein Fazit gezogen.

2. Aufbau des Simulationsmodells

Zur Modellierung der Kühlsysteme von ND-AGR und HD-AGR wird das Simulationsprogramm KULI® verwendet. Es basiert auf der eindimensionalen Stromfadentheorie und erlaubt die leistungsfähige Analyse der Wärmebilanz von komplexen Kühlsystemen. Ausgehend von Kennlinien bzw. Kennfeldern der integrierten Bauteile, wie Wärmeübertrager, Lüfter und Pumpen, können die Kühlluftseite und die inneren Fluidkreisläufe in KULI® nachgebildet werden. Eine detaillierte Beschreibung der Simulationssoftware wird in [10] gegeben.

Das Basismodell für die Berechnungen der beiden AGR-Systeme baut auf einem Simulationsmodell eines Pkw mit 6-Zylinder-Dieselmotor auf. Dieses Modell wurde in Zusammenarbeit mit dem Fahrzeughersteller erstellt und durch Straßenmessungen kalibriert. Eine Beschreibung der von Modine® durchzuführenden Schritte von der ersten Komponentenmessung über zusätzliche dreidimensionale Strömungsberechnungen hin zu einem validierten KULI® -Modell wird in [8] erläutert.

Das abgestimmte Modell wurde anschließend entsprechend den Anforderungen an einen Vergleich von ND- und HD-AGR vereinfacht. So wurden beispielsweise der Kondensator, der Lenkhilfekühler und die Staudruckklappen entfernt sowie der Ladeluftkühler als Unterbaukühler modelliert. In beiden Modellen wurden identische Kennlinien bzw. Kennfelder für die Wärmeübertrager und die weiteren Komponenten eingesetzt. Der einheitliche Kühlluftpfad ist schematisch in Bild 4 dargestellt.

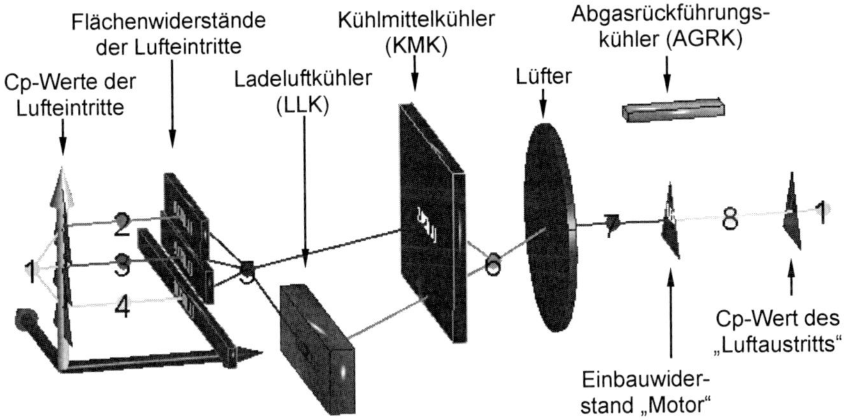

Bild 4: 3D-Darstellung der Luftseite des ND- bzw. HD-AGR-Kühlsystems

Ausgehend von dem Umgebungszustand (Punkt 1) strömt abhängig von der Fahrgeschwindigkeit und der Lüfterdrehzahl die Kühlluft durch die Einlassöffnungen der Fahrzeugfront in den Motorraum ein. Die drei Lufteintritte werden durch je einen dimensionslosen Druckverlustbeiwerte (cp-Wert) und einen Flächenwiderstand modelliert. Die Kühlluft wird anschließend in Punkt 5 zusammengeführt, um sich danach entsprechend der unterschiedlichen Druckverluste im LLK und KMK in parallele Strompfade aufzuteilen. Beide Teilströme werden vor dem Lüfter wieder zusammengeführt und umströmen danach den Motor. Der Druckverlust des durchströmten Motorraums wird durch den Einbauwiderstand „Motor" abgebildet. Anschließend tritt die Kühlluft am „Luftaustritt", der ebenfalls durch einen Druckverlustbeiwert abgebildet wird, in die Umgebung aus.

Neben der Modellierung der Kühlluftführung bietet KULI® auch die Möglichkeit, die inneren Kreisläufe wie Ladeluft- und Kühlmittelkreisläufe abzubilden. Dabei handelt es sich beim Ladeluftkreislauf um einen offenen Kreislauf und beim Kühlmittelkreislauf um einen geschlossenen Kreislauf. Bild 5 zeigt den Aufbau des Ladeluftkreislaufes, wie er sich für den Fall der ND-AGR darstellt.

Ausgehend von der Umgebungslufttemperatur, die als Simulationsparameter vorgegeben wird und der Abgastemperatur, die sich nach dem AGRK ergibt, wird die Mischtemperatur von Abgas und Frischluft berechnet. Zusätzlich auftretende Temperaturänderungen durch Wärmeübertragung in den Abgas- und Ansaugleitungen bleiben unberücksichtigt. Mit dieser Mischtemperatur und der Vorgabe des Druckverhältnisses im Turbolader wird anschließend die Temperaturerhöhung durch die polytrope Verdichtung im Turbolader berechnet. Diese Verdichtungsendtemperatur wird dann zusammen mit dem aus Frischluft und Abgas zusammengesetzten Massenstrom dem Ladeluftkreislauf übergeben.

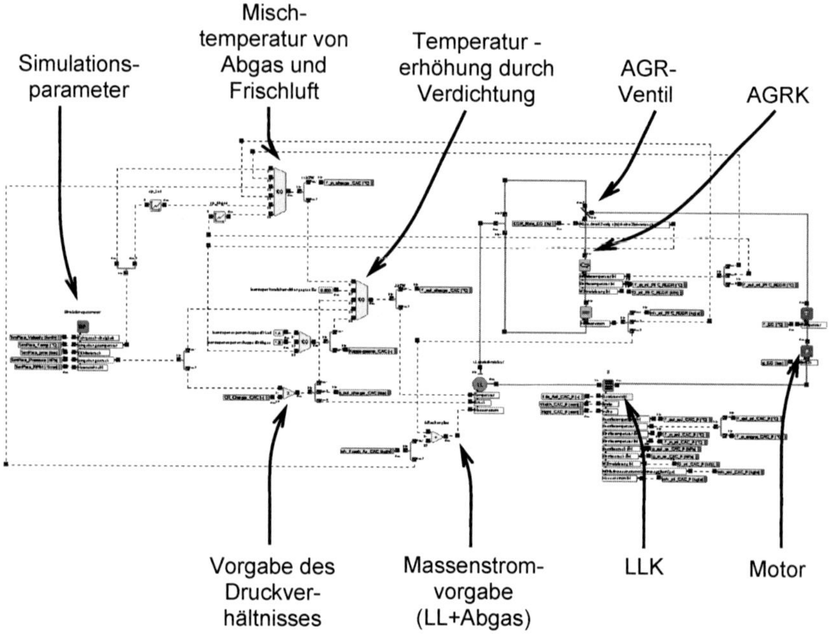

Bild 5: Ladeluftkreislauf inklusive Modellierung des Turboladers im Fall der ND-AGR

Das Abgas/Frischluft-Gemisch wird im Ladeluftkühler gekühlt, wobei der Wärmestrom über die Kühlluftströmung an die Umgebung abgeführt wird. Danach erfährt der Ladeluftmassenstrom durch die Verbrennung im Motor eine Temperatur- und Druckerhöhung. Entsprechend der Stellung des AGR-Ventils wird anschließend ein Teil des Verbrennungsgases im AGR-Kühler gekühlt und wieder der Frischluft zugeführt. Letztendlich muss der AGRK für eine ausreichende Vorkühlung des Abgases zum Schutz vor thermischer Überbeanspruchung des Verdichterlaufrades sorgen. Der im AGRK zu übertragende Wärmestrom wird an das Kühlmittel – einem Wasser/Glykol-Gemisch – abgeführt, welches angetrieben von einer Pumpe im Kühlmittelkreislauf zirkuliert. Dabei nimmt es zusätzlich noch die Wärmelasten des Motors und des Getriebes auf. Die im KMK abgeführten Wärmeströme werden letztendlich ebenfalls von der Kühlluftströmung an die Umgebung übertragen.

3. Untersuchungen bei maximaler Fahrzeuggeschwindigkeit

In diesem Kapitel werden Simulationsergebnisse der beiden AGR-Systeme vorgestellt, die für die Randbedingungen einer maximalen Fahrzeuggeschwindigkeit berechnet werden. In der Regel führen diese Randbedingungen zu thermisch kritischen Belastungen eines Kühlmoduls. Die Randbedingungen, wie sie in Tabelle 1 genannt sind, stellen daher den Basisfall der weiteren Diskussion dar. Sie sind für die ND- und HD-AGR identisch und basieren auf Angaben des Fahrzeugherstellers, Erfahrungen von Modine® und zukünftigen Prognosen bezüglich der EURO5 Gesetzgebung.

Tabelle 1: Randbedingungen bei maximaler Fahrzeuggeschwindigkeit

Parameter	Wert
Fahrgeschwindigkeit [km/h]	220
Umgebungstemperatur [°C]	29
Umgebungsdruck [mbar]	955
Motordrehzahl [1/min]	4150
Motorwärme [kW]	75
Getriebewärme [kW]	6
Kühlmitteldurchfluss [l/h]	10680
Frischluftdurchsatz [kg/h]	720
Verdichtungsverhältnis des Abgasturboladers [-]	2,3
Abgastemperatur [°C]	450
AGR-Rate [%]	15
Kühlmittel-Rate im AGRK [%]	8

Neben der maximalen Fahrgeschwindigkeit werden die Umgebungsbedingungen und spezifische Werte, wie Drehzahl und Wärmelast durch den Motor und das Getriebe aufgelistet. Des Weiteren werden die Durchflussmengen von Kühlmittel und Frischluft genannt. Zur Spezifikation der Ladeluft geht das Verdichtungsverhältnis des Abgasturboladers ebenso in die Simulation ein, wie Angaben über die Abgasseite. Dabei ist die Abgastemperatur am Eintritt des AGRK mit 450°C moderat gewählt. Während derzeit die Abgasrückführung bei Pkw lediglich während der Teillast angewendet wird, führen die zukünftigen strengeren Abgasgrenzwerte durchaus zu einer Aufweitung des AGR-Spektrums hin zu höheren Lasten. In diesem Basisfall wird eine AGR-Rate von 15% angenommen. Die Angabe der Kühlmittel-Rate durch den AGR-Kühler, der kühlmittelseitig parallel zum Motor verschaltet ist, vervollständigt die eingestellten Randbedingungen.

Bild 6 zeigt die Temperaturen von Ansaugluft am Motoreintritt, Kühlmittel am KMK-Einritt und Ladeluft am LLK-Eintritt wie sie sich bei den genannten Randbedingungen für das HD- und ND-AGR-System ergeben. Es wird nochmals darauf hingewiesen, dass die Temperatur der Ansaugluft am Motoreintritt im Fall der ND-AGR mit der Ladeluftaustrittstemperatur des Ladeluftkühlers identisch ist. Im Fall der HD-AGR berechnet sich die Temperatur der Ansaugluft am Motoreintritt mittels der Temperatur von Ladeluft nach dem Ladeluftkühler und Temperatur des rückgeführten Abgases nach dem Abgas-Kühler.

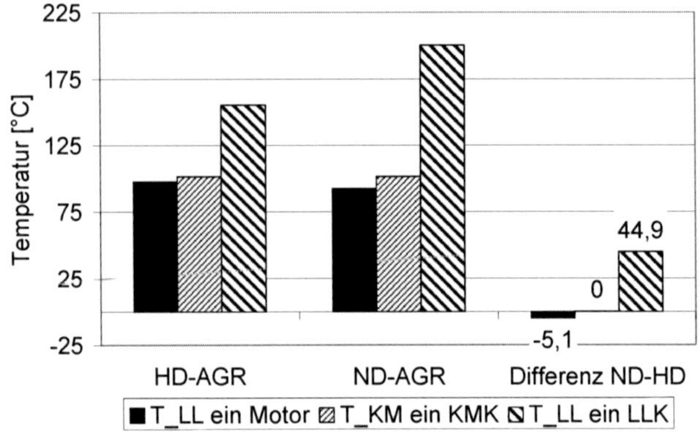

Bild 6: Vergleich der Temperaturen von Ansaugluft am Motoreintritt, Kühlmittel am KMK-Einritt und Ladeluft am LLK-Eintritt bei HD- und ND-AGR

Bei maximaler Fahrzeuggeschwindigkeit nimmt die Temperatur der Ansaugluft am Motoreintritt im Fall der HD-AGR einen Wert von 97,8°C an während im Fall der ND-AGR eine Temperatur von 92,7°C erreicht wird. Gleichzeitig ist, aufgrund gleicher Wärmelasten und Anströmbedingungen des Kühlmittelkühlers, die Kühlmitteltemperatur am Kühlereintritt in beiden Fällen identisch. Lediglich die Temperatur der Ladeluft am Eintritt des LLK ist durch das Zumischen von Abgas um 44,9°C von 155,7°C bei HD-AGR auf 200,6°C bei ND-AGR gestiegen. Wie Bild 7 zeigt, ist damit eine Zunahme der Wärmelast im LLK um 8,5kW bzw. 48% von 17,5kW bei HD-AGR auf 26,0 kW bei ND-AGR verbunden. Neben der höheren Eintrittstemperatur ist dafür auch der durch den zusätzlichen Abgasmassenstrom um etwa 17,5% gestiegene Durchsatz im LLK verantwortlich.

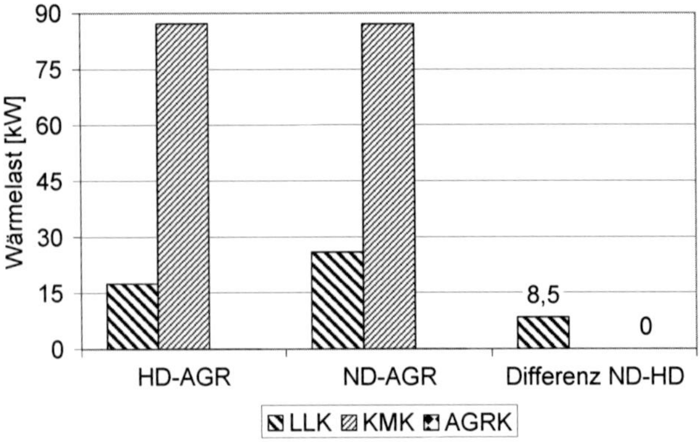

Bild 7: Vergleich der Wärmelasten von LLK, KMK und AGRK bei HD- und ND-AGR

Die Verringerung der Ansauglufttemperatur am Motoreintritt bei ND-AGR lässt sich darauf zurückführen, dass der LLK bei guter Luftführung durchaus die höhere Wärmemenge der vergleichsweise heißen Ladeluft an die Kühlluft abführen kann. Letztendlich wirkt sich die zusätzliche Kühlung des Abgases im LLK günstig auf eine Absenkung der Motoreintrittstemperatur des Abgas/Frischluft-Gemisches aus. Im Fall der HD-AGR werden Abgas und verdichtete Frischluft ausschließlich getrennt von einander gekühlt und erst relativ kurz vor Eintritt in die Zylinder auf unterschiedlichen Temperaturniveaus zusammengeführt. Die sich ergebende Mischtemperatur ist im Fall der HD-AGR höher als die Motoreinrittstemperatur bei ND-AGR.

Für diesen speziellen Lastfall zeigt sich, dass durch die Veränderung der Verschaltung identischer Bauteile von einer HD-AGR hin zu einer ND-AGR ein thermischer Gewinn in Form einer abgesenkten Motoreintrittstemperatur der Ansaugluft um 5,1K erzielt werden kann. Dabei wird die Kühlmitteltemperatur durch die identischen Wärmelasten am KMK und AGRK thermisch nicht negativ beeinflusst.

Neben der Möglichkeit, diesen thermischen Gewinn in höhere Motorleistungen oder geringere Emissionen umzuwandeln, kann die erzielte Temperaturdifferenz von 5,1K auch in eine Verringerung der Kühlernetzgrößen transformiert werden. Dazu wurden die Abmessungen des Ladeluftkühlers und Kühlmittelkühlers des ND-AGR-Systems iterativ verringert, bis sich näherungsweise die gleiche Motoreintrittstemperatur wie im Fall der HD-AGR einstellte. Das zu erzielende Einsparpotential der Bauteilgröße beträgt demnach für den LLK ca. 14% und für den KMK ca. 5,5%.

4. Einfluss wesentlicher Parameter der Abgasrückführung in bestimmten Lastzuständen

Im Folgenden soll der Einfluss unterschiedlicher Parameter auf die Temperatur der Ansaugluft in den Motor bei HD- und ND-AGR bewertet werden. Die untersuchten Parameter Frischluftdurchsatz, Verdichtungsverhältnis des Abgasturboladers, Abgastemperatur, AGR-Rate und Kühlmittel-Rate im AGRK sowie deren Variationsbereich im Vergleich zu den im Basisfall (v_max: maximale Fahrgeschwindigkeit) gewählten Werten sind in Tabelle 2 gelistet.

Tabelle 2: Parametervariation

Variierte Parameter	Basis (v_max)	Variation
Frischluftdurchsatz [kg/h]	720	250...1500
Verdichtungsverhältnis des Abgasturboladers [-]	2,3	1,5...4
Abgastemperatur [°C]	450	300...700
AGR-Rate [%]	15	0,1...30
Kühlmittel-Rate im AGRK [%]	8	0...8

Die Variationsbreite der einzelnen Parameter erstreckt sich dabei teilweise bewusst über heutige Grenzen hinaus, um auch zukünftige Entwicklungen mit berücksichtigen zu können. Es werden keine Wechselwirkungen unterschiedlicher Parameter untersucht, sondern jeweils ein Parameter verändert, während alle anderen Randbedingungen den in Tabelle 1 genannten Basiskonditionen entsprechen. Dabei werden die einzelnen Parametervariationen nicht nur im Lastfall einer maximalen Fahrgeschwindigkeit nachgeprüft, sondern sollen auch für weitere kritische Lastzustände wie Bergfahrt bei 35km/h (Berg35) bzw. Bergfahrt bei 60km/h (Berg60), Fahrt mit einem Anhänger bei 100km/h (Hänger100) und Autobahnfahrt bei 200km/h (200km/h) bewertet werden. Für diese Lastzustände wurden jeweils typische Randbedingungen definiert.

4.1 Einfluss des Frischluftdurchsatzes

In Bild 8 wird die Temperaturdifferenz der Ansaugluft am Motoreintritt von ND- zu HD-AGR über dem Frischluftdurchsatz dargestellt und mit dem in Kapitel 3 beschriebenen Basisfall verglichen.

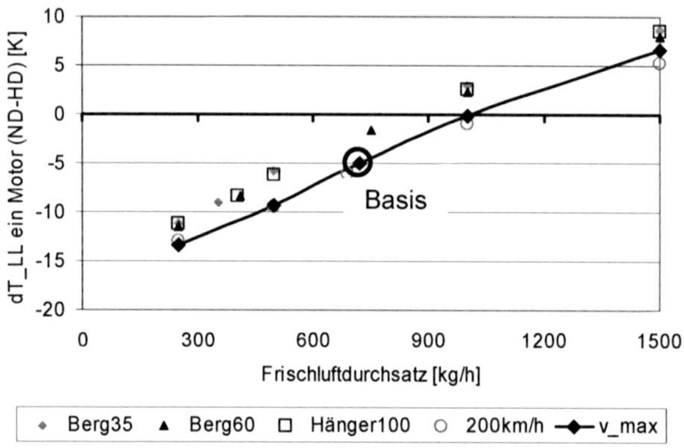

Bild 8: Einfluss des Frischluftdurchsatzes

Aus dieser Darstellung wird deutlich, dass mit steigendem Frischluftdurchsatz der thermische Vorteil einer geringeren Ansauglufttemperatur der ND-AGR abnimmt. So stellt sich bei maximaler Fahrgeschwindigkeit und 250kg/h Frischluftdurchsatz im Fall der ND-AGR eine um etwa 13K geringere Temperatur der Ansaugluft ein als bei HD-AGR. Wie die Trendlinie im Fall „v_max" zeigt, nimmt mit höheren Massenströmen der Frischluft dieser thermische Vorteil annähernd linear ab.

Dieser beschriebene Trend ist grundsätzlich für die weiteren Lastfälle identisch, und lässt sich auf die zunehmende Belastung des Ladeluftkühlers zurückführen. Bei steigendem Frischluftdurchsatz nimmt bei identischer AGR-Rate gleichzeitig auch der Massenstrom von zurückgeführtem Abgas zu. Im Fall der ND-AGR wird dieser zusätzliche Massenstrom auch durch den LLK geführt, der dadurch die Wärmelast des verdichten Abgas/Frischluft-Gemisches abführen muss. Bei einem Durchsatz von 1500kg/h ergibt sich bei „v_max" für den Ladeluftkühler eine Wärmelast von 40kW bei ND-AGR und 26kW bei HD-AGR. Im Fall der ND-AGR kann die Wärmelast nicht mehr auf einem ausreichend niedrigen Temperaturniveau abgeben und die Ansauglufttemperatur der ND-AGR steigt über die entsprechende Temperatur bei HD-AGR.

4.2 Einfluss des Verdichtungsverhältnisses

Des Weiteren wurde der Einfluss des Verdichtungsverhältnisses des Abgasturboladers auf die Temperaturdifferenz der Motoransaugluft von ND- zu HD-AGR untersucht. Durch die Verdichtung bzw. Aufladung der Ansaugluft wird die Luftmasse im Motorzylinder erhöht, was zur Umsetzung höherer Leistungen bei gleichem Hubraum bzw. gleicher Leistung bei verkleinertem Hubraum (sog Downsizing) genutzt wird. Das Verdichtungsverhältnis gibt in diesem Fall den Quotienten von Ladedruck zu Umgebungsdruck wieder und wird im Bereich von 1,5 bis 4 verändert. Zur weiteren Steigerung der spezifischen Leistungskennwerte von Dieselmotoren geht der Trend hin zu höheren Aufladedrücken.

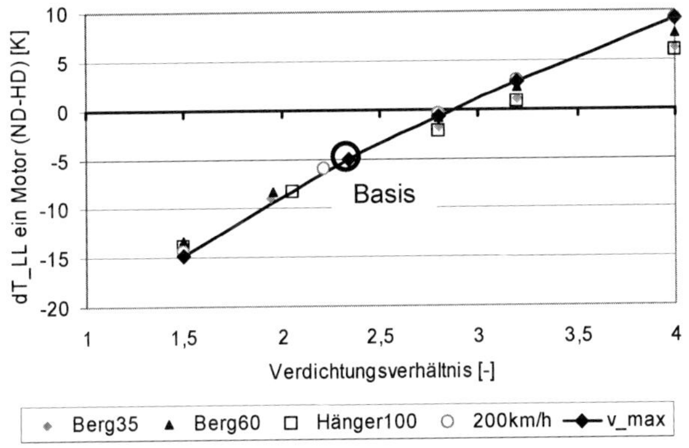

Bild 9: Einfluss des Verdichtungsverhältnisses

Wie Bild 9 zeigt, nimmt der thermische Vorteil der ND-AGR - ähnlich wie beim Frischluftdurchsatz auch - annähernd linear über alle Lastzustände mit steigendem Verdichtungsverhältnis ab. Dabei ergibt sich bei maximaler Fahrgeschwindigkeit und einem Verdichtungsverhältnis von 1,5 zunächst ein Temperaturvorteil von etwa 15K für die ND-AGR. Bei einem Verdichtungsverhältnis von etwa 2,85 hat sich dieser Vorteil neutralisiert und mit weiter steigende Aufladung wird die HD-AGR günstiger, z.B. bei einem Verdichtungsverhältnis von 4 um etwa 10K.

Auch dieses Verhalten kann mit einer äußerst hohen Wärme- bzw. Temperaturbelastung am Ladeluftkühler beschrieben werden. Durch die starke Aufladung ergeben sich sehr hohe Temperaturen nach dem Verdichter bzw. vor dem Ladeluftkühler. Bei einem Verdichtungsverhältnis von 4 betragen diese Temperaturen bei maximaler Fahrgeschwindigkeit z.B. etwa 250°C bei HD-AGR und durch die Zumischung von 450°C heißem Abgas sogar 305°C bei ND-AGR. Die entsprechenden Wärmelasten ergeben sich zu 30 kW bei HD-AGR bzw. 41 kW bei ND-AGR. Im Fall der ND-AGR lassen sich diese Wärmelasten nur noch unzureichend abführen, was zu dem theoretischen Nachteil einer 10K höheren Ansauglufttemperatur gegenüber der HD-AGR führt.

In der Praxis lässt sich dieses theoretische Potential jedoch nicht ohne weiteres ausschöpfen, da aufgrund der Pumpgrenze und der verwendeten Materialien heutiger Pkw-Turboladern bereits die Temperaturen am Verdichteraustritt auf maximal 220°C limitiert sind [11, 12]. Werden diese Maximaltemperaturen - wie im diskutierten Fall bei HD-AGR und ND-AGR mit einem Verdichtungsverhältnis von 4 - deutlich überschritten, muss auf eine zweistufige Aufladung mit Zwischenkühlung zurückgegriffen werden.

4.3 Einfluss der Abgastemperatur

Typische Abgastemperaturen eines Dieselmotors bei Volllast liegen bei etwa 500 bis 600°C [13]. Durch zukünftige Entwicklungen können diese Temperaturen jedoch bis auf die Werte von Ottomotoren und damit auf 850 bis 900°C steigen [14]. Die im Folgenden genannten Abgastemperaturen beziehen sich auf die Temperaturen des Abgases am Eintritt in den Abgaskühler. In Bild 10 wird diese Abgastemperatur im Bereich von 300 bis 700°C variiert und ihr Einfluss in Form der Temperaturdifferenz der Motoransaugluft von ND- zu HD-AGR dargestellt. Dabei bleibt zunächst unberücksichtigt, dass sich das Abgas auf dem Weg vom Zylinder bis zum Abgaskühler bei HD-AGR („direkte" Rückführung) und ND-AGR („indirekte" Rückführung über Turbine und Partikelfilter) unterschiedlich stark abkühlen.

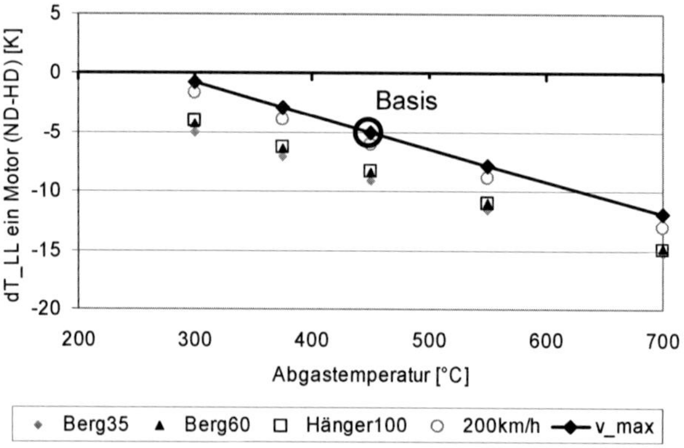

Bild 10: Einfluss der Abgastemperatur

Es wird deutlich, dass mit steigender Abgastemperatur der thermische Vorteil einer Verringerung der Ansauglufttemperatur der ND-AGR zunimmt. So stellt sich bei maximaler Fahrgeschwindigkeit und 300°C heißer Abgastemperatur im Fall der ND-AGR zunächst eine um 0,8K geringere Ansauglufttemperatur ein als bei HD-AGR. Mit höheren Abgastemperaturen nimmt dieser thermische Vorteil linear zu, bis sich bei einer Temperatur von 700°C der Vorteil auf 12K erhöht hat. Dieser lineare Zusammenhang zeigt sich ebenfalls für die weiteren Lastfälle, wobei die absolute Temperaturdifferenz von dem Fall „v_max" hin zu dem Fall „Berg35" nochmals um 1 bis 3,5K gesteigert werden kann.

Der mit der Abgastemperatur steigende thermische Vorteil der ND-AGR lässt sich durch die sehr effektive Kombination der Vorkühlung des reinen, rückgeführten Abgases im Abgaskühler mit der Kühlung des Gesamtgemisches aus Abgas und Frischluft im Ladeluftkühler erklären. Bei maximaler Abgastemperatur von 700°C ergibt sich im Fall „v_max" eine Gemischtemperatur am Einlass in den Ladeluftkühler von etwa 224°C. Diese Eintrittstemperatur kann von dem gewählten Ladeluftkühler unter Abfuhr einer Wärmelast von 29kW auf ca. 102°C gekühlt werden. Bei entsprechenden Randbedingungen ergibt sich bei HD-AGR eine Temperatur von ca. 114°C, die sich durch das Mischen der 70°C kalten Luft nach dem LLK mit dem 348°C warmen Abgas nach dem AGRK ergibt. Dabei beträgt die Wärmelast am LLK lediglich 17,5kW bei HD-AGR.

4.4 Einfluss der AGR-Rate

Mit steigender AGR-Rate lassen sich sowohl die zur NOx-Bildung nötigen lokalen Brennraumtemperaturen von >2000K als auch ein genügend hoher Sauerstoffpartialdruck vermeiden und damit die NOx-Emission effektiv vermindern. Gleichzeitig können ausreichend hohe AGR-Raten zur Steuerung des Zündverzugs und der Brenngeschwindigkeit genutzt werden, um in der unteren Teillast die Vorraussetzungen für die teilhomogenisierte Verbrennung neuer bzw. zukünftiger (p)HCCI- Brennverfahren zu erreichen (pHCCI: partly Homogenous Compressed Combustion Ignition) [13].

Zukünftige AGR-Raten können bei 10 bis 20% bei Volllast und 60 bis 70% bei Teillast liegen. In Bild 11 wird der Einfluss der AGR-Rate auf die Temperatur der Ansaugluft von HD-AGR und ND-AGR dargestellt. Dabei wird die AGR-Rate zunächst im moderaten Bereich von Null bis 30% variiert, wie er bereits heute üblich ist. Auch hier wird wieder der Vergleich zum Basisfall aufgezeigt.

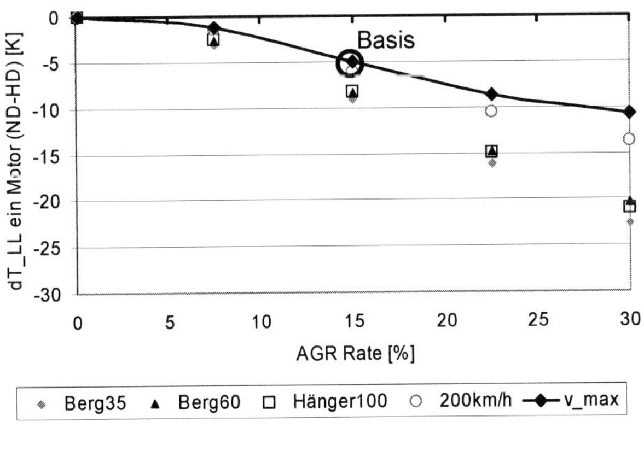

Bild 11: Einfluss der AGR-Rate

Die Abbildung zeigt, wie mit zunehmender AGR-Rate die Temperaturdifferenz zwischen der Ansauglufttemperatur bei HD-AGR und ND-AGR steigt. Dabei nimmt der thermische Vorteil für die ND-AGR bis zu einem spezifischen Maximum zu. Während ohne AGR (AGR-Rate Null) die Temperaturen der Ladeluft am Motoreintritt bei HD- und ND-AGR gleich sind, weist bei maximaler Fahrgeschwindigkeit und einer AGR-Rate von 30% die Ansaugluft bei ND-AGR eine um 10,7K geringere Temperatur auf. Die Tendenz des steigenden thermischen Vorteils der ND-AGR bei zunehmender AGR-Rate bestätigt sich für die weiteren (Teil-)Lastfälle. Dabei können sogar Temperaturdifferenzen bis über 20K erreicht werden.

Wie im Fall der Abgastemperatur lässt sich auch das bessere thermische Verhalten der ND-AGR bei steigenden AGR-Raten mit der effektiven Kühlung des Gesamtgemisches im Ladeluftkühler erklären. Allerdings kann auch dieser theoretische Nutzen nur bedingt in der Praxis abgerufen werden, da die Eintrittstemperaturen in den Ladeluftkühler bei hohen AGR-Raten enorm steigen. Bei maximaler Fahrgeschwindigkeit und einer AGR-Rate von 30% führt der Ladeluftkühler eine Wärmeleistung von 40kW bei ND-AGR ab. Gleichzeitig ergeben sich dadurch Eintrittstemperaturen des Abgas/Frischluft-Gemisches von über 270°C, welche die derzeit verwendeten Aluminium- und Kunststoffmaterialien nicht dauerhaft standhalten können. Bei gleichen Randbedingungen beträgt die Wärmelast des Ladeluftkühlers bei HD-AGR lediglich 17,5kW und die Eintrittstemperatur der Ladeluft in den LLK knapp 156°C.

4.5 Einfluss der Kühlmittelrate im AGR-Kühler

Zum Abschluss wird der thermische Einfluss der Kühlmittelrate im AGR-Kühler auf HD- und ND-AGR untersucht. Diese Kühlmittelrate sollte möglichst gering sein, um durch den sich einstellenden geringen Kühlmitteldurchsatz den Druckverlust auf der Innenseite des AGR-Kühlers zu verringern, und dadurch die Antriebsleistung der Kühlmittelpumpe herabsetzen zu können. Ausgehend von dem Basisfall mit 8% Kühlmittelrate wird diese im Folgenden auf bis annähernd Null reduziert. Das restliche Kühlmittel wird zur Kühlung des Motors und des Getriebes genutzt. Die Auswirkungen dieser Variation auf die Temperaturdifferenz der Motoransaugluft von ND- und HD-AGR wird in Bild 12 gezeigt.

Es wird deutlich, dass mit abnehmender Kühlmittelrate im AGRK der thermische Vorteil der ND-AGR zunimmt. Während im Basisfall „v_max" eine Kühlmittelrate von 8% zu einer um 5,1K geringeren Ansauglufttemperatur bei ND-AGR führt, kann der Vorteil gegenüber HD-AGR bei weiterer Abnahme der Kühlmittelrate deutlich gesteigert werden. Bei einem Wert von annähernd 0% beträgt die Temperaturdifferenz zwischen ND- und HD-AGR fast 20K. In diesem Fall beträgt die Wärmelast am LLK 33kW bei ND-AGR und 17,5kW bei HD-AGR. Auch die weiteren Lastfälle weisen einen mit abnehmender Kühlmittelrate zunehmenden Vorteil auf, lassen jedoch gerade bei geringen Kühlmittelraten zusätzliches Potential erkennen, so dass hier Temperaturdifferenzen von mehr als 30K berechnet werden.

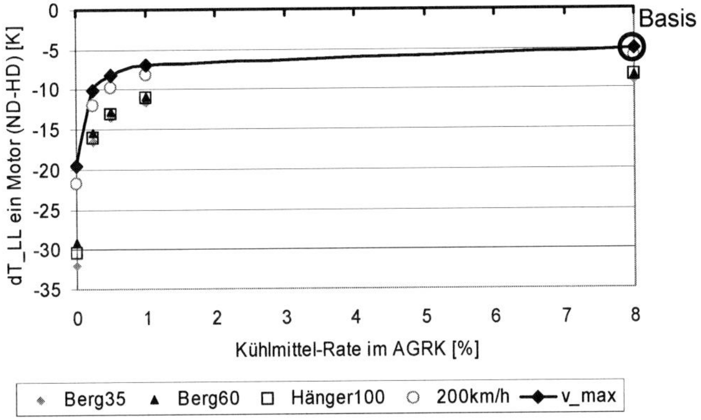

Bild 12: Einfluss der Kühlmittelrate im AGR-Kühler

Betrachtet man die absoluten Werte der Ansaugluftttemperatur so wird klar, dass die ND-AGR weniger sensibel auf eine Reduktion der Kühlmittelrate reagiert als die HD-AGR. Während z.B. im Basisfall die Temperaturen der Ladeluft am Motoreintritt 92,7°C für die ND-AGR und 97,8°C für die HD-AGR betragen, steigen sie im Fall „v_max" bei Unterbindung des Kühlmitteldurchsatzes auf Temperaturen von 112,1°C (ND-AGR) und 131,6°C (HD-AGR) an. Damit führt die Variation der Kühlmittelrate zu einer fast doppelt so großen Temperaturspanne innerhalb der HD-AGR (33,8°C) als innerhalb der ND-AGR (19,4°C).

Bei der Betrachtung stark verringerter Kühlmitteldurchsätze gilt zu bedenken, dass sich unabhängig von dem AGR-System kritische Kühlmitteltemperaturen ergeben können, die in Abhängigkeit von der genauen Zusammensetzung des Wasser/Glykol-Gemisches und dem Druck im Kühlmittelkreislauf ab etwa 130°C zu einem Sieden der Flüssigkeit führen können. Dies muss in der Praxis unbedingt vermieden werden.

5. Untersuchungen bei Teillast und Volllast

Nachdem in Kapitel 4 der theoretische Einfluss wesentlicher Parameter auf die unterschiedlichen AGR-Konzepte untersucht wurde, soll nun unter Abschätzung realistischer Parameter das thermische Potential der ND-AGR bei drei ausgewählten Lastzuständen ermittelt werden. Dieses sind Fahrten, die einen innerstädtischen Lastfall (Stadt), einen außerstädtischen Lastfall (Land) sowie den Basisfall bei maximaler Fahrgeschwindigkeit (v_max) repräsentieren. Die entsprechenden Randbedingungen wurden teilweise durch den Fahrzeughersteller vorgegeben, aus ehemaligen Windkanal- und Straßenmessungen entnommen und durch weitere Literaturangaben abgeschätzt.

So wird nun beispielsweise auch die Temperaturabnahme des Abgases durch die Entspannung in der Turbine im Fall der ND-AGR mit berücksichtigt. Diese kann je nach Lastzustand bis zu 150°C betragen [5]. Zusätzlich wird eine Abnahme der Abgastemperatur über den Dieselpartikelfilter von bis zu 50°C angenommen. Die folgende Tabelle 3 gibt die Abgastemperaturen am Eintritt in den AGR-Kühler für die unterschiedlichen Lastfälle und die beiden AGR-Systeme wieder. Die Begriffe „dT=min" bzw. „dT=max" bezeichnen dabei eine abgeschätzte, minimale bzw. maximale Abkühlung der Abgastemperatur über Turbine und Partikelfilter.

Tabelle 3: Abgastemperaturen bei ND- und HD-AGR

Abgastemperaturen	ND-AGR	HD-AGR			
Lastfall		dT=min		dT=max	
	absolut	absolut	Abkühlung	absolut	Abkühlung
Stadt	250°C	290°C	40K	350°C	100K
Land	435°C	535°C	100K	565°C	130K
v_max	450°C	550°C	100K	650°C	200K

Die Auswirkungen dieser unterschiedlichen Abgastemperaturen auf das thermische Potential der ND-AGR werden in Bild 13 gezeigt. Dabei wird die Temperaturdifferenz der Motoransaugluft von ND- und HD-AGR über die unterschiedlichen Lastfälle aufgetragen und mit dem in Kapitel 3 beschrieben Basisfall verglichen.

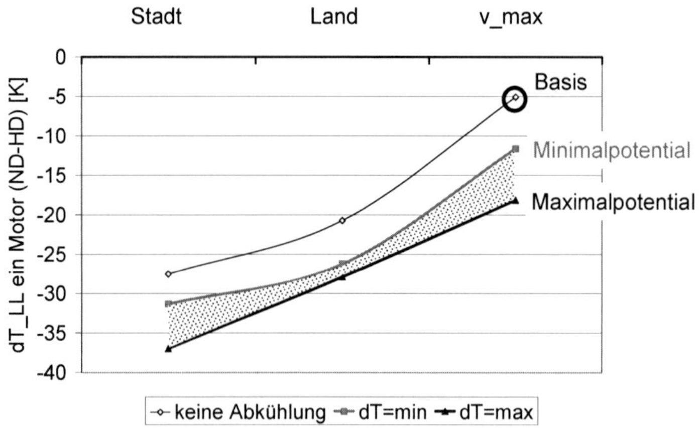

Bild 13: Thermisches Potential bei Teillast und Volllast

Die Abbildung zeigt deutlich, wie sich das Verbesserungspotential mit zunehmender Differenz der Abgastemperaturen sowie abnehmendem Belastungsfall von „v_max" über „Land" hin zu „Stadt" vergrößert. Gegenüber dem Basisfall ergibt sich bei minimaler Abgastemperaturdifferenz (dT=min) eine Verringerung um fast 12K und bei maximaler Abgastemperaturdifferenz (dT=max) eine Verringerung um mehr als 18K. Bei Übergang in die beiden Teillastzustände „Stadt" und „Land" kann das thermische Potential nochmals erhöht werden. Unter Berücksichtigung der unterschiedlichen Abgastemperaturen am Eintritt in den AGR-Kühler bei ND- und HD-AGR ergeben sich im Lastfall „Land“ um 26 bis 28K und im Lastfall „Stadt“ um 31 bis 37K geringere Ansauglufttemperaturen für die ND-AGR.

Abschließend soll am Beispiel der maximalen Abgastemperaturdifferenz (dT=max) die Auswirkungen der ND- bzw. HD-AGR auf die unterschiedlichen Wärmelasten der beteiligten Kühler vorgestellt werden. Dazu sind in Bild 14 für die drei Belastungsfälle „Stadt“, „Land“ und „v_max“ die Differenzen der Wärmelasten für LLK, KMK und AGRK zwischen einer ND- und einer HD-AGR aufgetragen.

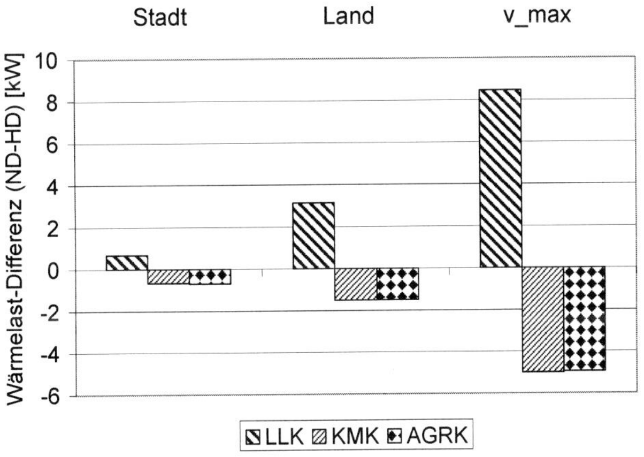

Bild 14: Vergleich der Wärmelasten von LLK, KMK und AGRK für die Fälle „Stadt“, „Land“ und „v_max“ bei maximaler Temperaturdifferenz des Abgases (dT=max)

In allen drei Belastungsfällen ergibt sich bei ND-AGR eine erhöhte Wärmebelastung für den Ladeluftkühler. Bei dieser Art der Abgasrückführung kühlt der LLK neben der verdichteten und dadurch erwärmten Frischluft auch den Teil des zurückgeführten und durch den AGRK vorgekühlten Abgases. Dadurch ergibt sich auf der Innenseite des Ladeluftkühlers ein höherer Massestrom bei höherer Eintrittstemperatur in den LLK als bei HD-AGR.

Gleichzeitig sinkt in den drei Belastungsfällen die Wärmelast im KMK und AGRK beim Übergang von einer HD-AGR in eine ND-AGR. Dabei ist die Differenz der Wärmelasten im AGRK und KMK annähernd identisch, da die Wärmelast des Kühlmittelgekühlten AGRK direkt an den KMK abgeführt wird. Durch die Berücksichtigung geringerer Abgastemperaturen am AGRK bei ND-AGR als bei HD-AGR nimmt die Wärmelast um 0,7kW bei „Stadt“, 1,5kW bei „Land“ und 5kW bei „v_max“ ab. Damit könnten der AGRK und KMK bei ND-AGR kleiner gebaut werden.

6. Auswirkungen der ND-AGR

In Kapitel 6 sollen die Auswirkungen einer ND-AGR abschließend bewertet werden. Dabei werden neben den wichtigsten thermischen Erkenntnissen auch Aussagen zur

Gestaltung der Kühlmodule, zu den Auswirkungen von Korrosion und Verschmutzung sowie zur Regelungsdynamik gemacht.

6.1 Zusammenfassung der thermischen Erkenntnisse

Die vorgestellten Untersuchungen zeigen, dass bei ND-AGR der Ladeluftkühler höheren Wärmebelastungen ausgesetzt wird, die sich durch gestiegene Eintrittstemperaturen am Ladeluftkühler und vergrößerte Massenströme des inneren Mediums (Abgas/Frischluft-Gemisch) begründen lassen. Im Basisfall bei maximaler Fahrgeschwindigkeit ergaben sich z.B. um 48% höhere Wärmelasten in Verbindung mit fast 45K höheren Eintrittstemperaturen und etwa 17,5% höheren Massendurchsätzen. Ist der Ladeluftkühler in der Lage, diese erhöhte Wärmelast zu übertragen, kann mit der ND-AGR grundsätzlich eine niedrigere Temperatur der Ansaugluft in den Motor bewerkstelligen werden als bei HD-AGR. Diese Temperaturabsenkung kann kraftstoffsparend und emissionsreduzierend wirken und stellt daher einen kundenrelevanten Vorteil dar. Die Höhe der Temperaturreduzierung und damit die Größe des thermischen Vorteils sind stark von den relevanten Parametern abhängig. Im gewählten Basisfall ergibt sich eine Absenkung der Motoransauglufttemperatur um 5,1K, ohne die Kühlmittelseite zu benachteiligen. Variationen der AGR relevanten Parameter zeigen, dass:

- mit Erhöhung des Frischluftdurchsatzes der thermische Vorteil für die ND-AGR abnimmt
- mit Erhöhung des Verdichtungsverhältnisses des Turboladers der thermische Vorteil für die ND-AGR abnimmt
- mit Erhöhung der Abgastemperatur der thermische Vorteil für die ND-AGR zunimmt
- mit Erhöhung der AGR-Rate der thermische Vorteil für die ND-AGR bis zu einem spezifischen Maximum zunimmt
- mit Verringerung der Kühlmittelrate im AGRK der thermische Vorteil für die ND-AGR zunimmt

Neben den reinen thermischen Belastungen, müssen die Ladeluftkühler bei ND-AGR Druckbelastungen (Druckwechsel, Berstdruck) auf einem höheren Temperaturniveau standhalten. Damit müssen die verwendeten Werkstoffe hochwertiger sein, was z.B. die Verwendung hitze- und druckbeständiger Aluminiumlegierungen für das Kühlernetz und besserer Kunststoffe für die Dichtungen und Ladeluftkästen nach sich zieht. Dagegen verringert bei ND-AGR das über Turbine und Partikelfilter abgekühlte Abgas die Temperaturbelastungen am Eintritt in den AGR-Kühler.

6.2 Gestaltung der Kühlmodule

Bei den bisherigen Untersuchungen war der Ladeluftkühler unterhalb des Kühlmittelkühlers angeordnet, wodurch eine ideale An- und Abströmung der beiden, im Luftpfad befindlichen Kühler erzielt wurde. Dadurch konnte ebenfalls erreicht werden, dass sich die Kühlmitteltemperaturen bei ND- und HD-AGR nicht unterscheiden und somit der Kühlmittelkreislauf der ND-AGR nicht negativ beeinflusst wird. Oftmals unterliegt der Aufbau des Kühlmoduls jedoch zusätzlich Bauraumlimitierungen, so dass von dieser idealen Anordnung von LLK und KMK abgewichen werden muss.

Bei einer Anordnung des LLK vor den KMK strömt ein Teil der Kühlluft zunächst durch den LLK, wird dabei erwärmt und strömt auf diesem erhöhten Temperaturniveau weiter durch den dahinter angeordneten KMK. Bei gleicher Kühlmitteleintrittstemperatur ergibt sich dadurch eine kleinere Eintrittstemperaturdifferenz zur Kühllufteintrittstemperatur und die Wärmeleistung verschlechtert sich. Für die thermischen Vorteile der ND-AGR gegenüber der HD-AGR ergeben sich dadurch Einschränkungen, da die gegenüber der HD-AGR höhere Wärmebelastung des Ladeluftkühlers bei ND-AGR zu höheren Temperaturen der vom LLK abströmenden Kühlluft führt. Der von dieser relativ stark erwärmten Kühlluft beaufschlagte KMK wird in seinem Wärmeübertragungsverhalten schlechter, wodurch sich höhere Kühlmitteltemperaturen bei ND-AGR ergeben. Damit werden die positiven Aspekte einer Verringerung der Ansauglufttemperatur durch die negativen Aspekte einer Erhöhung der Kühlmitteltemperatur abgeschwächt.

Letztendlich muss das Kühlmodul auf die thermisch kritischen Belastungsfälle ausgelegt werden. Um einen möglichst hohen thermischen Nutzen bei ND-AGR zu erzielen, ist eine ideale Anordnung des Ladeluftkühlers unterhalb des Kühlmittelkühlers anzustreben. Ist dieses Konzept nicht umsetzbar, müssen die thermischen Vor- und Nachteile weiterer Modulkonzepte gegeneinander bewertet werden. Grundsätzlich kann jedoch von einer Reduzierung des thermischen Vorteils einer verringerten Motoransauglufttemperatur ausgegangen werden.

6.3 Korrosion und Verschmutzung

Neben der Änderung thermischer Belastungen bei einer Umstellung von HD- zu ND-AGR, kann mit modifizierten Belastungen durch Korrosion und Verschmutzung der beteiligten Bauteile gerechnet werden. Dabei ist davon auszugehen, dass durch das Filtern des Abgases im Partikelfilter die Verschmutzungen des in der ND-AGR nachgeschalteten AGR-Kühlers abnehmen sowie die Langzeitstabilität des Motors durch das gesäuberte, rückgeführte Abgas steigt.

Demgegenüber führt die Rückführung des Abgases vor Verdichter und Ladeluftkühler bei der ND-AGR zu neuen Belastungen dieser Bauteile. Obwohl moderne Dieselpartikelfilter mehr als 95% der Partikel filtern können, wird es zu einer Beaufschlagung des Verdichters und einer Verschmutzung der Ladeluftstrecke inklusive LLK durch Partikeleintrag kommen. Wie in [6] erläutert wird, führt dies aufgrund von Erosion des Verdichterlaufrades letztendlich zu einer reduzierten Standzeit des Gaswechselsystems. Zudem wird eine Abnahme der Wärmeübertragungseigenschaften des Ladeluftkühlers durch innen, anhaftende Schmutzschichten erwartet.

Als ebenfalls kritisch wird die mögliche Kondensation des Dieselabgases bewertet. In Abhängigkeit der Motorbetriebsbedingungen und der Kraftstoffzusammensetzung beginnt das Verbrennungsabgas bei Temperaturen von 80 bis 145°C zu kondensieren [15]. Dabei können sich Anteile schwefeliger Säure, Schwefelsäure, Salzsäure und Salpetersäure bilden, die bei heutigen Dieselabgaskondensaten zu pH-Werten von 2,5 bis 5,5 führen. Durch beispielsweise höhere Schwefelanteile in früheren Dieselkraftstoffen werden in [2] und [4] sogar pH-Werte von bis zu 1,6 genannt. Kondensate mit solch geringen pH-Werten können in Verbindung mit elektrochemisch aktiven Rußpartikeln bereits bei nichtrostenden Stählen zu einer erheblichen Beanspruchung der Innenflächen durch Nasskorrosion führen [3].

Korrosionsuntersuchungen von verschiedenen Aluminiumlegierungen, wie sie bei Ladeluftkühlern eingesetzt werden, zeigen ebenfalls einen deutlichen Korrosionsangriff. Das Aussehen ist dabei durch einen meist muldenförmigen, teilweise gleichmäßigen und vereinzelt sogar rissförmigen Korrosionsangriff geprägt. Weiterentwicklungen der heute verwendeten Materialien und Legierungen sowie geeignete Beschichtungen können diese Korrosionsbeanspruchungen minimieren.

6.4 Regelungsdynamik

Ein oft angeführter Nachteil der ND-AGR ist eine zu erwartende verlangsamte Dynamik, da das durch den Partikelfilter, den Ladeluftkühler und entsprechende Rohrverbindungen vergrößerte Gasvolumen des Abgasstranges zusätzliche Zeit zum Spülen benötigt, um von einem in den anderen Betriebspunkt wechseln zu können. Dieser Nachteil konnte jedoch in [7] entkräftet werden, da der Nachteil des ND-Zusatzvolumens durch einen schnelleren Anstieg des effektiven Mitteldrucks kompensiert werden kann. Weitere dynamische Prozessuntersuchungen sind dennoch notwendig, um beispielsweise den Einfluss der Regeneration des Partikelfilters auf die ND-AGR zu bewerten.

7. Fazit

Die vorliegende Studie verwendet ein Simulationsmodell, welches die thermische Bewertung von ND-und HD-AGR-Systemen ermöglicht. Dabei zeigt sich, dass bei idealer An- und Abströmung des Ladeluft- und Kühlmittelkühlers, für nahezu alle Randbedingungen ein thermischer Vorteil in Form einer geringeren Ansaugluftttemperatur in den Motor für die ND-AGR besteht. Damit lässt sich der Kraftstoffverbrauch senken und die NOx-Emissionen reduzieren. Zukünftige Entwicklungstrends für maßgebliche Parameter, wie z.B. steigende AGR-Raten und Abgastemperaturen, wurden modelliert und liefern ein zusätzliches Potential, den thermischen Vorteil der ND- gegenüber der HD-AGR weiter zu vergrößern.

Durch die detaillierte Modellierung der Wärmelasten und thermischen Randbedingungen der einzelnen Bauteile wie Ladeluft-, Abgas- und Kühlmittelkühler können die sich durch die ND-AGR verändernden Produktanforderungen abgeleitet werden. Insbesondere für den Ladeluftkühler ergeben sich durch den zusätzlich zu kühlenden Teilstrom des rückgeführten Abgases erhöhte Anforderungen aufgrund höherer Eintrittstemperaturen und größerer Massenströme des Abgas/Frischluft-Gemisches. Neben der sich dadurch ergebenden höheren Wärmelast, führt die zusätzliche Abgasrückführung durch den LLK bei Bildung von Dieselabgaskondensat zu einem Korrosionsangriff der üblicherweise verwendeten Aluminiumlegierungen und einer Verschmutzung der inneren Oberflächen durch Partikeleintrag. Um diesen erhöhten Belastungen standhalten zu können, müssen geeignete Schutzmechanismen entwickelt werden.

Literatur

[1] Enderle C., Breitbach H., Paule M. Keppeler B.: Selective Catalytic Reduction mit Harnstoff – Der effektive Weg zur Stickoxidminderung am Pkw-Dieselmmotor, 26. Internationales Wiener Motorensymposium 2005, Konferenzband 1, Seiten: 280-296

[2] Chance R. L., Ceselli R.G.: Corrosiveness of exhaust gas condensates, SAE Paper #830585, Society of Automotive Engineers, Warrendale, PA, 1983, Seiten 133-144

[3] Gümpel P., Schiller D., Arlt N., Bouchholz D.: Simulation des Korrosionsverhaltens von nichtrostenden Stählen in Pkw-Abgasanlagen, ATZ 4/2004 Jahrgang 106, Seiten 350-356

[4] Hiereth H., Gärtner U., Löhle M., Pfender C.: Entwicklung eines Wärmeübertragers zur Kühlung des Abgases, 18. Internationales Wiener Motorensymposium 1997; Konferenzband 2, Seiten 341-357

[5] Brück R., Kaiser F.-W., Schaper S., Treiber P.: Zukunftsweisende Metallträgerkonzepte für die Abgasnachbehandlung von Dieselmotoren – Verbesserte Effektivität durch intensivere Nutzung der motorbedingten Strömungs- und Temperaturverhältnisse, 1. FAD- Konferenz 2003, Dresden

[6] Müller V., Christmann R., Münz S., Gheorghiu V.: System und Regelungskonzept für zukünftige Turbolader- Abgasrückführsysteme für turboaufgeladene Diesel Pkw, 10. Aufladetechnische Konferenz 2005, Dresden

[7] Weber O., Jörgl V., Shutty J., Keller P.: Der schadstoffarme Dieselmotor und seine zukünftigen Anforderungen an moderne Beatmungssysteme, 14. Aachener Kolloquium Fahrzeug- und Motorentechnik 2005, Konferenzband 2, Seiten: 1281-1296

[8] Mann M., Nies J.: From a single component to a complete system – an integrated simulation and validation concept, Vehicle Thermal Management Systems Conference 6, 2003, Konferenzband, Seiten 573-583

[9] DieselNet (www.DieselNet.com): Exhaust Gas Recirculation, 2005

[10] Magna Powertrain - Engineering Center GmbH & Co KG: User Manual, KULI Version 6.0 - 0.05, 2005

[11] Moser F.X., Dreisbach R., Sams T.: Niedrigste Rohemissionen als Basis für die Zukunft des Nfz-Dieselmotors – Neue Entwicklungsergebnisse, 25. Internationales Wiener Motorensymposium 2004; Konferenzband 2, Seiten 1-15

[12] Mühlberger C.: Schwarze Magie, Auto Motor Sport, 01/2006, Seiten: 156-159

[13] Robert Bosch GmbH: Dieselmotor-Management, 4. Auflage, Vieweg Verlag, ISBN 3-528-23873-9, Oktober 2004

[14] Der Entwicklungsaufwand steigt, Automobil Industrie, 12/2005, Seiten: 78-79

[15] U.S. Environmental Protection Agency: Nonroad Diesel Emission Standards, EPA420-R-01-052, Oktober 2001, Seite 24

3 Simulation eines Motorwarmlaufs im neuen europäischen Fahrzyklus (NEFZ)

Yevgen Shumeyko, Oleksiy Anfoshkiv, Youen Puillandre,
Heinz Peter Berg

Kurzfassung

Eine effektive Nutzung der thermischen Energie in Kraftfahrzeugen ist heutzutage nur unter der Voraussetzung der Betrachtung des Wärmemanagements des Fahrzeugsystems möglich.

Daher erfordert die Entwicklung eines modernen Kraftfahrzeuges neue Simulationswerkzeuge, welche eine sehr genaue Modellierung der einzelnen Teilsysteme als Bestandteile des Gesamtfahrzeuges erlauben.

In diesem Beitrag wird eine Lösung durch das Zusammenkoppeln verschiedener Simulationsverfahren (Flowmaster und AVL-CRUISE) am Beispiel des Motorwarmlaufes im NEFZ dargestellt.

*Mit freundlicher Unterstützung von AVL List GmbH, Flowmaster GmbH und Delphi Automotive Systems

1. Einleitung

Die neuen Verbrauchs- und Emissionsvorschriften erfordern Entwicklungen von hocheffizienten Wärmemanagementsystemen im Fahrzeug.
Hierbei stellen die Kühlsysteme eine große Herausforderung dar. Diese sind durch die Leistungsdaten und das Platzangebot streng limitiert.

Fortschrittliche Kühlsysteme beinhalten mehrere Wärmequellen (wie z.B. AGR-Kühler, Motorölkühler u. s. w), welche sehr genau miteinander abgestimmt werden müssen. In erster Linie sollten alle Parameter des Kühlsystems während der Motorwarmlaufphase optimiert werden. Hierdurch werden die Reibungsverluste im Motor minimiert. Daraus resultieren Kraftstoffverbrauchseinsparungen mit wesentlichen Emissionsminderungen. Weiterhin wird der Wärmekomfort in der Fahrgastzelle verbessert.

Das größte Problem bei der Entwicklung von solchen Wärmemanagementsystemen besteht darin, dass die Warmlaufvorgänge instationär und sehr stark mit dem vorgegebenen Fahrzyklus verbunden sind. Daher erfordert die Optimierung des Fahrzeugwärmemanagements erhebliche Test- und Zeitaufwände.
Fortschrittliche Berechnungswerkzeuge sind in der Lage die Wärmemanagementsimulationen zu übernehmen. So bietet zum Beispiel das eindimensionale Programm FLOWMASTER 2 die beste Möglichkeit zur Simulation des Kühlsystems [1]. Mit Hilfe der Simulationsoftware FLOWMASTER2 werden die Strömungs- und Wärmeaustauschvorgänge im Kühlsystem des Motors simuliert. Die Fahrzeugsimulation im NEFZ kann mittels AVL CRUISE abgebildet werden. Die beste Möglichkeit der Motorsimulation bietet AVL BOOST.

2. Das Modellkonzept

Das Konzept und die Methodologie der auf der Simulation basierenden Fahrzeugwärmemanagementsysteme wurde bereits bei der AVL GmbH entwickelt [2]. Die I-dee dieser Simulationsmethode bestand in der Integration von einzelnen thermischen Systemen, wie Kühlkreislauf, Ölkreislauf, Motorraumströmung und Fahrgastzellenklimatisierung. Das Fahrzeugsimulationsprogramm wurde dabei zur Ermittlung von Geschwindigkeits- und Lastparametern des Fahrzeuges verwendet, sowie zum Datenaustausch zwischen den einzelnen Softwaremodulen.
Die weiteren Ansätze zur Integration von unterschiedlichen Simulationswerkzeugen in einem System werden in [3] diskutiert. Das gesamte Wärmemanagementsystem wird in drei Teile unterteilt. Das Kühlsystem, der Motor und das Fahrwerk werden vom sogenannten „Communication Layer“ gesteuert, welcher den Datenaustausch zwischen den einzelnen Komponenten des Simulationsmodells ermöglicht. Weiterhin ist auch eine 1D-3D Kopplung möglich.
Idealerweise sind im eindimensionalen Wärmemanagementsystem das Fahrzeug-, das Kühlsystem- und das Verbrennungsmotormodell miteinander gekoppelt. Das Fahrzeugmodell verwendet die Geschwindigkeitsfunktion im NEFZ als Eingangsgröße, aufgrund derer die entsprechenden Werte der Motordrehzahl und der Motorlast errechnet werden. Gleichzeitig wird die Fahrzeuggeschwindigkeit als Eingangsgröße an das Kühlsystemmodell übergeben, die für die Kalkulation vom Luftmassenstrom durch den Kühler notwendig ist.
Das Verbrennungsmotormodell liefert dem Kühlsystemmodell als wichtigsten Parameter für die Kühlsystemauslegung die Wandwärmeverlustdaten. Das Kühlsystemmodell wiederum errechnet die entsprechenden Zylinderwandtemperaturen neu und liefert diese wiederum an das Motormodell zur Korrektur der Wandwärmeverlustberechnung.

Im gegebenem Fall wird das Fahrzeugmodell mit Hilfe von AVL CRUISE erstellt, das Kühlsystemmodell wird mittels FLOWMASTER2 modelliert und der Verbrennungsmotor selbst kann mit AVL BOOST abgebildet werden.

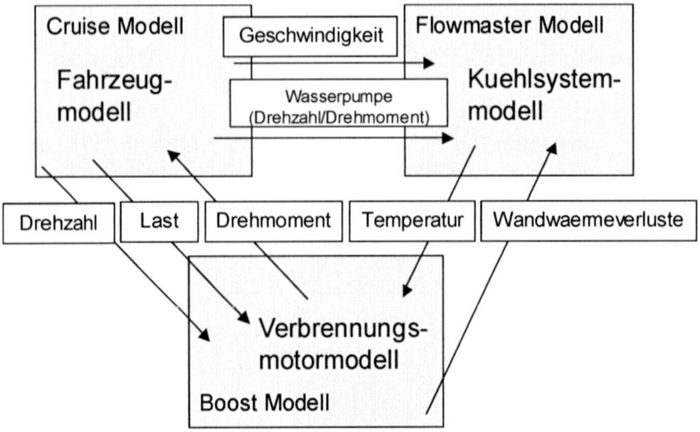

Bild. 1 Berechnung der Wandwärmeverluste mittels AVL BOOST

Die Verbrennungsmotormodellierung mit BOOST verlangt eine große Anzahl von Modelldaten, die richtig implementiert und entsprechend validiert werden müssen.

Für bestimmte Aufgabenstellungen ist es notwendig, das gesamte thermische System, bestehend aus Motor, Kühlkreisläufen und Antriebsstrang in der Simulation miteinander zu koppeln. Dies ist mittels der transienten Co-Simulation der Software Tools CRUISE, BOOST und FLOWMASTER möglich. Eine typische Fragestellung wäre zum Beispiel die Untersuchung des Kaltstartverhaltens eines Motors.

In der hier vorgestellten Untersuchung können aus Gründen der Rechenzeitreduzierung gewisse Vereinfachungen vorgenommen werden. So ist es in diesem Fall möglich, die Kennfelder für Motordrehmoment und Wandwärmeverluste mittels des AVL Simulationsprogramms BOOST vorab zu berechnen und diese dann den Programmen CRUISE und FLOWMASTER für die eigentliche Simulation des thermisichen Netzwerkes zur Verfügung zu stellen (Bild 2).

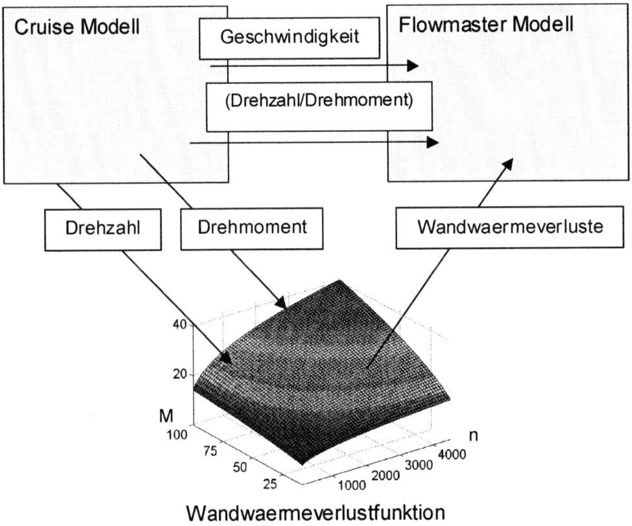

Bild. 2 Berechnung der Wandwärmeverluste mittels Wandwärmeverlustfunktion

Aufgrund der von CRUISE angefragten Drehzahl und des Drehmomentes wird mittels der bereits errechneten Wandwärmeverlustfunktion der entsprechende Wert der Abwärme an FLOWMASTER weitergegeben.
Auf diese Weise kann eine Vereinfachung des Wärmemanagementsystems von ursprünglich drei auf zwei Simulationstools erhebliche Einsparungen in der Rechenzeit erreichen, sofern die Modellgenauigkeit durch Validierung bestätigt werden würde.

3. FLOWMASTER2 Simulationsmodell des Kühlkreislaus

Das Bild 3 verdeutlicht das im FLOWMASTER2 erstellte Berechnungsschema des untersuchten Kühlkreislaufes. Die Hauptkomponenten wie z. B. Motor, Kühler, Ölkühler, Heizungswärmetauscher, Pumpe und Thermostat werden mittels Einbauwiderständen (Krümmer, T-Stücke, Rohrleitungen) miteinander in einem Kühlkreislauf verbunden. Die Wasserpumpe treibt das Kühlmittel durch den Motor. Der Wärmeaustausch im Motor wird durch eine „Thermal bridge“ simuliert. Der Ausgang aus dem Kühlmittelmantel führt direkt zum Thermostat, welches mit vier Abzweigungen im Gehäuse versehen ist, in denen das Kühlmedium verteilt wird. Zum einen geht er in Richtung Heizungswärmetauscher und weiter zur Abgasrückführkühlung und zum anderen durchströmt das Kühlmedium den Ölkühler und danach wird es zurück zur Pumpe geführt. Wenn die Betriebstemperatur im Motor erreicht und der Thermostat geöffnet ist, durchfließt das Kühlmedium die dritte zum Kühler führende Abzweigung. Im Gegensatz dazu strömt die Kühlflüssigkeit durch den Bypass (vierte Abzweigung) zur Wasserpumpe zurück. Das überflüssige Kühlmedium wird durch die Leitung zwischen dem Kühler und dem Thermostat zum Ausgleichsbehälter geleitet. Die Bypassleitung hat seinerseits auch eine Abzweigung, welche die Flüssigkeit bei großem

Druck zum Ausgleichsbehälter leitet. Der Ausgleichsbehälter ist etwas ungewöhnlich gestaltet, da er zwei Eingänge und einen Ausgang besitzt, der das Kühlmittel zum Wasserpumpeneingang leitet.

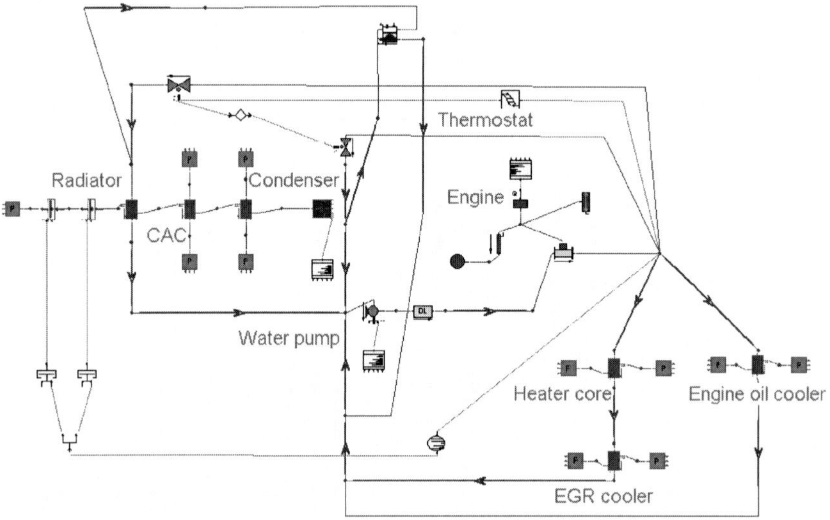

Bild. 3 FLOWMASTER2-Simulationsmodell eines Kühlkreislaufes

Die besonderen Anforderungen bei der Erstellung des FLOWMASTER-Modells beziehen sich auf Motormodellgestaltung. Aufgrund von zahlreichen Untersuchungen an unterschiedlichen Mehrmassenmodellen wurde das Einmassenmodell des Motors ausgewählt (Bild 4). Das Modell ist einfach und liefert vergleichbare Ergebnisse wie Mehrmassenmodelle. Zum Motor, welcher mittels Masse 3 modelliert ist, wird die Wärme Q durch das Element 2 zugeführt, wobei auch die thermische Trägheit des Motors beachtet wird (4). Die konvektiven Wärmeverluste des Motors werden im Element 6 beschrieben und der Wärmeaustausch mit der Kühlflüssigkeit stellt das Element 5 dar. Die dem Kühlsystem zugeführte Wärmemenge wird mittels der Steuerung 1 vorgegeben.

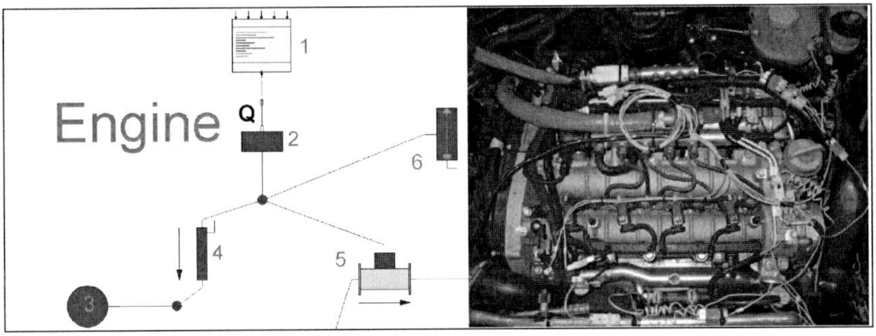

Bild. 4 FLOWMASTER2-Simulationsmodell des Motors (links) und Opel Vectra 1,9 CTDI Motor (rechts)

Auf vergleichbare Weise wurden auch die entsprechenden Steuerungsstrategien für die Kühlerlüfter vorgegeben. Für die Thermostatsteuerung sind entsprechende Hysteresen (Bild 5) verwendet worden, welche mittels einer Funktion im FLOWMASTER2 beschrieben sind.

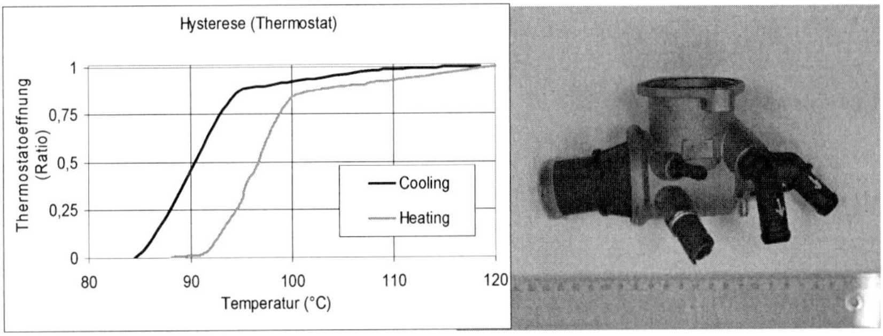

Bild. 5 Hysterese (links) und Thermostat (rechts)

Der Kühler und alle Wärmetauscher wurden durch die bekannten Strömungsverluste (luft- und wasserseitig) sowie über die thermische Effektivität beschrieben. Die Geometrie-, Druckverlust- und Rauhigkeitsdaten der einzelnen Verbindungselemente wurden mit den Teilen aus dem realen Fahrzeugkühlsystem abgestimmt.

4. CRUISE Simulationsmodell des Antriebsstrangs

Bild 6 zeigt das CRUISE-Simulationsmodell vom Opel Vectra. Mit Hilfe der CRUISE-Komponenten wurde der Antriebsstrang des untersuchten Fahrzeuges modelliert. In diesem Modell ist das serienmäßige Schaltgetriebe nachgebildet und das typische

Schaltprogramm adaptiert. Motorkennfelder und Antriebsstrangparameter, wie z.B. Getriebeübersetzungen, Trägheitsmomente sowie die Informationen über Bereifung und Bremsen entstammen den Fahrzeugdaten.
Das Modell verfügt über ein Interface zum FLOWMASTER2. Mit Hilfe der im CRUISE implementierten Funktion wurden die für FLOWMASTER2 notwendigen Wärmeverluste berechnet. Die Erstellung der Funktion erfolgte zum einen unter Beachtung der Fahrzeugmotordaten und zum anderen anhand der Literaturangaben über den Verlauf der Wandwärmeverlustfunktion in Abhängigkeit von der Motordrehzahl und des Drehmomentes. Anschließend wurde die Funktion durch eine Validierung am Rollenprüfstand angepasst.
Die Funktion kann folgenderweise dargestellt werden:

$$\dot{Q} = C_1 \cdot \sqrt{n^{2,7}+1} \cdot \left(\frac{M^{0,5}}{n}\right) + C_2 \,,$$

mit

n - Motordrehzahl, U/min
M - Motordrehmoment, Nm
C_1 und C_2 - Konstanten

Die Korrektur der beiden Konstanten C_1 und C_2 ergibt sich im Laufe der Modellierung. Bedingt durch die Auswahl der C_1 und C_2 - Werte erfolgt die Anpassung der Oberfläche an die entsprechenden Leerlaufparameter.

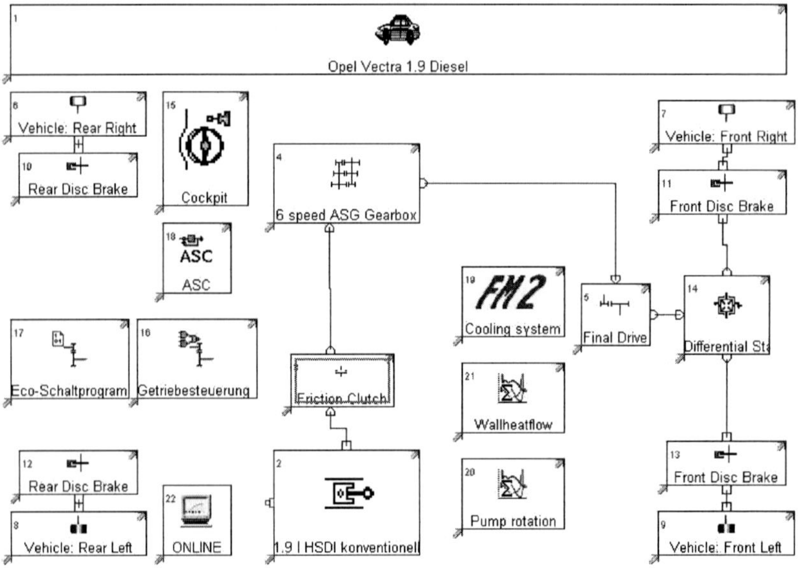

Bild. 6 CRUISE-Modell

5. Simulationsergebnisse und Modellvalidierung

Die Ergebnisse der Simulation wurden auf dem Rollenprüfstand im Windkanal bei der Firma Delphi in Luxemburg validiert. Der Windkanal Göttingener Bauart erlaubt es die Messungen bei einer Geschwindigkeit bis zu 160 km/h und minimaler Testtemperatur von bis zu –30°C durchzuführen.

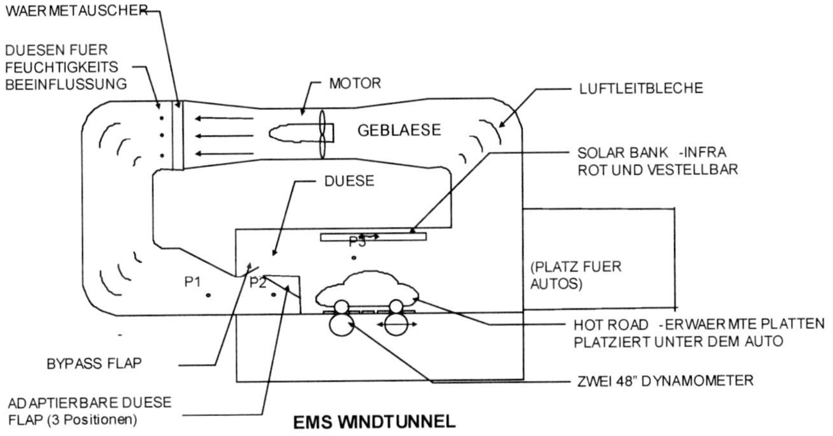

Bild. 7. Windkanal zur Fahrzeugerprobung bei der Firma Delphi.

Bild 8 stellt die Ergebnisse der Simulation und der Messung (NEFZ) im Windkanal dar, welche bei einer Testtemperatur von 22 °C und einem Thermostat mit 15 s Öffnungszeit durchgeführt wurden. Als Messstelle diente der Thermostateingang.

Das Diagramm zeigt eine sehr gute Übereinstimmung zwischen den Simulations- und den Messergebnissen. Die erste Hälfte des Fahrzyklus zeichnet sich aber durch etwas niedrigere simulierte Werte im Vergleich zu den gemessenen Daten aus. Während sich die Simulations- und Messungsergebnisse dann ausgleichen liegen die simulierten Werte in der zweiten Hälfte des Fahrzyklus etwas höher.

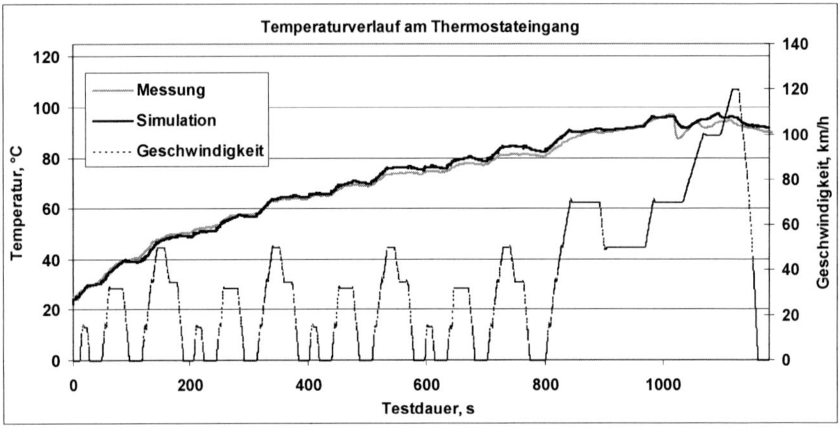

Bild 8. Temperaturverlauf am Thermostateingang bei +22 °C im NEFZ.

Die berechneten Fehler sind in Bild 9 dargestellt. Erkennbar ist hier das Auftreten der größten Abweichungen (5%) zwischen der Simulation und der Messung innerhalb der ersten 200 s des Tests. Während dieser ersten Testphase sind die transienten Vorgänge im System dominierend und es ist relativ schwierig eine gute Übereinstimmung zwischen Simualtion und Messung zu treffen. Eine ähnliche Situation ist auch im Fall der Thermostatöffnung zu sehen. Dieser schnellablaufende Prozess verursacht sehr dynamische Änderungen der Systemeigenschaften, was stark oszillierende Abweichungen von bis zu 5 % zur Folge hat.

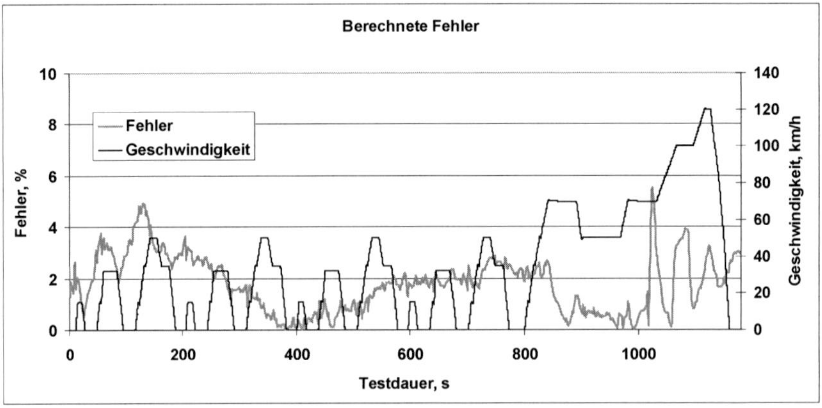

Bild 8. Berechnete Fehler des Temperaturverlaufs am Thermostateingang bei +22 °C im NEFZ.

Eine sehr gute Übereinstimmung zwischen der Simulation und der Messung zeigt sich auch am Beispiel des Kraftstoffverbrauchs.

Die folgende Tabelle zeigt die simulierten und gemessenen Kraftstoffverbräuche im NEFZ:

	Simuliert, l/100 km	Gemessen, l/100 km
NEFZ (Phase 1)	7,144	7,114
NEFZ (Phase 2)	4,084	4,125

6. Zusammenfassung und Ausblick

Die verwendete Kopplung von zwei eindimensionalen Berechnungsprogrammen bezüglich der Fahrzeug- und Kühlsystemparameter erfüllt die Anforderungen der Simulationsgenauigkeit vollständig. Es wurde auch bestätigt, dass die vereinfachten Methoden zur Bestimmung von nicht vorhandenen Parametern, im gegebenen Fall Wandwärmeverluste, durch eine Benutzung von empirischen Funktionen zur Erstellung der Kennfelder zufriedene Ergebnisse liefern. Gleichzeitig wird die Simulationszeit eingespart und der Modellerstellungsprozesses vereinfacht.

Die Kopplung von FLOWMASTER und CRUISE erlaubt dem Benutzer die Untersuchung des Einflusses der Kühlsystemparameter auf die fahrzeugspezifischen Daten, wie z.B. Kraftstoffverbrauch, Emissionen u. s. w., welche in erster Linie durch den Systemaufbau bedingt sind.

Durch den gekoppelten Einsatz von FLOWMASTER und CRUISE erhält der Anwender ein Simulationsverfahren, mit welchem er sehr einfach, effektiv und hinreichend genaue Aussagen bekommt. Diese Aussagen beziehen sich auf die durch das Kühlsystem bedingten Fahrzeugdaten (vorgegebenen Fahrbedingungen oder vordefinierter Fahrzyklus).

7. Literatur

[1] Ute Müller, Felix Klingebiel Erforderliche Modellierungstiefe bei der Simulation von Kfz-Kühlsystemen am Beispiel eines neuen Dieselmotors. Wärmemanagement des Kraftfahrzeuges II Norbert Deußen und 43 Mitautoren. Expert Verlag 2000.

[2] K. G. Mahmoud, E. Loibner, B. Wiesler, S. Samhaber, Ch. Kußmann. Simulation-Based Vehicle Thermal Management System- Concept and Methodology. SAE Paper Number 2003-1-0276

[3] Wolfgang Puntigam. Transient Simulation of Comprehensive Vehicle Models by Integrating Different Simulations Tolls. International User Meeting 2005. AVL-Advanced Simulation Technologies

4 Simulation des Aufwärmverhaltens von Verbrennungsmotor und Fahrzeug mittels Kopplung von Teilmodellen

Günter Lang, Heinz Petutschnig, Wolfgang Puntigam, Filip Kitanoski, Josef Hager

Abstract

The engine warm-up after a cold start depends not only on the engine, the driving cycle and on the vehicle itself, but also on the behavior of systems like cooling circuit and power train. The individual systems stand in interaction both with the engine as well as with the other systems. This requires for the simulation of the thermal management system that all relevant subsystems are simulated simultaneously and that the interaction between the individual systems is being considered in a correct way. Therefore, a generic simulation platform was developed. The main advantage of the platform is in being able to couple the simulation models without the need of special interfaces between the individual programs.
Based on an example, the modeling of the individual subsystems of the vehicle is shown. For the verification of the single subsystems experimental measurements on a vehicle dynamometer have been performed. The comprehensive vehicle model is verified with the measurement data of a 'real-world' driving cycle. Key parameters such as coolant temperature, engine temperature, and cabin temperature are compared therefore.

Kurzfassung

Der Aufwärmverlauf des Motors nach dem Kaltstart hängt nicht nur ganz wesentlich vom Motor, dem Fahrzyklus und vom Fahrzeug ab, sondern wird auch stark vom Verhalten der anderen Systeme wie Kühlkreislauf und Antriebsstrang beeinflusst. Die einzelnen Systeme stehen teilweise miteinander und mit dem Motor in Wechselwirkung, weshalb die Simulation einzelner Teile meist nicht das korrekte Verhalten des jeweiligen Systems im Fahrzeug wiedergibt. Vielmehr müssen alle Teilmodelle simultan berechnet werden und durch Datenaustausch miteinander in Beziehung stehen. Dazu wird eine neu entwickelte Simulationsplattform genutzt, welche die gekoppelte Simulation der einzelnen Teilmodelle erlaubt, ohne dass dazu spezielle Schnittstellen zwischen den einzelnen Programmen entwickelt werden müssen.
Anhand eines Beispiels werden die Modellierung der einzelnen Teilsysteme des Fahrzeugs und die anschließende Zusammenführung zum Gesamtfahrzeugmodell gezeigt. Die einzelnen Teilmodelle wurden mit Messdaten von einem Versuchsfahrzeug abgeglichen. Anhand wesentlicher Messwerte wie Wasser- und Öltemperatur, aber auch Bauteiltemperaturen und der Kabinentemperatur wird anschließend das Gesamtmodell mit den Daten von einer Messfahrt verifiziert.

1. Einleitung

Die rasche Aufwärmung des Verbrennungsmotors ist aus mehreren Gründen ein ganz wesentliches Optimierungsziel bei der Entwicklung von Fahrzeugen: Einerseits werden durch ein schnelles Aufwärmen des Motors die Reibverluste minimiert und damit der Verbrauch, die Emissionen und der Verschleiß reduziert. Andererseits stellt der Motor auch die Wärmequelle für die Aufheizung der Passagierkabine dar und trägt damit ganz wesentlich zum Komfort bei. Bei der Entwicklung des thermischen Systems eines Fahrzeugs ist die Simulation heute ein unverzichtbares Werkzeug. Dabei werden die einzelnen Teile wie Motor, Kühlkreislauf und Antriebsstrang mit verschiedenen Modellen abgebildet und häufig separat betrachtet. Durch diese rückwirkungsfreie Betrachtung der Einzelsysteme führen Optimierungen eines Teilsystems oft nicht zu den gewünschten Ergebnissen im Gesamtsystem. Vielmehr müssen auch in der Simulation die einzelnen Teilsysteme zusammen betrachtet werden, um die Energieflüsse und die Rückwirkungen zwischen den einzelnen Teilsystemen korrekt zu erfassen [1].
Für viele Teilbereiche existieren bereits Simulationswerkzeuge, die über fest integrierte Schnittstellen miteinander kommunizieren und so zumindest teilweise koppelbar sind. Beispielsweise wurden für die Kopplung einer Kühlkreislaufsimulation mit einem Kabinen- und Komfortmodell oder für die Koppelung der Fahrzeugsimulation mit der Motorprozessrechnung integrierte Schnittstellen entwickelt [2], [3].
Diese bidirektionale Kopplung wirft das prinzipielle Problem auf, dass die Anzahl der (neu) zu entwickelnden Schnittstellen mit der Anzahl der an der Simulation beteiligten Programme stark ansteigt. Als mögliche Alternative bietet sich an, ein zentrales Steuerungsprogramm einzusetzen, welches die fahrzeugrelevanten Funktionen (Drehzahl, Temperaturen, Lasten) überwacht und alle für die gekoppelte Simulation erforderlichen Programme über geeignete Schnittstellen integriert [4].
Eine derartige Simulationsplattform wurde in den letzten Jahren am vif[1] entwickelt. Sie ermöglicht die Integration unterschiedlicher Modelle, unabhängig von den verwendeten Programmen. Die Steuerung der instationären Simulation wird dabei durch die Simulationsplattform realisiert, in dem die einzelnen Subsysteme von außen zeitsynchron gesteuert werden. Dadurch kann das instationäre Verhalten des thermischen Systems durch die Kopplung von bestehenden Modellen abgebildet werden [5].

2. Simulationsplattform

Wie bereits dargestellt, kommen bei der Simulation des thermischen Managements unterschiedliche Softwareprogramme zum Einsatz. Im Sinne einer Co-Simulation müssen die einzelnen Programme zeitsynchron laufen und dabei Daten austauschen. Nur so kann zum Beispiel die Wandwärme aus der Motorprozessrechnung die Kühlwassertemperatur in der Berechnung des Kühlkreislaufs beeinflussen und diese wiederum als Eingangsgröße für das Reibungskennfeld des Motors dienen. Dazu sind geeignete Schnittstellen in allen beteiligten Programmen eine Grundvoraussetzung. In der Vergangenheit wurden diese Schnittstellen meist maßgeschneidert für bestimmte Kombinationen von

[1] Kompetenzzentrum Das virtuelle Fahrzeug Forschungsgesellschaft mbH (vif), Graz, Austria

Programmen realisiert, z.B. für Motorprozessrechnung, Kühlsystemberechnung und Simulation der Fahrzeuglängsdynamik [6].
Eine interessante Möglichkeit ist es, die Programme mit einem geeigneten Konzept so zu koppeln, dass die einzelnen Programme lediglich Daten bereitstellen beziehungsweise entgegennehmen, ohne die anderen Programme genau zu „kennen". Dieses Konzept wird im Folgenden näher vorgestellt.

2.1 Grundidee

Ziel war es, eine effiziente Methode zu finden, mit der es ermöglicht werden sollte, verschiedene Simulationsprogramme auf unterschiedlichen Rechnerarchitekturen unter verschiedenen Betriebsystemen transient zu koppeln. Der Datenaustausch sollte dabei zeitsynchron ermöglicht werden, um zum Beispiel Aufwärmvorgänge abbilden zu können.

Dazu wurden zunächst verschiedene bestehende Schnittstellentechnologien und Middleware Konzepte evaluiert und verglichen. Abgeleitet von diesen Untersuchungen und basierend auf den Anforderungen der Simulationsprogramme wurde eine Methode zur Simulation umfassender Modelle abgeleitet. Die Methode geht davon aus, dass sich technische Systeme in partitionierte Subsysteme einteilen lassen, die über eine definierte physikalische Schnittstelle Daten untereinander austauschen (Bild 1).

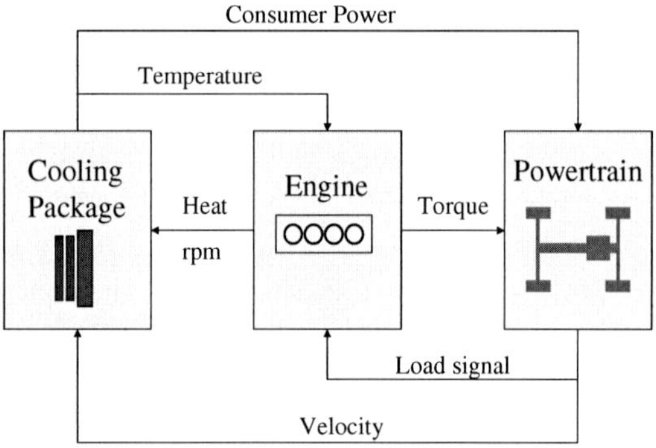

Bild 1: Physikalische Schnittstelle (Datenaustausch zwischen Subsystemen)

2.2 Umsetzung

Das Design für die Integrationsplattform, die den Datenaustausch zwischen den Programmen ermöglicht, ist in Bild 2 dargestellt. Jedes einzelne Modell (Simulationsprogramm) wird mit einer Kommunikationsschicht umhüllt, welche die Kommunikation sicherstellt. In einem „Proof of Concept" wurden diese Kommunikationsschichten in PYTHON (Scriptsprache) implementiert.

Im nächsten Schritt wurden diese Kommunikationsschichten um jeweils eine Kontrolleinheit erweitert, welche die einzelnen Programme zeitsynchron steuert. Diese Kontrolleinheiten übernehmen somit den transienten Datenaustausch und sind für die Synchronisierung der einzelnen Programme verantwortlich. Mit diesem Konzept übernimmt keines der Programme die Steuerung, sondern die Schnittstelle selbst verwaltet die Daten zwischen gleichberechtigten Teilnehmern an der Gesamtsimulation. Durch dieses Schnittstellen Design ist die Methode unabhängig von den verwendeten Simulationsprogrammen und Modellen (Bild 3).

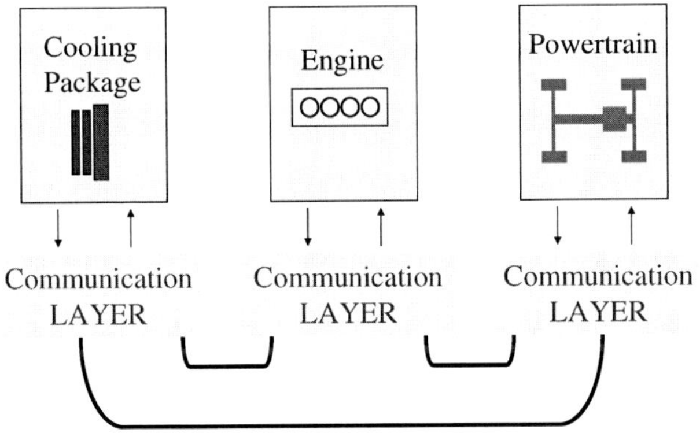

Bild 2: Design der Grundkommunikation

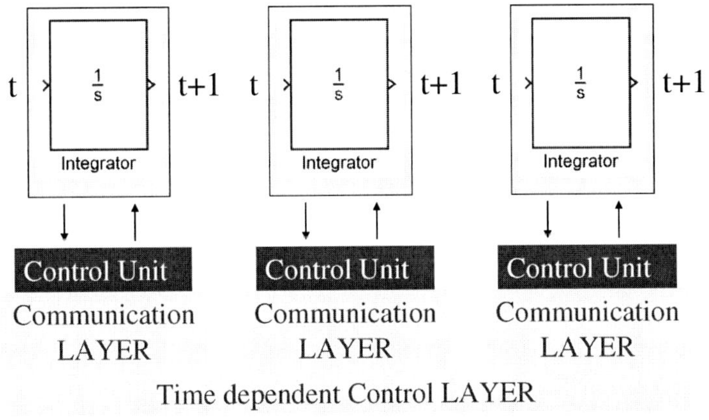

Bild 3: Schnittstellen Design – Kontrolleinheiten

3. Simulationsmodelle

Für die Untersuchungen des thermischen Managements des Versuchsfahrzeugs wurden zunächst die folgenden fünf Teilmodelle erstellt:

- Fahrzeug und Antriebsstrang
- Verbrennungsmotor
- Thermisches Netzwerk des Motors
- Fluidkreisläufe (Kühl- und Heizungskreislauf, Ölkreislauf, Ladeluftreislauf)
- Kabine

Dazu wurden unterschiedliche Simulationswerkzeugen eingesetzt. In Bild 4 ist dargestellt, wie die einzelnen Teilmodelle in der Simulation miteinander in Wechselwirkung stehen. Der Motor gibt die Antriebsleistung an das Fahrzeug und die Verlustwärmen an das thermische Netzwerk ab. Im thermischen Netzwerk können die Bauteile des Motors an das Öl und an das Kühlmittel Wärme übertragen. Im Öl-Kühlmittel Wärmetauscher stehen Kühl- und Ölkreislauf zusätzlich in Wechselwirkung. Dadurch, dass der Ladeluftkühler im Kühlpaket vor dem Wasserkühler angeordnet ist, wird die Kühlluft aus der Umgebung erwärmt, womit sich die effektive Eintrittstemperaturdifferenz für den Wasserkühler verringert. Im Heizungskreislauf wird schließlich noch Wärme vom Kühlkreislauf an die Kabinenluft abgegeben.
Die einzelnen Teilmodelle werden im Folgenden näher beschrieben.

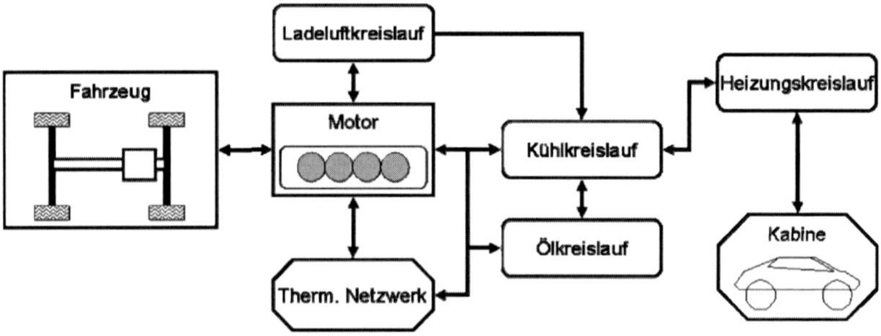

Bild 4: Wechselwirkung der einzelnen Teilmodelle

4.1 Fahrzeugmodell

Zur Simulation der Fahrzeuglängsdynamik des Fahrzeugs und des Antriebsstrangs wurde das Programm AVL-CRUISE [7] eingesetzt. In CRUISE sind die wesentlichen Parameter des Fahrzeugs wie Fahrzeugmasse und Roll- sowie Luftwiderstandsbeiwerte hinterlegt. Auch alle Parameter des Antriebsstrangs, wie zum Beispiel Getriebeübersetzungen, Getriebeverluste, Raddurchmesser und Trägheitsmomente sind definiert.

Weiters ist in CRUISE ein Fahrermodell integriert, welches auf Basis des vorgegebenen Fahrprofils das Lastsignal an den Motor berechnet. Dieses Lastsignal wird als Eingangsgröße an das Motormodell übergeben. Als Eingabegrößen von den anderen Modellen bekommt das Fahrzeugmodell das Motormoment und die Kühlwassertemperatur. Aus der Motordrehzahl, welche sich aufgrund des Motormoments und den Beschleunigungs- und Reibungsverlusten im Fahrzeugsmodell einstellt, ergibt sich die tatsächliche Fahrzeuggeschwindigkeit. In einem Regelkreis wird aus der Abweichung von der Sollgeschwindigkeit ein korrigiertes Lastsignal an den Motor berechnet. Die Kühlwassertemperatur findet Eingang in ein Reibungskennfeld, in welchem gemessene Reibmomente hinterlegt sind. Bild 5 zeigt das verwendete Fahrzeugmodell im Blockmodellierer.

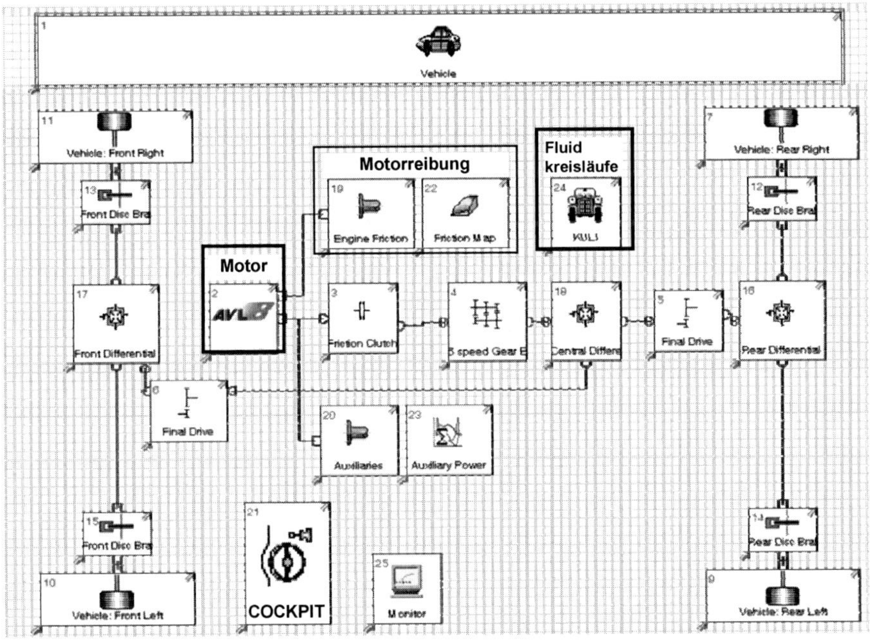

Bild 5: Fahrzeugmodell in CRUISE (die beiden dick umrahmten Elemente symbolisieren die Schnittstellen zu Modellen in anderen Programmen)

4.2 Motormodell

Das zweite Teilmodell bildet den Motor ab. Dazu wurde ein 1D-Programm zur Motorprozessrechnung verwendet (AVL-BOOST [8]). Damit können die Thermodynamik und der Ladungswechsel des Motors berechnet werden. Das Modell besteht aus dem Saugsystem, den Zylindern, dem Abgassystem und dem Turbolader, Bild 6

Wesentlich ist, dass das Motormodell nicht nur das stationäre, sondern auch das transiente Verhalten des Motors wiedergibt. Eine eigene Motorsteuerungseinheit (ECU, engine control unit) berechnet aus dem Lastsignal die erforderliche Einspritzmenge und die VTG-Position (variable turbine geometry). Die Einspritzmenge wird dabei in Abhängigkeit des aktuellen Ladedrucks und der Motordrehzahl durch ein Rauchkennfeld begrenzt. Die Bedatung der Kennfelder erfolgte auf Basis von Prüfstandsmessungen. Die Trägheitsmomente von Motor und Turbolader sind weitere Parameter, die wesentlichen Einfluss auf das transiente Verhalten des Motors haben und daher berücksichtigt werden.
Das Motormodell erhält über ein Interface das Lastsignal, die Motordrehzahl und die Wandtemperaturen als Eingangsgrößen. Als Ausgangsgrößen liefert es das aktuelle Motormoment und die Verlustwärmeströme.

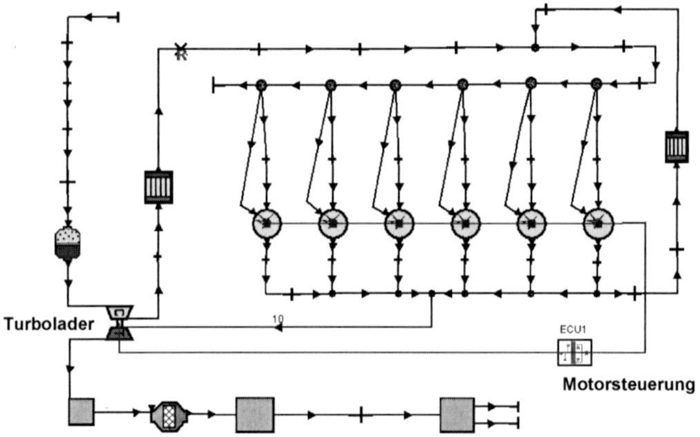

Bild 6: Motormodell in BOOST

4.3 Fluidkreisläufe

Für die Simulation von Wasser-, Öl- und Ladeluftkreislauf wurde das Berechnungsprogramm KULI [9] von MAGNA POWERTRAIN eingesetzt. Damit wurden die Kreisläufe als eindimensionales Netzwerk modelliert. Insbesondere der Kühlkreislauf wurde detailliert abgebildet, um die Massenstromverteilung auf die unterschiedlichen Teilkreise (Radiatorkreis, Heizungskreis usw.) korrekt berechnen zu können. Auch der Thermostat wurde mittels einer temperaturabhängigen Regelung nachgebildet. Der Luftpfad durch das Kühlpaket wurde ebenfalls modelliert und mit Messdaten abgeglichen.

Die Eingangsparameter in das Modell sind:

- Umgebungstemperatur
- Fahrgeschwindigkeit
- Motordrehzahl
- Lüfterdrehzahl
- Wärmestrom ins Kühlwasser
- Wärmestrom ins Öl
- Luftmassenstrom über den Heizungswärmetauscher
- Lufttemperatur vor dem Heizungswärmetauscher

Als Parameter für die anderen Programme stehen am Ausgang folgende Größen bereit:

- Wassertemperatur
- Öltemperatur

4.4 Thermisches Netzwerk des Motors

Das thermische Netzwerk ist ein System, welches die Wärmeströme in der Motorstruktur und daraus die Erwärmung der Motorbauteile sowie deren Temperaturen berechnet. Über die Systemgrenze tauscht das thermische Netzwerk Wärme mit der Umgebung, dem Kühlmittel, dem Öl und dem Gas im Zylinder aus. Die Temperaturen der Fluide sind Eingangsgrößen und werden als Randbedingungen des Modells vorgegeben. Zusätzlich kommen von der Motorprozessrechnung die Wärmeströme in den Zylinderkopf, in die Laufbuchsen sowie in die Kolben als Eingangsgrößen. Im Thermischen Netzwerk erfolgt die Verteilung der Wärmeströme in der Struktur. Dazu wurde der Verbrennungsmotor in sieben Subsysteme diskretisiert, Bild 7. Diese Subsysteme wurden als Punktmassen modelliert. Für das dynamische Verhalten des Systems sind im wesentlich die Punktmassen mit ihren zugehörigen spezifischen Wärmekapazitäten verantwortlich. Die Massen der einzelnen Teile entsprechen dabei jenen des realen Motors. Der Wärmetransport zwischen den Punktmassen untereinander beziehungsweise zwischen den Punktmassen und den Fluiden findet durch Wärmeleitung und Konvektion statt. Die errechneten Wärmeströme werden als Parameter in der Schnittstelle zur Verfügung gestellt. Die berechneten Temperaturen der Subsysteme Kopf, Buchse und Kolben werden ebenfalls am Ausgang des Modells zur Verfügung gestellt und dienen der Motorprozessrechnung als Eingangsgrößen für die Berechnung der Wärmeverluste. Das Modell wurde anhand von Messdaten abgeglichen.

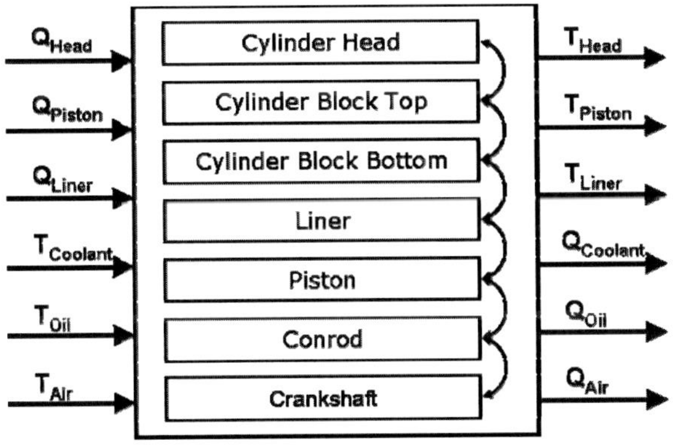

Bild 7: Thermischen Netzwerks des Verbrennungsmotors mit Ein- und Ausgangsgrößen

4.5 Kabinenmodell

Die Fahrzeugkabine stellt ein weiteres Teilsystem in der Berechnung des Gesamtfahrzeugs dar. Ziel der Simulation ist es hier, Aussagen über die Kabinentemperatur oder andere entwicklungsrelevanten Größen zu treffen. Als Randbedingungen sind der Luftmassenstrom und die Wärmeleistung des Heizungswärmetauschers beziehungsweise des Verdampfers im A/C-Betrieb erforderlich. Insbesondere im Umluftbetrieb hängt die Lufteintrittstemperatur in den Heizungswärmetauscher und damit die abgegebene Wärme direkt von der Kabinentemperatur ab. Aber auch im Frischluftbetrieb führt die Heizungsregelung zu Rückwirkungen auf den Kühlkreislauf und damit auch auf den Motor. Um diese Rückwirkung in der Simulation erfassen zu können, muss die Kabine in die Kopplung mit einbezogen werden. (Anmerkung: Im Falle der Klimatisierung hängen die erforderliche Kälteleistung und damit die Antriebsleistung des Verdichters vom Verhalten der Kabine und der Regelungsstrategie der Klimaanlage ab).
Zur Modellierung der Kabine wurde wiederum die Software KULI verwendet. Das entsprechende Modell ist in Bild 8 dargestellt. Die Heizleistung vom Heizungswärmetauscher (1) stammt aus dem Modell des Kühlkreislaufs und wird dem Modell über die COM-Schnittstelle übergeben. Die thermische Trägheit der Kanäle sowie der Wärmeverlust an die Umgebung sind vereinfacht mit einer Punktmasse (2) und einem der Temperaturdifferenz zur Umgebung proportionalem Wärmestrom (3) berücksichtigt. Das Kabinenmodell (4) berechnet aus eintretendem Wärmestrom, der thermischen Trägheit der Kabine und den Wärmeverlusten an die Umgebung eine mittlere Lufttemperatur. Diese Temperatur wird an den Anfang der Luftstrecke rückgekoppelt (5) sowie über eine COM-Schnittstelle an das Modell des Heizkreislaufs als Eintrittstemperatur der Luft in den Heizungswärmetauscher zurückgegeben.
Das Modell wurde anhand von Messdaten abgeglichen; dazu wurden der Luftmassenstrom und die vom Heizungswärmetauscher eingebrachte Wärme als Randbedingungen vorgegeben. Damit konnten die Parameter der Luftführungskanäle und der Kabine (thermische Trägheit, Wärmeverluste an Umgebung) sehr gut abgestimmt werden, Bild 9.

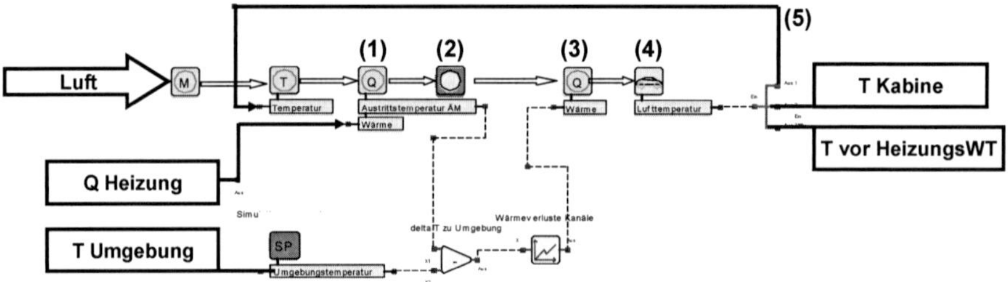

Bild 8: KULI-Simulationsmodell für die Fahrzeugkabine im Umluftbetrieb

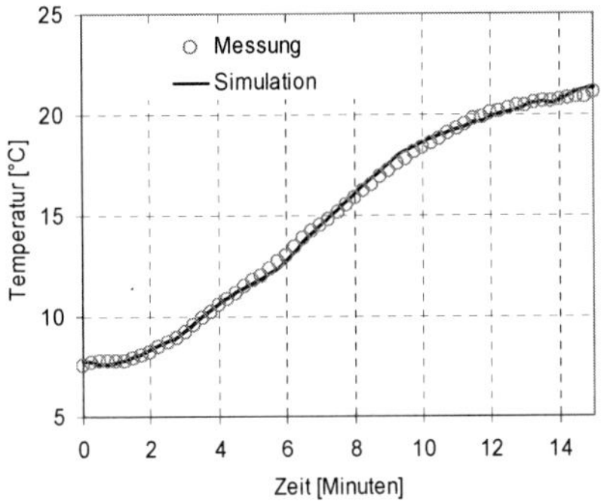

Bild 9: Messungs-Rechnungsvergleich der Kabinentemperatur für das Aufwärmen im Umluftbetrieb

5. Verifikation

Zur Verifikation der einzelnen Modelle wurden Messungen mit einem Versuchsfahrzeug durchgeführt. Dabei handelte es sich um ein SUV mit Allradantrieb und einem 3.0 Liter HSDI Motor mit 150 kW. Das Fahrzeug war mit umfangreicher Messtechnik ausgerüstet, um die Wärmeströme und Bauteiltemperaturen zu erfassen. Für einen ersten Modellableich der Teilmodelle und des Gesamtmodells dienten verschiedene Rollentests bei stationären und transienten Betriebsbedingungen [10].

5.1 Versuchsergebnisse

Zur Verifikation des Gesamtfahrzeugmodells wurden die Daten einer Messfahrt auf der Straße verwendet. Bei der im Anschluss gezeigten Messung wurden dazu insgesamt über hundert Messkanäle mit einer Frequenz von 1 Hz aufgezeichnet. In den folgenden Darstellungen sind die Messwerte im Allgemeinen zugunsten der besseren Lesbarkeit mit einer zeitlichen Auflösung von 15 Sekunden dargestellt.
Die Fahrt fand bei einer Umgebungstemperatur von 7°C statt, und das Fahrzeug ist zuvor bei dieser Temperatur konditioniert worden. In Bild 10 sind die Geschwindigkeit und die zugehörige Schaltstufe des Getriebes sowie das Höhenprofil der Messfahrt über der Zeit dargestellt. Die Fahrt führte zunächst für etwa 5 Minuten durch Ortsgebiet. Hier sind relativ lange Phasen mit Fahrzeugstillstand und eine Maximalgeschwindigkeit von etwa 50 km/h charakteristisch. Danach folgt eine etwa 5-minütige Fahrt auf dem Autobahnzubringer mit 75 km/h im 4. Gang. Ab 600 Sekunden folgt ein Abschnitt mit 115 km/h auf der Autobahn. Hier weist die Strecke eine Steigung von maximal 3% auf.

Die zugehörige Motordrehzahl und die effektive Motorleistung sind in Bild 11 dargestellt. Die mittlere effektive Motorleistung im gezeigten Abschnitt der Messfahrt beträgt 23 kW.

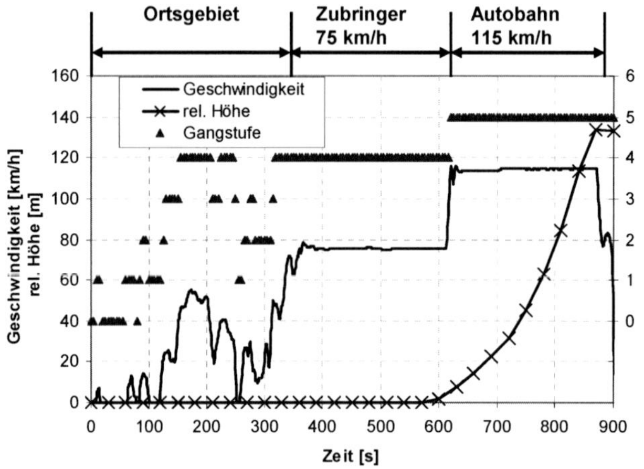

Bild 10: Geschwindigkeits- und Höhenprofil sowie Gangstufe während der Messfahrt

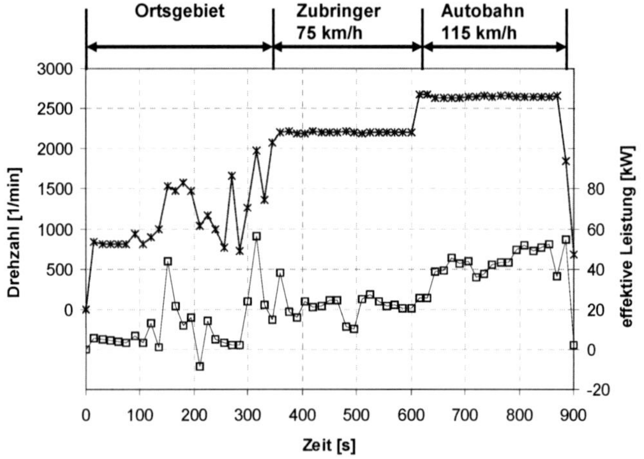

Bild 11: Motordrehzahl (Sternchen) und effektive Motorleistung (Quadrate) während der Messfahrt (Kurven in reduzierter zeitlicher Auflösung)

5.2 Simulation

Die Messdaten der im vorigen Absatz beschriebenen Messfahrt dienten zur Verifikation des Gesamtfahrzeugmodells. Als Eingangsgrößen für die Berechnung waren dabei das Streckenprofil (Geschwindigkeit, relative Höhe, Gangstufe), die Umgebungsbedingungen, die Lüfterdrehzahl sowie der (gemessene) Luftmassenstrom über den Heizungswärmetauscher erforderlich. Aus dem Streckenprofil und den Verlusten im Antriebsstrang, im Motor und den Reibungsverlusten des Fahrzeugs ergibt sich das indizierte Moment in der Simulation. Wie Bild 12 zeigt, stimmt das das indizierte Moment in der Simulation bis auf einige Abweichungen in der ersten Phase der Fahrt sowie bei etwa 500 Sekunden recht genau mit dem gemessenen Moment überein. Für die Abweichungen kommen mehrere Ursachen in Frage: So lagen über die Genauigkeit des indizierten Moments, welches aus den Daten der Motorsteuerung ermittelt wurde, keine Angaben für kalten Motor vor. Auch die Verluste des (kalten) Verteilergetriebes vom Allradantrieb waren nicht genau bekannt. Die Abweichung bei 500 Sekunden konnte einem Gefälle beim Autobahnknoten zugeordnet werden; hier läuft die reale Strecke durch eine Senke, welche in der Simulation nicht berücksichtigt wurde. Trotz dieser Abweichungen wurden der kumulierte Verbrauch und damit die eingebrachte Kraftstoffenergie gut wiedergegeben, Bild 13. Die Abweichung liegt hier am Ende der Messung bei knapp 2.5%.

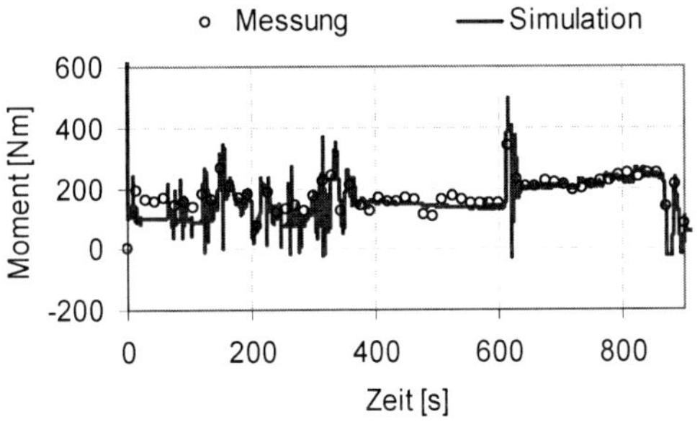

Bild 12: Messungs-Rechnungsvergleich indiziertes Moment

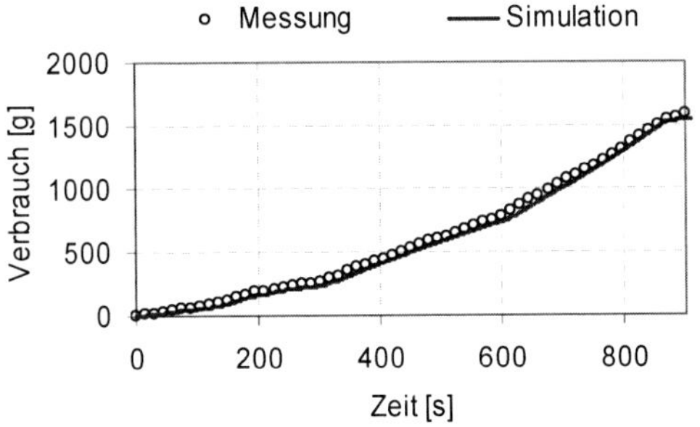

Bild 13: Messungs-Rechnungsvergleich kumulierter Verbrauch

Die Abweichung der berechneten Wassertemperatur von der gemessenen Temperatur liegt für den gesamten Bereich unter 4K, Bild 14. Lediglich das Öffnen des Thermostaten bei 550 Sekunden erfolgt in der Simulation nicht so fließend wie in der Realität. Hier wäre noch eine Verbesserung durch Anpassung der Öffnungscharakteristik möglich. Größer sind die Abweichungen bei der Öltemperatur. Diese stimmt über die ersten 400 Sekunden sehr genau mit der Messung überein, danach steigt sie jedoch in der Simulation zu stark an. Es wird vermutet, dass die Aufteilung der Wärme aus der Motorreibung auf Wasser und Öl noch nicht mit der Realität übereinstimmt. Die einzelnen Wärmeströme sind sehr messtechnisch schwer zu erfassen, weshalb hier bislang keine Verbesserung erreicht werden konnte. Zu untersuchen ist auch noch, ob eventuell die Wärmeverluste aus dem Öl (z.B. über die Ölwanne) unterbewertet wurden. Der Vergleich einzelner Bauteiltemperaturen ist naturgemäß schwierig, da sich die Bauteile sehr inhomogen erwärmen. Bild 15 zeigt einen Vergleich der berechneten Zylinderkopftemperatur mit einer Messstelle, die unter stationären Betriebsbedingungen gut mit der Rechnung korrelierte. Wie das Diagramm zeigt, kann mit dem verwendeten thermischen Motormodell auch unter instationären Bedingungen die Temperatur des Zylinderkopfs gut berechnet werden.

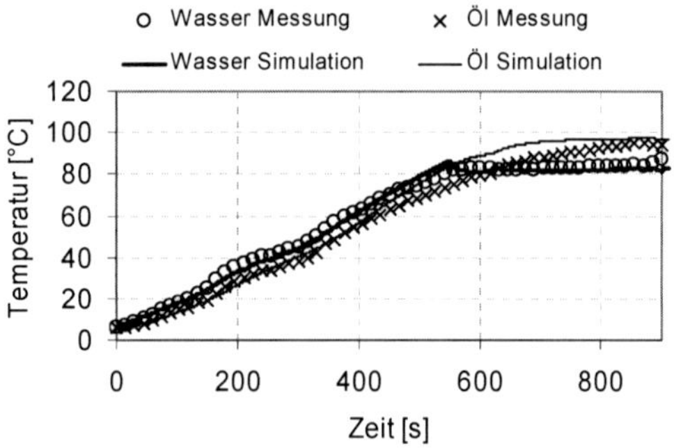

Bild 14: Vergleich der berechneten und gemessenen Kühlwasser- und Öltemperatur

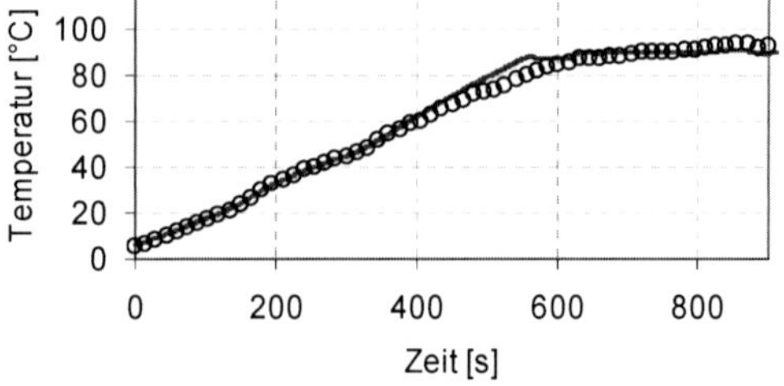

Bild 15: Vergleich der berechneten und gemessenen Zylinderkopftemperatur

Bild 16 zeigt schließlich die für das Aufwärmen der Kabine wesentlichen Temperaturen. Als Set-Point für die Kabinentemperatur waren beim Fahrzeug 20°C gewählt. Die Lufttemperatur nach dem Heizungswärmetauscher stimmt bis zum Zeitpunkt t=450 Sekunden relativ gut mit der gemessenen Temperatur überein. Zu diesem Zeitpunkt greift die Klimaautomatik des Versuchsfahrzeugs ein und regelt mit einem Taktventil den Wassermassenstrom im Heizungskreislauf zurück. Durch den stark schwankenden Verlauf war die Genauigkeit der Volumenstrommessung beeinträchtigt und ein exakter Abgleich des Modells war in diesem Bereich damit nicht mehr möglich. Das zuerst voll geöffnete Ventil im Heizungskreislauf wurde im weiteren Verlauf durch Vorgabe der Öffnung so eingestellt, dass sich ungefähr der gemessene Volumenstrom im Heizungskreis einstellte.
Die berechnete Kabinentemperatur stimmt bis auf eine leichte Überhöhung gegen Ende der Messung sehr genau mit dem gemessenen Wert überein. Die dargestellte Messung zeigt den Mittelwert von insgesamt 26 Messstellen im Innenraum.

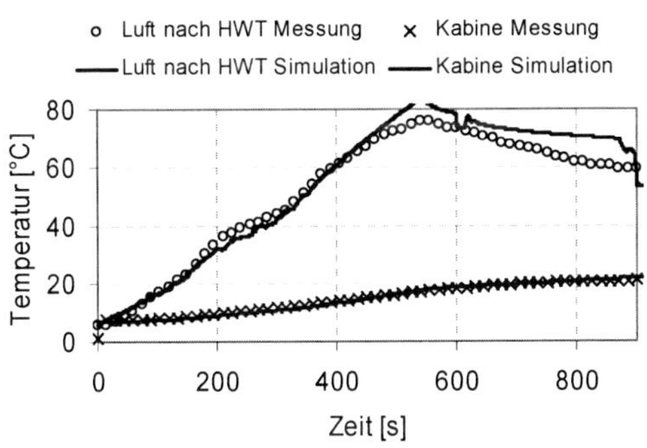

Bild 16: Vergleich der Lufttemperatur nach dem Heizungswärmetauscher (HWT) und der mittleren Kabinentemperatur

6. Zusammenfassung und Ausblick

In diesem Beitrag wurde eine Methode zur thermischen Gesamtfahrzeugsimulation vorgestellt, welche auf der Kopplung verschiedener Simulationsprogramme mit einer unabhängigen Simulationsplattform basiert. Dieser Ansatz ermöglicht es, die komplexen Abhängigkeiten zwischen den thermisch relevanten Komponenten und Teilsystemen in der Simulation zu berücksichtigen (Antriebsstrang, Kühlmittelkreislauf, Schmierkreislauf, Motorstruktur, etc.). Abschließend wurde anhand eines Messungs-Rechnungs-Vergleichs der unter der Anwendung dieser gekoppelten Simulationsmethode erzielbare Genauigkeitsgrad dargelegt.

Aus den durchgeführten Arbeiten können die folgenden Erkenntnisse gewonnen werden:

- Für die ersten Berechnungen des Gesamtsystems ist der Einsatz (stark) vereinfachter Modelle von Vorteil (Rechenzeit); beispielsweise wurde für die Tests der Kopplung und des Datenflusses ein 1-Zylinder Motormodell verwendet.
- Voraussetzung für genaue Ergebnisse der Gesamtfahrzeugsimulation ist die Abstimmung der Einzelmodelle mit Messungen; anhand der Ergebnisse von der Gesamtfahrzeugsimulation ist es schwierig, die Ursache für Abweichungen im Ergebnis zu finden beziehungsweise einem einzelnen Modell zuzuordnen.
- Durch die Verwendung der Simulationsplattform können die einzelnen Teilmodelle, welche normalerweise in einem Programm simuliert werden, aufgesplittet werden; so wurden beispielsweise das Kabinenmodell und das Modell der Fluidkreisläufe (beide wurden in KULI modelliert) als eigenständige Modelle an die Simulationsplattform angebunden.

Mit der vorgestellten Methodik wird es möglich, optimierte Aufheizstrategien zu entwickeln, deren Nutzen zu bewerten und dabei gleichzeitig deren Einfluss auf das Gesamtsystem „Fahrzeug" zu berücksichtigen. Durch die Anwendung von numerischen Sensitivitätsanalysen und Parameterstudien eröffnet sich ein erhebliches Potenzial, alternative Warmlaufkonzepte bereits in einem relativ frühen Stadium des Fahrzeugentwicklungsprozess noch ohne das Vorliegen von kostenintensiven Prototypen zu analysieren. Des Weiteren wird es auf diese Weise auch möglich, das Verhalten von innovativen Motor- und Abgasnachbehandlungskonzepten abzuschätzen und deren Anforderungen auf das thermische Fahrzeugmanagement vorherzusagen.

Danksagung

Die Autoren danken dem Bundesministerium für Verkehr, Innovation und Technologie (BMVIT), der Österreichische Forschungsförderungsgesellschaft mbH (FFG), dem Land Steiermark, der Stadt Graz und der steirische Wirtschaftsförderungsgesellschaft mbH (SFG) als Betreiber des K plus Kompetenzzentren-Programms für die finanzielle Unterstützung.
Weiters bedanken wir uns bei den Firmen und den Projektpartnern MAGNA STEYR Fahrzeugtechnik AG & CO KG, MAGNA POWERTRAIN (Engineering Center Steyr GmbH & Co KG), AVL List GmbH, OMV und der TU Graz (Institut für Wärmetechnik und Institut für Verbrennungskraftmaschinen und Thermodynamik) für ihre Unterstützung.

Literatur

[1] W. Puntigam, H. Petutschnig, T. Hörmann, T. Moshammer:
Future trends for the application of numerical tools in the cooling system development process
ICPC 2005 - 2.5; International Commercial Powertrain Conference; April 20th - 21st 2005, Graz, Austria

[2] K. Schröder, S. Wagner M. Ellinger:
Gekoppelte Simulation der Klimaanlage und Fahrgastzelle unter Berücksichtigung variierender Randbedingungszyklen
PKW-Klimatisierung II, Expert Verlag 2002

[3] G. Regner, E. Loibner, J. Krammer, R. Truemmer:
Analysis of Transient Drive Cycles using CRUISE-BOOST Co-Simulation Techniques
SAE Technical Paper 2002-01-0627, SAE World Congress, Detroit, MI, 2002

[4] J. Betz, T. Anzenberger, T. Kobs:
Entwicklungstendenzen der Wärmemanagementsimulation im Bereich der Kühlung und Klimatisierung bei AUDI
Wärmemanagement des Kraftfahrzeugs IV, Expert Verlag 2005

[5] W. Puntigam, J. Balic, R. Almbauer, J. Hager
Transient Co-Simulation of Comprehensive Vehicle Models by Time Dependent Coupling
SAE World Congress 2006, Detroit, USA, Technical Paper 2006-01-1604

[6] K. G. Mahmoud, E. Loibner, J. Krammer
Integrated 1-D Tools for Modeling Vehicle Thermal Management System
SAE Congress Brasil 2004, SAE Technical Paper 2004-02-3406

[7] CRUISE Version 3.0.3 User's Guide, AVL List GmbH, Graz 2005

[8] BOOST Version 4.0.5 User's Guide, AVL List GmbH, Graz 2005

[9] KULI Version 7.0 User's Guide, MAGNA POWERTRAIN - Engineering Center Steyr GmbH & Co KG, St.Valentin 2006

[10] H. Petutschnig, W. Puntigam (2006)
Numerical Vehicle Thermal Analyses Using a Comprehensive Vehicle Simulation Model and ist Experimental Validation
SAE Technical Paper 20065404, JSAE Annual Congress, Japan, 2006

5 Energiebilanzierung im Entwicklungsprozess von Motoren

Christian Poruba, Gerald Seider, Martin Kröner

Zusammenfassung

Die Entwicklungsziele zukünftiger Motor- und Fahrzeugkonzepte hinsichtlich Verbrauchsreduzierung, Emissionsminderung, Klimakomfort und Fahrleistung erfordern Maßnahmen, die eine verbesserte Nutzung der zur Verfügung stehenden Energie bewirken. Hierfür wird z.B. durch aktives Wärmemanagement ein komplexes System mit konkurrierenden Anforderungen aufeinander abgestimmt und optimiert.

Basis für das Erkennen von Verbesserungspotenzialen sowie die Bewertung von Wärmemanagementmaßnahmen ist das grundlegende Verständnis des thermischen Verhaltens des Motors. Deshalb werden bei BMW Motoren bereits in einem frühen Entwicklungsstadium auf einem speziellen Prüfstand vermessen und eine Energiebilanzierung durchgeführt.

Im Rahmen dieser Arbeit wird die Vorgehensweise zur Energiebilanzierung dargestellt. Zudem wird an einem Beispielmotor, auf Basis der Auswertung der Prüfstandsergebnisse, das generelle thermische Verhalten untersucht sowie der Einfluss durch das Motorkonzept und die Auswirkung der Motorapplikation aus energetischer Sicht analysiert. Daraus abgeleitete Motorkennfelder bilden im Motor- bzw. Fahrzeug-Entwicklungsprozess die Basis für die Absicherung der Kühlleistung und dienen als wichtige Randbedingung bzw. zur Validierung für verschiedene numerische Berechnungsverfahren.

1 Einleitung

Die genaue Kenntnis der zu- und abgeführten Energieströme eines Motors stellt die Basis für viele Teilbereiche der Motorenentwicklung dar. Deshalb werden bei BMW Motoren bereits in einem frühen Entwicklungsstadium auf einem speziellen Prüfstand vermessen und eine Energiebilanzierung durchgeführt.

Im Rahmen dieser Arbeit wird vorgestellt, wie die über die Bilanzgrenze tretenden Energieströme erfasst werden können. Für die Bilanzierung werden die mechanische Motorleistung, die Ansaugluft, der Kraftstoffmassenstrom, der Kühlmittel- und Motorölvolumenstrom, das Abgas sowie die über die Motoroberfläche durch Strahlung und Konvektion abgegebene Energie betrachtet.

Es werden gezielt Beispiele für die Verwendung der am Prüfstand gewonnenen Ergebnisse und deren Einbindung in den Entwicklungsprozess gegeben. Basis hierfür ist ein BMW Reihensechszylinder mit ottomotorischer Verbrennung und dem neuen BMW-DI-Brennverfahren [KMS05].

Das für den Entwicklungsprozess wichtigste Ergebnis aus der Energiebilanzierung ist der Wärmeeintrag des Motors in die Medien Kühlmittel und Motoröl bei verschiedenen Betriebszuständen. Die daraus erstellten Wärmeeintragskennfelder sind die Grundlage für die Auslegung des Kühlsystems. Zudem dienen sie als Basis für weitergehende Untersuchungen. Beispiele sind die Bestimmung der Einflüsse aus der Motorapplikation, wie die Betriebsart oder die Anfettung sowie der Vergleich zwischen einem Motor mit Direkteinspritzung und einem Motor mit Saugrohreinspritzung und vollvariablen Ventiltrieb. Eine weitere Verwendung der Wärmeeintragskennfelder ergibt sich, wenn vom Gesamtwärmeeintrag die Wärme durch Reibleistung abgezogen wird. Die resultierenden Wärmeeintragskennfelder aus Ladungswechsel und Verbrennung bieten z.B. für die Temperaturfeldberechnung des Motors die Möglichkeit des integralen Abgleichs der Randbedingungen.

2 Wärmebilanzmessung und Energiebilanzierung

2.1 Wärmebilanzprüfstand

Bild 1 zeigt den prinzipiellen Aufbau des BMW-Wärmebilanzprüfstands [Deu91] [Deu93], der vor allem zur standardisierten Vermessung der Kennfelder für den Motoröl- und Kühlmittelwärmestrom dient. Diese werden in verschiedenen Prozessen der Motorenentwicklung eingesetzt. Darüber hinaus ermöglichen die Prüfstandsmessungen zusätzlich einen Einblick in das allgemeine energetische Betriebsverhalten des Motors.

Am Wärmebilanzprüfstand wird die mechanische Motorleistung über ein starres Getriebe an eine Wirbelstrombremse übertragen, die auch die Messung der mechanischen Motorleistung übernimmt. Der Getriebeöl-Wasser-Wärmetauscher wird gegebenenfalls entfernt. Das Kühlmodul wird durch eine geeignete Medienkonditionierungen ersetzt. Um eine gezielte konvektive Motorkühlung über die Oberfläche zu gewährleisten wird der Motor definiert angeblasen. Zudem wird der Motor für den Prüfstandsbetrieb mit einer verschäumten, isolierten Ölwanne ausgerüstet, was eine generelle Reduzierung der Wärmeverluste über die Motoroberfläche bewirkt. Der Kraftstoff-Massenstrom wird über eine Kraftstoffwaage bestimmt. Am Übergang zwischen Abgaskrümmer und Katalysator wird die Abgaszusammensetzung in einer Analyseanlage bestimmt. Gemessen werden die Konzentrationen von CO_2, CO, NO_x, O_2 und unverbrannten Kohlenwasserstoffen UHC. Mit Ausnahme der UHC-Anteile werden alle Konzentrationen im trockenen Abgas bestimmt. Auf Basis der Abgaszusammensetzung wird die Luftzahl λ berechnet, die im Rahmen der Energiebilanzierung benötigt wird.

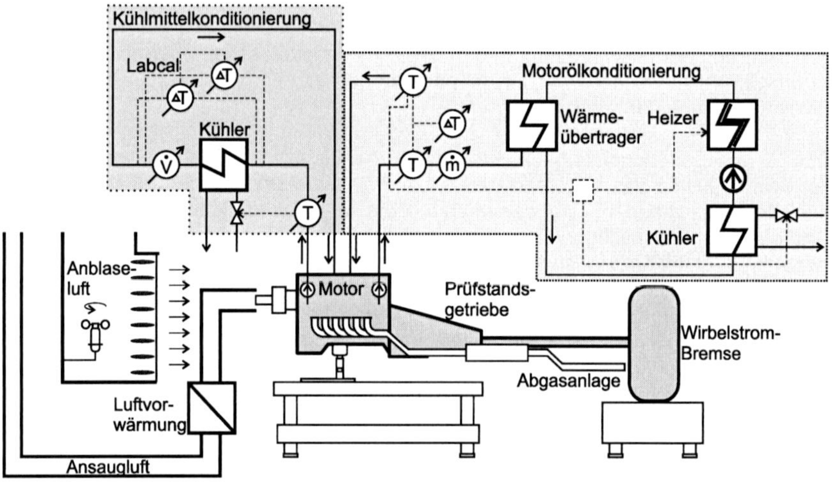

Bild 1: Prüfstandsaufbau mit Luft-, Kühlmittel- und Motorölkonditionierung.

Wichtig für die Verwendung der am Prüfstand gemessenen Wärmestrom-Kennfelder in numerischen Simulationen und Wärmemanagement-Betrachtungen ist, dass jedem Kennfeld konstante Randbedingungen zu Grunde liegen, wie zum Beispiel Medientemperaturen oder Wärmeverluste über die Motoroberfläche. Kühlmittel, Motoröl, Ansaugluft und Anblaseluft können daher gezielt konditioniert werden. Den Kennfeldern liegen ausschließlich stationäre Messpunkte zu Grunde.

In Bild 1 ist die Konditionierung der Geschwindigkeit der Anströmluft und der Temperatur der Ansaugluft dargestellt. Die vom Motor angesaugte Luft kann von +15 bis +80 °C temperiert werden. Geregelt wird auf die gewünschte Lufttemperatur im Sammler, die wie die Abgastemperatur mit NiCr-Ni-Thermoelementen bestimmt wird. Der Massenstrom wird über den motorspezifischen HFM-Luftmassenmesser ermittelt. Die relative Feuchte der angesaugten Luft wird am Eintritt in den Ansaugkrümmer ermittelt. Die Anblaseluft-Geschwindigkeit, die zur Einstellung eines konvektiven Oberflächenwärmestroms am Motor variiert werden kann, wird durch ein Flügelradanemometer bestimmt. Die Anblasetemperatur kann zwischen +10 °C und +35 °C eingestellt werden.

Der Kühlmittelwärmestrom wird bei zwangsgeöffnetem Kühlmittelthermostat über einen Wärmetauscher an das hausseitige Kühlwassernetz abgeführt (Bild 1). Die Regelung auf die Kühlmitteltemperatur am Motoraustritt erfolgt über ein Drosselventil auf der Kühlwasserseite. Der Volumenstrom des Kühlmittels wird nach dem Wärmetauscher mit einem magnetisch-induktiven Volumenstrommessgerät bestimmt. Die Temperaturdifferenz über die Kühlmittelkonditionierung wird mit einem Labcal System gemessen. Bei diesem System werden insgesamt vier PT100 Temperatursensoren verwendet, wobei über je zwei Sensoren je eine Temperaturdifferenz bestimmt wird, die anschließend gemittelt werden. Durch eine spezielle Kalibrierung werden eine sehr hohe Messgenauigkeit im Bereich von ca. 0,04 K in der Temperaturdifferenz und eine sehr präzise Bestimmung des Kühlmittelwärmestroms erreicht.

Das Motoröl kann über den im Fahrzeug vorgesehenen Motoröl-Wasser-Wärmetauscher gekühlt werden. Alternativ ist über eine Motorölkonditionierung die gezielte Regelung der Öltemperatur möglich (Bild 1). Im Standardfall wird dabei die Temperatur am Hauptölkanal als Regelgröße verwendet. Dabei kann der Motorölkreislauf wahlweise mit offenem oder blockiertem Kühlerbypass gefahren werden. Die Ölkonditionierungsanlage regelt zunächst die Temperatur eines Sekundärkreislaufs, der mit einem Wärmeträgeröl befüllt ist. Die Konditionierung des Motoröls erfolgt über einen Wärmetauscher, wobei bei der Auslegung der Anlage darauf geachtet wurde, die maximal zulässige Motoröltemperatur in keinem Fall zu überschreiten. Der Wärmetauscher weist auf der Seite des Motoröls einen geringen Druckverlust auf, dadurch kann auf eine zusätzliche Ölpumpe verzichtet werden, d.h. der Kreislauf kann mit der Serienpumpe betrieben werden. Durch die kurzen Leitungsstrecken im Motorölkreislauf ergeben sich zudem kleine Regelstrecken. Der Ölmassenstrom wird mit einem Koriolis-Messgerät bestimmt. Im Vergleich zu einer Volumenstrommessung kann durch die direkte Messung des Massenstroms die Berechnung des Ölwärmestroms durch eine Ölverschäumung nicht verfälscht werden. Die Temperaturdifferenz über die Ölkonditionierung wird mit Hilfe von PT100-DIN1/10 Sensoren bestimmt.

2.2 Energiebilanzierung

Die Energiebilanzierung umfasst die Wärmeströme ins Kühlmittel, ins Motoröl und über die Motoroberfläche, die Enthalpieströme von Kraftstoff, Verbrennungsluft und Abgas sowie die mechanische Motorleistung. Das Bilanzgebiet „Motor" ist in Bild 2 dargestellt. Die stationäre Energiebilanz zeigt Gleichung (1)[1]:

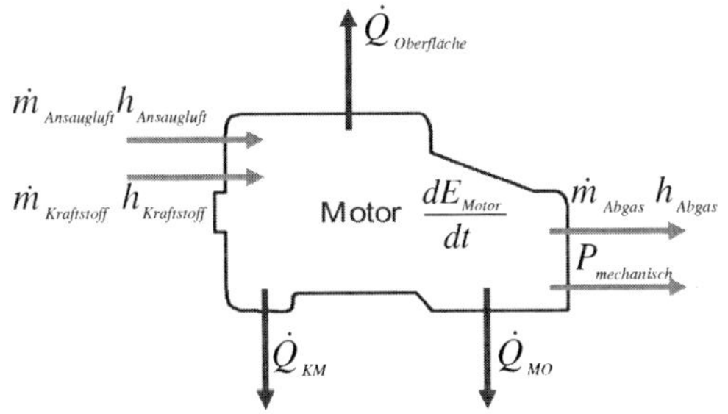

Bild 2: Energiebilanzierung am Wärmebilanzprüfstand.

$$\frac{dE_{Motor}}{dt} = 0 = -\dot{Q}_{KM} - \dot{Q}_{MO} - \dot{Q}_{Oberfläche} - P_{mechanisch} + \dot{m}_{Kraftstoff} h_{Kraftstoff} + \dot{m}_{Ansaugluft} h_{Ansaugluft} - \dot{m}_{Abgas} h_{Abgas} \tag{1}$$

[1] Die Fluidwärmeströme $\dot{Q}_{KM}$ und $\dot{Q}_{MO}$ sind nach Gleichung (2) und (4) für das System Kühlmittel bzw. Motoröl definiert und müssen daher in Gleichung (1) mit negativem Vorzeichen berücksichtigt werden. Im Sinne einer einheitlichen Darstellung werden die Beträge des Oberflächenwärmestroms $\dot{Q}_{Oberfläche}$ und der mechanischen Leistung $P_{mechanisch}$ in Gleichung (1) ebenfalls negativ berücksichtigt.

2.2.1 Wärmestrom Kühlmittel

Der vom Motor ins Kühlmittel eingetragene Wärmestrom wird über die Enthalpiestromdifferenz zwischen Motoraus- und -eintritt bei einem stationären Betriebszustand berechnet. Es gilt unter der zulässigen Vernachlässigung eines Wärmeaustauschs über die isolierten Kühlmittelleitungen zwischen Labcal-Temperaturmessung und Motor:

$$\dot{Q}_{KM} = \dot{m}_{KM} \cdot \int_{Motor,ein}^{Motor,aus} c_{KM}(T_{KM})dT \tag{2}$$

Dabei muss die Temperaturabhängigkeit der Wärmekapazität des Kühlmittels berücksichtigt werden, für die auf Basis der Herstellerangaben eine Polynomnäherung verwendet wird, mit der sich der Wärmestrom ins Kühlmittel berechnen lässt (Bild 3)[2]:

$$\begin{aligned}\dot{Q}_{KM} = \dot{m}_{KM} \cdot [\ & 3{,}181 \cdot \left(T_{KM,Motor,aus} - T_{KM,Motor,ein}\right) \\ & + \frac{0.007022}{2} \cdot \left(T^2_{KM,Motor,aus} - T^2_{KM,Motor,ein}\right) \\ & + \frac{-0.00002358}{3} \cdot \left(T^3_{KM,Motor,aus} - T^3_{KM,Motor,ein}\right)\ ]\end{aligned} \tag{3}$$

Berücksichtigt man die Präzision der Temperaturdifferenz- und Massenstrommessung am Prüfstand, wird deutlich, dass der regelmäßigen und sorgfältigen Bestimmung der Wärmekapazität eine besondere Bedeutung zukommt.

2.2.2 Wärmestrom Motoröl

Analog zum Kühlmittelwärmestrom wird der Motorölwärmestrom ermittelt.

$$\dot{Q}_{MO} = \dot{m}_{MO} \cdot \int_{Motor,ein}^{Motor,aus} c_{MO}(T_{MO})dT \tag{4}$$

Für die Wärmekapazität des Motoröls kann eine lineare Näherungsgleichung verwendet werden. Messungen mit der dynamischen Differenzkalorimetrie (engl.: Differential Scanning Calorimetry, DSC) unterschiedlich gealterter Motoröle zeigten allerdings einen deutlichen Einfluss der Laufleistung des Motoröls auf die Wärmekapazität, zum Beispiel durch Abrieb oder eine Veränderung der chemischen Struktur (Bild 4).

---

[2] Die hier verwendeten Wärmekapazitäten bezeichnen eine „wahre" Wärmekapazität, im Gegensatz zur gemittelten Wärmekapazität, die häufig in Tabellen wieder zu finden ist [Gri77].

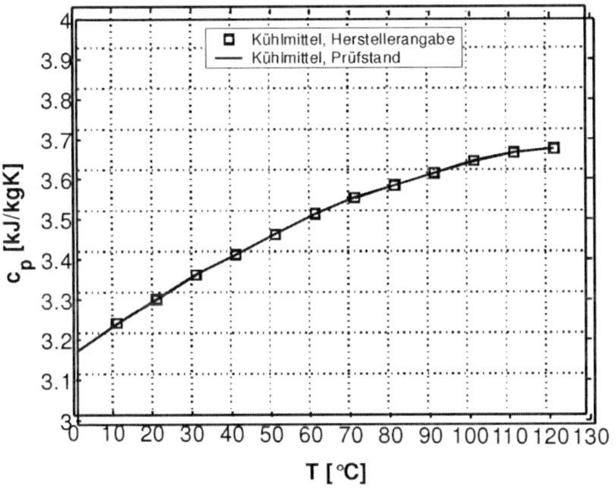

Bild 3: Wärmekapazität des Kühlmittels (Gylsantin-Wasser 50:50-Mischung).

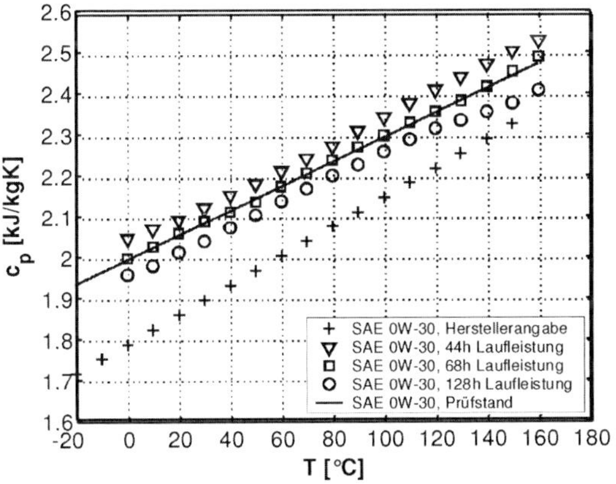

Bild 4: Wärmekapazität des Motoröls; Vergleich von DSC-Messwerten von Ölen unterschiedlicher Laufzeit mit Herstellerangaben [BR04].

Obwohl regelmäßige Kontrollen der Wärmekapazität des Motoröls vorgenommen werden, kann die Alterung des Öls während der Vermessung eines Wärmestromkennfelds nicht in der Auswertung berücksichtigt werden. Es muss daher mit einer Messunsicherheit im Wärmestrom Motoröl von ca. 3% gerechnet werden. Zur Berechnung des Wärmestroms wird die Wärmekapazität mit der mittleren Laufleistung von 68 Stunden herangezogen:

$$\dot{Q}_{MO} = \dot{m}_{MO} \cdot \Big[\, 1{,}9907 \cdot \left(T_{MO,Motor,aus} - T_{MO,Motor,ein}\right) + \frac{0{,}003}{2} \cdot \left(T^2_{MO,Motor,aus} - T^2_{MO,Motor,ein}\right) \Big] \tag{5}$$

2.2.3 Oberflächenwärmestrom

Ein wichtiger Aspekt im Konzept des Wärmebilanzprüfstands ist, dass der Oberflächenwärmestrom am Motor als Randbedingung konstant gehalten wird. Es gelten folgende Zielwerte für den Oberflächenwärmestrom:

Zylinderzahl	Oberflächenwärmstrom $\dot{Q}_{Oberfläche}$
4,6	6 kW
8	8 kW
12	10 kW

Um einen konstanten Oberflächenwärmestrom im Versuchsbetrieb zu gewährleisten, wird das Gebläse für die konvektive Motorkühlung entsprechend geregelt. Zunächst wird während der Messung laufend der durch Strahlung abgegebene Oberflächenwärmestrom auf Basis einer mittleren Motortemperatur berechnet:

$$\begin{aligned} \dot{Q}_{Strahlung} &= \varepsilon \cdot \sigma \cdot A_{Motor} \cdot \left(T^4_{Oberfläche} - T^4_{Prüfstand}\right) \\ T_{Oberfläche} &= 0{,}5 \cdot \left(T_{KM,Motor,aus} + T_{MO,Motor,aus}\right) \\ \varepsilon &= 0{,}526 \end{aligned} \tag{6}$$

Die notwendige konvektive Wärmeabgabe über die Motoroberfläche ergibt sich dann zu:

$$\dot{Q}_{Konvektion} = \dot{Q}_{Oberfläche} - \dot{Q}_{Strahlung} \tag{7}$$

Aus dem geforderten konvektiven Wärmestrom, der Motoroberfläche und der Temperaturdifferenz zwischen Motoroberfläche und Anblaseluft kann letztlich mit Hilfe einer Nußelt-Reynolds-Korrelation [KKRW74], [Deu93] die erforderliche Anblasegeschwindigkeit ermittelt werden.

2.2.4 Enthalpieströme Ansaugluft, Kraftstoff und Abgas

Zur Schließung der Energiebilanz am Motor werden die ein- und austretenden Enthalpieströme benötigt. Auf Grund der chemischen Umsetzung von Ansaugluft und Kraftstoff zu Abgas muss neben der sensiblen Wärme $\int_{T_0}^{T} c(T')dT'$ auch die Standardbildungsenthalpie h^0 berücksichtigt werden (als Referenztemperatur gilt $T_0 = 298K$):

$$h_i = h_i^0 + \int_{T_0}^{T_i} c_i(T_i')dT_i' \quad \text{mit } i = Kraftstoff, Ansaugluft, Abgas \tag{8}$$

Alle drei Medienströme sind wiederum als Mischungen reiner Stoffe zu betrachten, deren spezifische Enthalpien massengewichtet addiert werden:

$$h_i = \sum_j Y_{i,j} h_{i,j} \tag{9}$$

- Kraftstoff: verschiedene Kohlenwasserstoffe
- Ansaugluft: Stickstoff, Sauerstoff, Wasserdampf
- Abgas: Stickstoff, Sauerstoff, Kohlendioxid, Wasserdampf, Kohlenmonoxid, unverbrannte Kohlenwasserstoffe, Stickoxide, Schwefelverbindungen

Prinzipiell lassen sich mit Hilfe der Gleichungen (8) und (9) und den Stoffdaten der reinen Stoffe alle benötigten Enthalpieströme berechnen. Die hier verwendeten Standardbildungsenthalpien und die spezifischen Wärmekapazitäten für reine Stoffe basieren auf den Werten des National Institute of Standards and Technology [Nis06].

Die Zusammensetzung der am Prüfstand verwendeten Kraftstoffe ist im Detail nicht bekannt. Zudem werden nicht alle Stoffkonzentrationen im Abgas bestimmt (z.B. H_2, N_2). Die Abgaskonzentrationen werden aus messtechnischen Gründen im trockenen Abgas gemessen und müssen demnach auf die Konzentrationen im feuchten Abgas zurückgerechnet werden. Die Vorgehensweise dieser Ableitung wird in Bild 5 graphisch verdeutlicht [Kroe04].

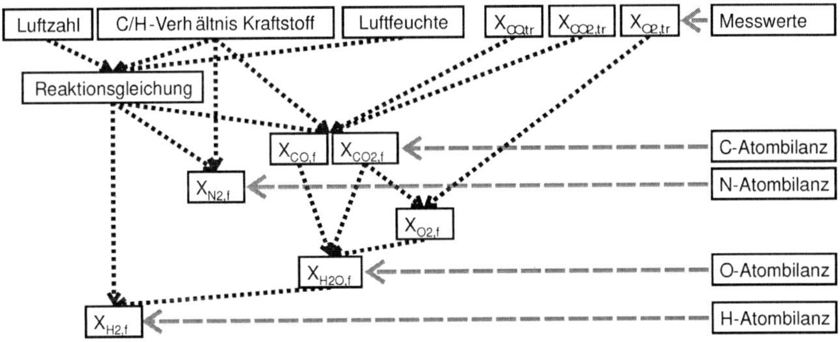

Bild 5: Atombilanzierung zur Ermittlung der Zusammensetzung des feuchten Abgases aus Messwerten der Abgasanalyseanlage.

Bis auf die Bildungsenthalpie des Kraftstoffs stehen damit alle benötigten Größen zur Berechnung der Enthalpieströme zur Verfügung. Die Bildungsenthalpie des Kraftstoffs lässt sich nur berechnen, wenn die Konzentrationen der einzelnen Kohlenwasserstoffe im Kraftstoff bekannt sind. Aus der regelmäßig durchgeführten Kraftstoffanalyse liegen diese Werte nicht vor. Verfügbar ist aber der untere Heizwert $h_{u,Kraftstoff}$, der als die Differenz der Bildungsenthalpien von Reaktanden und Produkten einer vollständigen Verbrennungs-Reaktion definiert ist:

$$\sum_{AG,vollst.} \dot{m}_{i,AG} h_{i,AG}^0 - \sum_R \dot{m}_{i,R} h_{i,R}^0 = -\left(\dot{m}_{Kraftstoff} h_{u,Kraftstoff}\right) \tag{10}$$

Bei einer technischen Verbrennung, insbesondere bei Luftzahlen $\lambda<1$, liegt meist eine unvollständige Reaktion vor. Daher müssen bei der Bilanzierung der Bildungsenthalpien die „Restheizwerte" unverbrannter Abgaskomponenten (z.B. CO, H_2, etc.) berücksichtigt werden[3]. Auf Basis der Heizwerte für Kraftstoff, Kohlenmonoxid und Wasserstoff ist eine Bilanzierung aller Bildungsenthalpieströme möglich. Der Anteil der sensiblen Wärme am Kraftstoffenthalpiestrom wird im Rahmen der Energiebilanzierung vernachlässigt, da der Kraftstoff am Prüfstand mit Raumtemperatur ($T_\infty \approx T_0 = 298K$) verwendet wird. Die Summe der Bildungsenthalpieströme ergibt sich schließlich zu:

$$\begin{aligned}\dot{H}_{HU} &= \dot{m}_{Kraftstoff} h_{u,Kraftstoff} \\ &- \left(\dot{m}_{Kraftstoff} + \dot{m}_{Luft}\right)\left(Y_{CO,AG} \cdot h_{CO,AG} + Y_{H_2,AG} \cdot h_{H_2,AG}\right)\end{aligned} \tag{11}$$

Die Energiebilanz aus Gleichung (1) wird unter Verwendung von Gleichung (11) umgeformt zu:

$$\begin{aligned}\frac{dE_{Motor}}{dt} = 0 = &-\dot{Q}_{KM} - \dot{Q}_{MO} - \dot{Q}_{Oberfläche} - P_{mechanisch} \\ &+ \dot{H}_{HU} + \int_{T_0}^{T} c_{Ansaugluft}(T'_{Ansaugluft})dT'_{Ansaugluft} \\ &- \int_{T_0}^{T} c_{Abgas}(T'_{Abgas})dT'_{Abgas}\end{aligned} \tag{12}$$

2.2.5 Schließung der Energiebilanz

In den Wärmebilanzmessungen schließt sich die Wärmebilanz aus Gleichung (12) auf Grund von Messungenauigkeiten und systematischer Fehler in der Bilanzierung nicht. Daher wird ein Schließungsfehler ΔH_{Bilanz} eingeführt:

$$\begin{aligned}\Delta H_{Bilanz} &= -\dot{Q}_{KM} - \dot{Q}_{MO} - \dot{Q}_{Oberfläche} - P_{mechanisch} \\ &+ \dot{H}_{HU} + \int_{T_0}^{T} c_{Ansaugluft}(T'_{Ansaugluft})dT'_{Ansaugluft} - \int_{T_0}^{T} c_{Abgas}(T'_{Abgas})dT'_{Abgas}\end{aligned} \tag{13}$$

Insbesondere die Abgasenthalpie unterliegt einer signifikanten Unsicherheit. Die Abgastemperatur wird unterschätzt, da die Temperaturmessung auf Grund fehlender Werte für die Abgasrohrtemperatur nicht strahlungskorrigiert werden kann. Zudem können bei den oszillierenden Massenströmen im Abgaskrümmer Mittelungsfehler in der Abgastemperaturmessung entstehen [Cat82].

Aus Gründen der Durchführbarkeit deckt sich die Bilanzierungsgrenze (Gleichung (13) bzw. Bild 2) nicht genau mit der Position der Messstellen am Prüfstand. Dies gilt

[3] Die Konzentrationen von unverbrannten Kohlenwasserstoffen, Stickoxiden und anderen Abgasbestandteilen können hinsichtlich der Energiebilanzierung vernachlässigt werden.

vor allem für die Messstelle der Abgastemperatur und –Zusammensetzung, die zwischen Krümmer und Katalysator vorgesehen ist. Wärmeverluste durch Konvektion und Strahlung vom Krümmer an die Umgebung sind messtechnisch schwer zugänglich. Da diese Wärmeverluste hinsichtlich der Energiebilanzierung in einer relevanten Größenordnung liegen, werden sie derzeit grob abgeschätzt.

2.3 Energiebilanzierung für ausgewählte Betriebspunkte

Im Folgenden wird die im vorangegangenen Abschnitt vorgestellte Energiebilanz am Wärmebilanzprüfstand anhand einiger ausgewählter Betriebspunkte diskutiert. Es werden dabei drei verschiedene Betriebspunkte eines Sechszylinder Otto-Motors mit Direkteinspritzung verglichen (Bild 6).

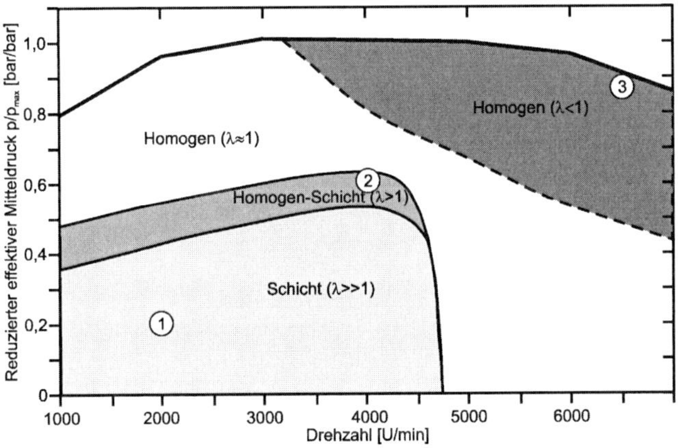

Bild 6: Schematisches Betriebskennfeld mit ausgewählten Punkten für die Energiebilanzierung (siehe auch Bild 7).

Der Schichtladungsbetrieb wird vor allem bei kleinen Motorlasten appliziert. Auf Grund des hohen Luftüberschusses ($\lambda >> 1$) stellen sich sehr niedrige Abgastemperaturen bzw. eine geringe Abgasenthalpie ein (Bild 7). Der Motorölwärmestrom ist negativ, d.h. das Motoröl gibt im Motor Wärme über die Struktur an das Kühlmittel ab[4]. Beim Homogen-Schicht-Betrieb ergibt sich ein positiver Ölwärmestrom. Durch die kleinere Luftzahl stellt sich eine deutlich höhere Abgastemperatur ein, der Anteil an sensibler Wärme im Abgas steigt deutlich an. Auf Grund der weiterhin mageren Kraftstoff-Luft-Mischung ($\lambda > 1$) sind die Restheizwerte im Abgas noch vernachlässigbar. Der dritte Lastfall repräsentiert einen unterstöchiometrischen Volllast-Betriebspunkt ($\lambda < 1$). Die Anfettung bewirkt einen kleineren prozentualen Anteil an sensibler Wärme im Abgas. Dagegen steigen die Konzentrationen und Restheizwerte an CO und H2 im Abgas deutlich an.

[4] Es gilt zu berücksichtigen, dass bei den vorliegenden Messungen eine Öltemperatur von 130°C am Hauptölkanal und eine Kühlmitteltemperatur von 115°C am Motoraustritt konditioniert wurden.

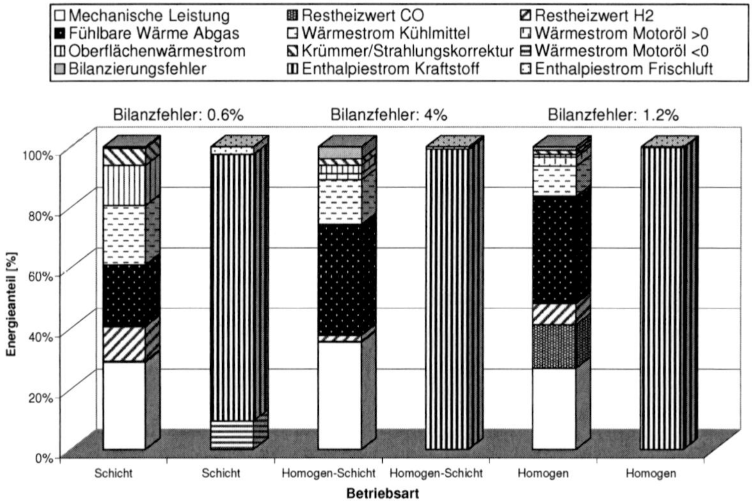

Bild 7: Energiebilanzierung an drei charakteristischen Betriebspunkten eines Ottomotors mit Direkteinspritzung: Schichtladung, Homogen-Schicht-Ladung, Homogene Ladung.

Die Energiebilanzierung bietet ein ausgezeichnetes Instrument zur Potenzial-Bewertung neuer Maßnahmen, z.B. zur Verbrauchsoptimierung. So ist die thermische Nutzung der Abgasenthalpie in Betriebspunkten mit fetter Verbrennung nur eingeschränkt möglich, da wesentliche Anteile der Energie in Form von Restheizwerten gebunden sind.

Für alle drei Fälle ergibt sich ein sehr kleiner Schließungsfehler von maximal 4% vom zugeführten Kraftstoffheizwert. Trotz der mageren Mischung der beiden ersten Lastfälle zeigen sich noch signifikante H_2-Konzentrationen im Abgas. Dies resultiert aus der im vorangegangenen Kapitel beschriebenen Berechnung der Konzentrationen im feuchten Abgas. Die H_2-Konzentration ergibt sich in der Atombilanz als Restglied aller anderen wasserstoffhaltigen Moleküle im Abgas, d.h. Messfehler in den Abgaskonzentrationen oder in der Luftzahl addieren sich schließlich als Unsicherheit in der H2-Konzentration. Insbesondere bei Kraftstoff-Luft-Mischungen, die deutlich von einer stöchiometrischen Mischung abweichen, wirkt sich dies signifikant aus. Der Bilanzierungsfehler in Abbildung Bild 7 muss daher für die Fälle Schicht bzw Homogen-Schicht u.U. auf 13% bzw. 6% vom zugeführten Kraftstoffheizwert korrigiert werden.

3 Einbindung in den Entwicklungsprozess

3.1 Kennfeldauswertung

Die erfolgreiche Entwicklung von Komponenten eines Fahrzeugs erfordert eine optimierte Funktionsweise der Bauteile in allen Fahrzeugbetriebspunkten sicherzustellen. Aufgrund der Variationsvielfalt der möglichen Randbedingungen, wie z.B. Fahrzeuggeschwindigkeit, Beladung, Betrieb in verschiedenen Klimazonen, unterschiedliche Kraftstoffe usw., ist es nötig, kritische Fahrzeugbetriebspunkte zu erkennen und diese gezielt abzusichern. Dieses Vorgehen wird dadurch erschwert, dass während des Entwicklungsprozesses wesentliche Randbedingungen, wie z.B. Design, Fahrzeuggewicht oder Achsübersetzungen variieren können. Für Systeme, wie z.B. das Kühlsystem, die in direkter Wechselwirkung mit dem Motor stehen, bedeutet dies, dass bis zuletzt die für die Auslegung relevanten Motorbetriebspunkte Änderungen unterworfen sein können. Um die nötige Flexibilität in der Datenbasis zu erzielen, empfiehlt es sich Kennfelder für den Motor zu erstellen. Im Falle der Kühlsystemauslegung sind dies Kennfelder für den Wärmeeintrag.

Ein weiterer Vorteil dieser Kennfelder ist es, einen besseren Überblick über das generelle Wärmeverlustverhalten des Motors zu bekommen. Dieser ist nötig, da die Wärmeabgabe des Motors für verschiedene Teilbereiche der Fahrzeug-/Motorenentwicklung die entscheidende Randbedingung ist. Für die Fahrzeugklimatisierung beispielsweise ist zur Sicherstellung einer ausreichenden Heizleistung bei niedrigen Außentemperaturen die Wärmeabgabe im Teillastbereich von Bedeutung, wohingegen zur Auslegung der innermotorische Kühlung hauptsächlich der Nennleistungspunkt verwendet wird.

Um generelle Tendenzen eines Motors bezüglich des Wärmeverlustverhaltens frühzeitig erkennen und analysieren zu können, ist ein Vergleich mit anderen Motoren zweckmäßig. Hierbei vereinfacht die Kennfelddarstellung ebenfalls das Vorgehen, da nicht zwangsläufig immer die gleichen Motorbetriebspunkte angefahren werden und somit ein Vergleich nur mit interpolierten Werten möglich ist. Dabei ist allerdings zu beachten, dass die Kennfelder, wie in dieser Arbeit vorgestellt, unter den gleichen Randbedingungen ermittelt werden, d.h. mit gleicher Medienkonditionierung sowie übereinstimmender Messmethodik.

Neben der Kennfelderstellung für den Wärmeverlust ist es wichtig, für eine detaillierte Analyse des Verhaltens des Motors alle Motorapplikationsgrößen zu kennen, die einen Einfluss auf den Wärmeeintrag besitzen, wie z.B. Zündwinkel, Luftzahl, oder Ventilspreizungen. Um für jeden möglichen Motorbetriebspunkt einen Wert ermitteln zu können, empfiehlt es sich, auch diese Größen als Kennfeld aufzubereiten.

In Bild 8 ist beispielhaft ein Kennfeld für den Gesamtwärmeeintrag[5] dargestellt. Das Kennfeld wurde für einen direkteinspritzenden 6-Zylinder-Motor mit Schichtbetrieb bei einer Kühlmittelaustrittstemperatur von 115°C und einer Öltemperatur im Hauptölkanal von 130°C ermittelt. Über die Oberfläche wurde ein konstanter Wärmestrom von 6 kW eingestellt. In A) sind die dem Kennfeld zugrunde liegenden Messpunkte

[5] Mit Gesamtwärmeeintrag wird der Wärmeeintrag in die Medien Kühlmittel und Öl bezeichnet.

mit der jeweils gefahrenen Betriebsart[6] dargestellt. In B) ist das daraus inter- bzw. extrapolierte Kennfeld mit angedeuteter Volllastlinie abgebildet. Die Qualität des Kennfeldes wird speziell in den extrapolierten Bereichen stark durch das gewählte Interpolationsverfahren beeinflusst. Die Erfahrung hat gezeigt, dass für die Ableitung von Wärmeeintragskennfeldern ein Kriging-Verfahren mit linearer Drift [Tec01] das beste Ergebnis liefert.

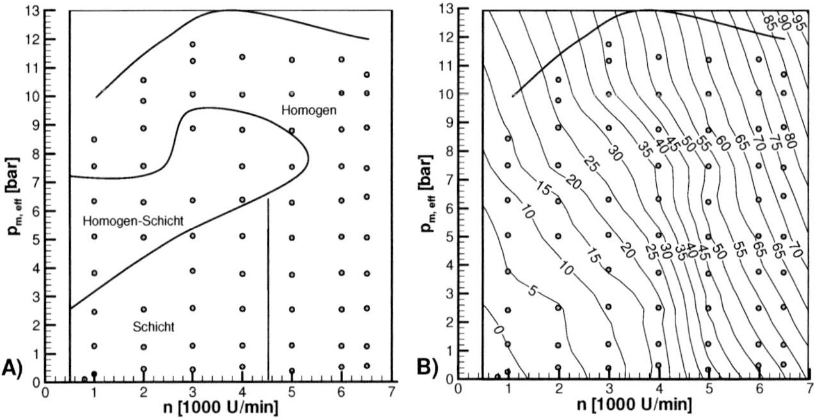

Bild 8: A) Messpunkte für Kennfeldinter- bzw. extrapolation mit Betriebsartdefinition B) Gesamtwärmeeintragskennfeld in [kW] mit angedeuteter Volllastlinie.

Die Auswertung des Gesamtwärmeeintragskennfeldes zeigt einen starken Einfluss durch den mageren Schichtbetrieb. Speziell im Bereich des Übergangs des Brennverfahrens von Schicht- auf Homogenbetrieb ist der starke Anstieg des Wärmeeintrags durch eine Aufstauung der Isolinien des Wärmeeintrags deutlich zu erkennen (siehe Linienverlauf zwischen 4000 und 5000 U/min).

Der in Bild 8 dargestellte Gesamtwärmeeintrag setzt sich zusammen aus den Wärmeeinträgen in das Kühlmittel und das Öl, die in Bild 9 zu sehen sind. Die unterschiedlichen Betriebsarten werden dabei nur noch im Kennfeld für das Kühlmittel sichtbar. Der Wärmeeintrag in den Ölkreislauf zeigt sich von der Betriebsart unabhängig und weist ein typisches Verhalten auf. Dieses ist charakterisiert durch eine starke Abhängigkeit von der Drehzahl, zu erkennen am steilen Verlauf der Isolinien für den Wärmeeintrag. Zurückzuführen ist dies auf die Tatsache, dass bei niedrigen Drehzahlen die Kolbenspritzkühlung nicht aktiv ist und der Wärmeeintrag in das Öl somit in allen Kennfeldbereichen hauptsächlich durch die zugrunde liegende Reibleistung getrieben wird. Die Reibleistung ist in erster Linie drehzahlabhängig (s. Kap. 3.4).

In Bild 9 B) zeigt sich, dass bei niedrigen Drehzahlen negative Werte für den Ölwärmeeintrag auftreten, d.h. das Öl muss extern beheizt werden um eine Temperatur

[6] Dies Betriebsarten ergaben sich durch die aktuelle Motorapplikation und stellen keinen optimierten Stand dar.

von 130°C im Hauptölkanal zu erreichen. Dies bedeutet zudem, dass bei der gewählten Konditionierung ein starker Wärmeaustausch vom Öl zum Kühlmittel stattfindet und der Motor somit als guter interner Wärmetauscher fungiert.

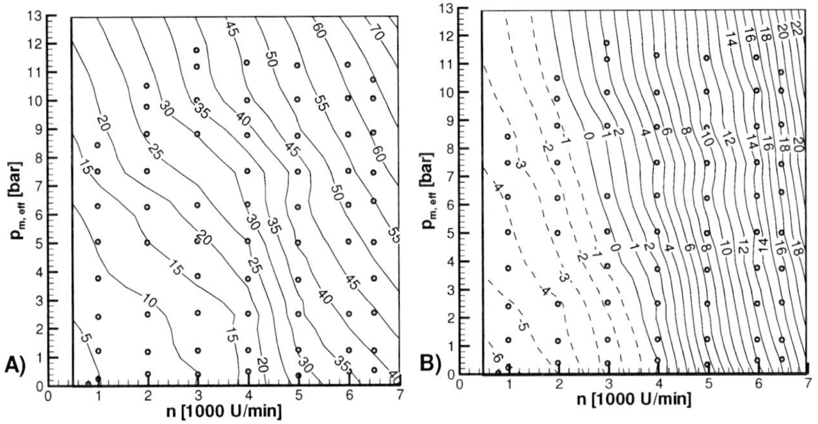

Bild 9: A) Wärmeeintragskennfeld Kühlmittel in [kW]; B) Wärmeeintragskennfeld Öl in [kW].

3.2 Applikationseinflüsse

Einen entscheidenden Einfluss auf das Wärmeverlustverhalten besitzt die Motorapplikation. Da sich während der Fahrzeug- und Motorentwicklung auch Programm- und Datenstände der Motorsteuerung ändern, ist es wichtig, bei der Wärmebilanzierung nicht nur den Ist-Zustand zu untersuchen und zu bewerten, sondern auch Variationen der wichtigsten Parameter durchzuführen. Dadurch können einerseits Möglichkeiten zur gezielten Beeinflussung des Wärmeeintrags im Rahmen des Bauteilschutzes oder der Katalysator-Heiz-Funktion analysiert werden sowie Maßnahmen zur Steigerung der Heizleistung im Warmlauf ermittelt werden. Andererseits kann dadurch abgeschätzt werden, inwieweit sich die Wärmeeintragskennfelder und somit die Kühlungsauslegung noch verschieben können.

Bei dem in dieser Arbeit untersuchten Otto-DI-Motor sind als variable Größen aus der Motorsteuerung die Betriebsart, die Luftzahl, der Zündwinkel sowie die externe AGR-Rate zu sehen. Zunächst soll dargestellt werden, welchen Einfluss das Brennverfahren auf die Wärmeverluste besitzt. Hierfür werden zwei Teillastpunkte betrachtet, bei denen jede der drei Betriebsarten (Schicht, Homogen-Schicht und Homogen) fahrbar ist. In der folgenden Tabelle sind die Punkte mit den jeweiligen Konditionierungsbedingungen zusammengefasst:

Betriebspunkt	Drehzahl	Leistung	Eff. Mitteldruck	Kühlmitteltemperatur	Motoröltemperatur
Punkt 4	1500 1/min	5 kW	1.3 bar	85°C	75°C
Punkt 5	2000 1/min	15 kW	3 bar	90°C	80°C

Wie aus Bild 10 ersichtlich ist, besitzt die Betriebsart erwartungsgemäß einen großen Einfluss auf die Wärmeverluste. So steigert sich der Gesamtwärmeeintrag im Betriebspunkt 4 von 6,2 kW im Schichtbetrieb auf 8,8 kW im Homogen-Schichtbetrieb und bis zu 10,9 kW im Homogen-Betrieb. Das entspricht einer Steigerung des Wärmeeintrags bei einem Betriebsartenwechsel von Schicht auf Homogen-Schicht um ca. 42% bzw. von Schicht auf Homogen um ca. 75%. Zurückzuführen ist dies zum einen auf die Tatsache, dass die Flamme im Schichtbetrieb nicht so stark auf die brennraumbegrenzenden Oberflächen trifft wie im Homogenbetrieb. Zum anderen führen die hohen λ-Werte (2,5 im Schicht- und 1,5 im Homogen-Schicht-Betrieb) zu deutlich reduzierten mittleren Verbrennungstemperaturen und verringern dadurch den mittleren Temperaturgradienten zur Kühlungsseite.

Wie bereits in Kap. 3.1 gezeigt wurde, ist der Wärmeeintrag in das Öl weniger stark durch die Betriebsart beeinflusst. Dies liegt daran, dass die Kolbenspritzkühlung erst ab einer Drehzahl von ca. 3500 1/min aktiv wird und somit nur eine indirekte Beeinflussung des Ölwärmeeintrags durch das Brennverfahren über das Spritzöl an die Zylinderwände stattfinden kann.

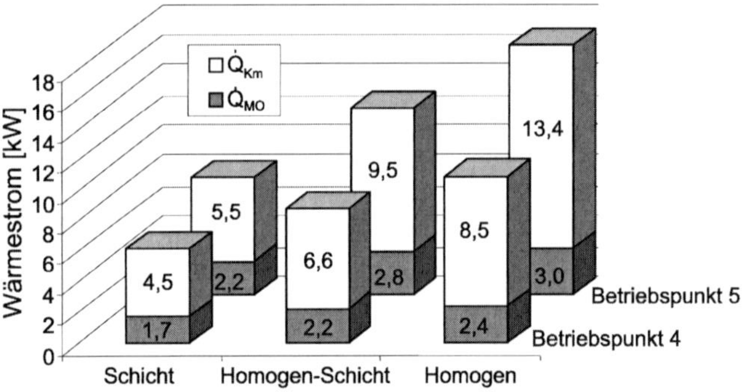

Bild 10: Untersuchung des Einflusses von unterschiedlichen Betriebsarten eines Otto-DI-Motors auf den Kühlmittel- und Ölwärmestrom.

Für den Betriebspunkt 5 (siehe Bild 10) kann qualitativ das gleiche Verhalten wie bei dem leistungsschwächeren Punkt 4 beobachtet werden. In diesem Fall tritt jedoch durch den Betriebsartenwechsel von Schicht auf Homogen-Schicht eine Steigerung des Wärmeeintrags um ca. 60% bzw. von Schicht auf Homogen um ca. 113% auf.

Entscheidend für Aussagen bezüglich der nötigen Kühlleistung für einen Motor ist der Wärmeeintrag für Betriebspunkte nahe der Volllastlinie. In diesen Punkten liegt in der Regel eine Anfettung des Kraftstoff-Luft-Gemisches aus Bauteilschutzgründen vor. Ziel der Anfettung ist es dabei in erster Linie die Abgastemperaturen auf ein bestimmtes Maximum zu begrenzen und so den Katalysator vor zu hohen Temperaturen zu schützen. Der Zusammenhang zwischen Luftzahl, Wärmeströmen und Abgastemperatur[7] ist in Bild 11 für den Betriebspunkt 6 dargestellt.

---

[7] In diesem Fall handelt es sich nicht um strahlungskorrigierte Abgastemperaturen, da nur eine Δ-Betrachtung durchgeführt wird.

Betriebspunkt	Drehzahl	Leistung	Eff. Mitteldruck	Kühlmittel-temperatur	Motoröl-temperatur
Punkt 6	6000 1/min	180 kW	12 bar	90℃	120℃

Dabei zeigt sich, dass sich durch die Reduzierung der Luftzahl von λ=0,87 auf λ=0,73 eine Abnahme in der Abgastemperatur von 914℃ auf 828℃ einstellt. Im Mittel entspricht das einer Veränderung der Abgastemperatur von ca. 6℃ pro λ=0,01. Mit der Abgastemperatur wird auch der Gesamtwärmestrom von 82,3 kW auf 75,6 kW, d.h. um ca. 8% verringert. Dabei wirkt sich die stärkere Anfettung hauptsächlich auf den Wärmeeintrag in das Kühlmittel aus. Der Ölwärmestrom hingegen bleibt nahezu unverändert. Es ist anzumerken, dass sich aufgrund der Variation der Luftzahl leichte Veränderungen im erzielten Motormoment und somit der Leistung einstellen. Diese waren jedoch kleiner 1,2% und haben somit keine signifikante Rückwirkung auf die beschriebenen Ergebnisse.

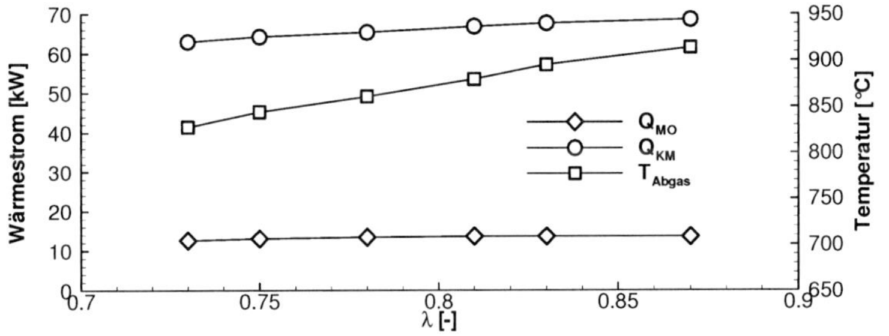

Bild 11: Untersuchung des Einflusses der Luftzahl auf den Kühlmittel- und Ölwärmestrom.

Des Weiteren wurde der Einfluss einer Zündwinkelverschiebung auf die Wärmeverluste untersucht. Hierbei zeigt, dass unabhängig vom Betriebspunkt eine Frühverstellung des Zündwinkels einen geringen Einfluss auf die Wärmeeinträge und das Motordrehmoment besitzt. Wird der Zündwinkel auf spät verstellt (nach OT), dann zeigt sich bis zu 10°KW ebenfalls keine deutliche Auswirkung auf den Medienwärmestrom sowie das Motordrehmoment. Erst ab diesem Schwellwert steigt der Wärmeeintrag merklich an und erreicht seinen Maximalwert im spätest möglichen Zündzeitpunkt. Damit einhergehend sinkt das Motordrehmoment aufgrund des schlechteren Verbrennungsschwerpunktes bei einem gleichzeitigen Anstieg der Abgastemperaturen.

3.3 Konzeptvergleich

Besonders deutlich wird der Vorteil der standardisierten Wärmebilanzmessungen mit Kennfeldauswertung, wenn zwei Motoren hinsichtlich des Wärmeverlustverhaltens miteinander verglichen werden sollen. In Bild 12 wird der Gesamtwärmeeintrag für den bereits beschriebenen Otto-DI-Motor mit BMW Brennverfahren dem des aktuellen BMW 6-Zylinder Saugmotors mit VVT-Technologie gegenübergestellt. Für diesen Vergleich wurde das Kühlmittel in beiden Fällen auf eine Motoraustrittstemperatur von 105°C konditioniert. Der Wärmeeintrag in das Öl wurde über einen Motorölwasserwärmetauscher vollständig in das Kühlmittel eingekoppelt. Wie bereits der optische Vergleich zeigt, weisen die Isolinien des Wärmeeintrags speziell im Teillastbereich einen signifikanten Unterschied im Kurvenverlauf auf, was auf den mageren Schichtbetrieb des DI-Motors zurückzuführen ist. Besonders deutlich wird der Unterschied, wenn wie in Bild 13 der Wärmeeintrag des Otto-DI-Motors in Prozent des Wärmeeintrags eines Motors mit vollvariablem Ventiltrieb (VVT) ausgedrückt wird.

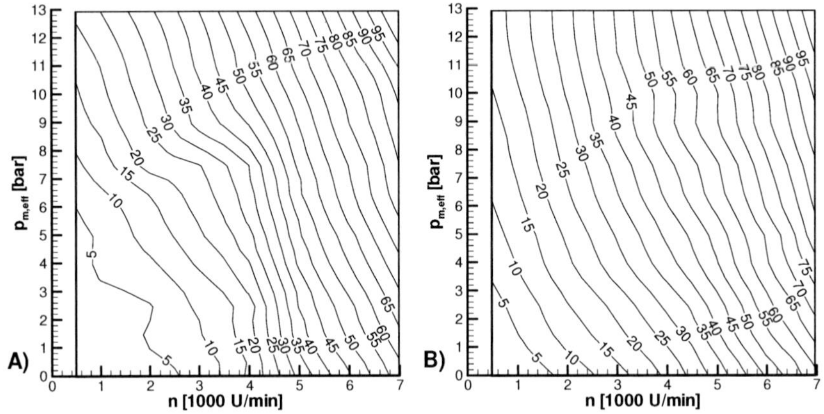

Bild 12: A) Gesamtwärmeeintrag des Otto-DI-Motors mit BMW-Brennverfahren; B) Gesamtwärmeeintrag des VVT-Motors.

Aus diesem Vergleich können bereits wichtige Erkenntnisse für die Motorentwicklung gewonnen werden. Zum einen lassen die deutlich reduzierten Wärmeeinträge im Teillastbereich auf eine reduzierte Heizleistung des Otto-DI-Motors schließen, was für die Klimatisierung eine erschwerte Anforderung darstellt. Zum anderen zeigt sich, dass der Gesamtwärmeeintrag für den Otto-DI-Motor in allen Kennfeldpunkten niedriger als der des VVT-Motors ist.

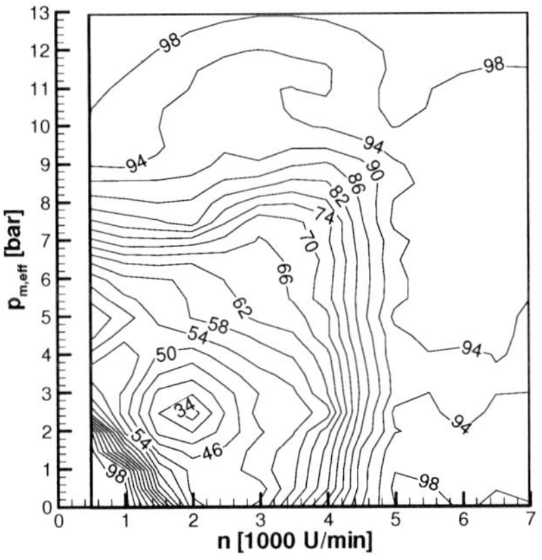

Bild 13: Wärmeintrag des Otto-DI-Motors in Prozent des Wärmeeintrags des VVT-Motors.

3.4 Bestimmung des Wärmeeintrags aus Verbrennung und Ladungswechsel

Der Wärmeeintrag in den Motor ist bestimmt durch:

$$\dot{Q}_{Motor} = \dot{Q}_{Verbrennung} + \dot{Q}_{Reibung} = \dot{Q}_{KM} + \dot{Q}_{MO} + \dot{Q}_{Oberfläche} \tag{14}$$

Wie Gleichung (14) zeigt, basiert dieser auf den zwei unterschiedlichen Quellen $\dot{Q}_{Verbrennung}$ sowie $\dot{Q}_{Reibung}$. Dabei entspricht $\dot{Q}_{Verbrennung}$ dem arbeitsspielgemittelten Wärmeeintrag von der Gasseite an die Struktur während des Verbrennungs- und Ladungswechselvorgangs. Zur Struktur zählen die brennraumbegrenzende Geometrie (Brennraumdach, Einlass, bzw. Auslassventile, Zylinderwände, Kolben) sowie die motorinternen Einlass- bzw. Auslasskanäle. $\dot{Q}_{Reibung}$ entspricht der aus der Reibleistung zugeführten Wärme.

Die Ableitung von $\dot{Q}_{Reibung}$ erfolgt auf Basis von Stripmessungen (s. z.B. [Fis99]) des Motors. Dabei wird für verschiedene Reibgruppen ein drehzahlabhängiges Reibmoment ermittelt. Da nicht jede Reibgruppe einen Beitrag zum Wärmeeintrag in das Öl oder die Struktur liefert, ist es nötig, die relevanten Reibgruppen zu identifizieren. Für den in dieser Arbeit betrachteten Motor sind dies die Reibung in der Kurbelwelle, der Kolbengruppe, dem Ventiltrieb, der Ölpumpe sowie der Wasserpumpe. Zudem liefern speziell bei höheren Drehzahlen Ventilations- und Planschverluste einen erheblichen Anteil zur Reibleistung, bzw. zum Wärmeeintrag in das Öl und müssen somit erfasst werden[8]. Nicht berücksichtigt wurden in diesem Ansatz der Riementrieb mit Generator, Lenkhilfepumpe sowie Klimakompressor. In Bild 14 ist die resultierende Reiblast $p_{m,r,rel}$ als Mitteldruck über der Drehzahl dargestellt. Für die vereinfachte Weiterverwendung in der Kennfeldberechnung wird die Abhängigkeit mit Hilfe eines Regressionspolynoms dritten Grades nachgebildet.

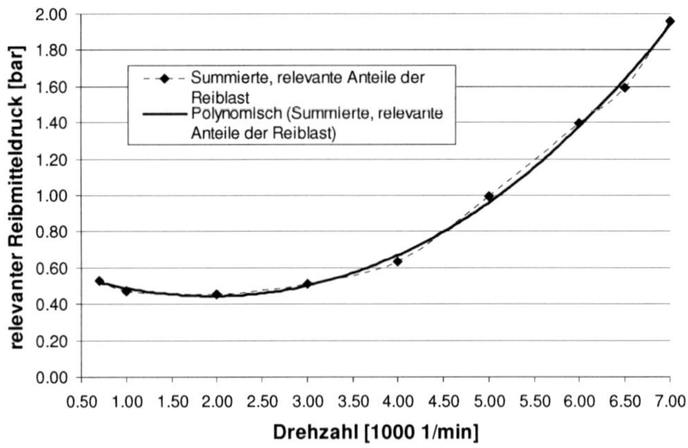

Bild 14: Anteil der für den Wärmeeintrag relevanten Reiblast.

In dem beschriebenen Ansatz fehlt der Einfluss der Last. Speziell die Kolbengruppe weist mit zunehmenden Gaskräften, zunehmende Reibungsverluste auf. Der Einfluss der zusätzlichen Reiblast kann durch den Ansatz [Fis99]:

$$\Delta p_{m,r,Last} = 0{,}01 \cdot \mathrm{p_{m,eff}} \tag{15}$$

bestimmt werden.

Da die zusätzliche Reiblast ebenfalls zu einem erhöhten Wärmeeintrag in die Struktur bzw. das Öl führt, ergibt sich für die Bestimmung des Wärmeeintrags durch Reibung:

$$\dot{Q}_{Reibung} = (p_{m,r,rel} + \Delta p_{m,r,Last}) \cdot n \cdot V_H / 2 \tag{16}$$

Mit dem Ansatz aus Gleichung (16) lässt sich das in Bild 15 A) dargestellte Kennfeld ableiten. Unter Berücksichtigung des bei der Messung konstant gehaltenen Oberflächenwärmestroms von $\dot{Q}_{Oberfläche} \approx$ 6 kW kann auf Basis von Gleichung (14) das in Bild 15 B) abgebildete Kennfeld für den Wärmeeintrag aus Verbrennung und Ladungswechsel berechnet werden.

[8] Eine Umverteilung der durch Ventilation eingebrachten Energie durch die Kurbelgehäuseentlüftung wurde in diesem Fall nicht berücksichtigt.

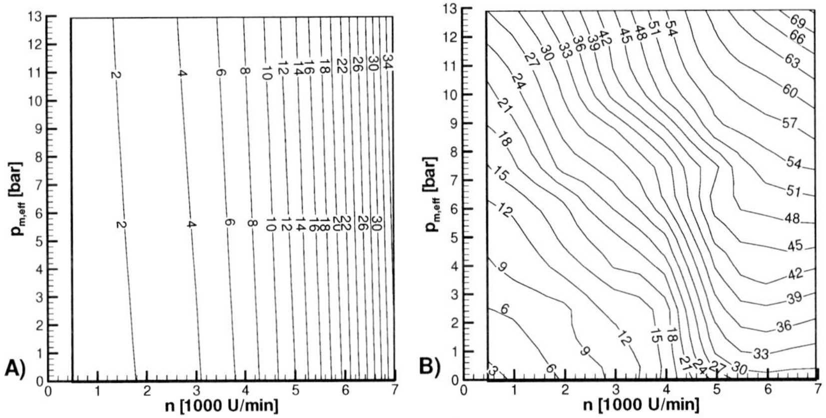

Bild 15: A) Kennfeld für den Wärmeeintrag durch Reibung in [kW]; B) Kennfeld für den Wärmeeintrag aus Ladungswechsel und Verbrennung in [kW].

In einer 3D CFD Thermoanalyse wird die Temperaturverteilung im Motor berechnet. Darauf basierend kann z.B. eine Optimierung des Kühlwassermantels erfolgen, indem zum einen Spitzentemperaturen abgebaut und zum anderen die Temperaturverteilung generell homogenisiert wird. Wichtigste Randbedingungen für die Thermoanalyse sind die arbeitsspielgemittelten Wärmeeinträge der Gasseite während des Verbrennungs- und Ladungswechselvorgangs. Die oben abgeleiteten Kennfelder stellen somit eine wichtige Möglichkeit zum integralen Abgleich der verwendeten Randbedingungen dar.

3.5 Kühlsystemvorauslegung

Ein modernes Fahrzeugkühlsystem zeichnet sich durch eine Vielzahl von Komponenten und möglichen Varianten aus. Je nach Kühlsystemkonfiguration wird Wärme auf unterschiedliche Weise ein- bzw. ausgekoppelt. Der hauptsächliche Wärmeeintrag erfolgt dabei durch den Motor. Daneben kann, abhängig von der Motorart oder des Kühlsystems, zusätzlich ein Wärmeeintrag durch das Motoröl, das Getriebeöl oder den Turbolader erfolgen. Ausgekoppelt wird die Wärme über die jeweiligen Bauteiloberflächen sowie verschiedene Wärmetauscher [BS02]. Ziel der Kühlsystemauslegung ist es bei definierten Lastpunkten des Motors die Wärme unter Einhaltung definierter Medien-Grenztemperaturen abzugeben. Dies gilt für den Kühlmittelkreislauf, den Motor- und Getriebeölkreislauf sowie bei turboaufgeladenen Motoren den Ladeluftkreislauf, die untereinander gekoppelt betrachtet werden müssen. Die Auslegung des Kühlsystems stellt somit eine sehr komplexe Aufgabe dar. Um die Entwicklung gezielt rechnerisch unterstützen zu können, muss eine bestimmte Simulationsmethodik angewandt werden, die alle Einflüsse erfasst (s. Kap. 3.6). Unabhängig davon können jedoch allein durch die Betrachtung und Auswertung der Wärmeeintragskennfelder des Motors wichtige grundlegende Erkenntnisse zur Dimensionierung des Kühlsystems ermittelt werden.

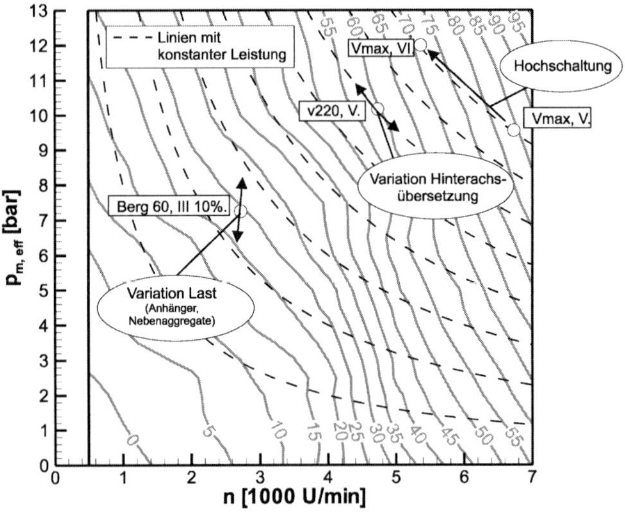

Bild 16: Einfluss von bestimmten Fahrzeugparametern[9] auf den Gesamtwärmeeintrag in die Medien Kühlmittel und Öl.

In Bild 16 sind typische Fahrzeugbetriebspunkte dargestellt, die zur Überprüfung des Kühlsystems im stationären Fall verwendet werden. Hierbei handelt es sich um eine Bergfahrt, einen Hochgeschwindigkeitsfall und den Betriebspunkt bei Maximalgeschwindigkeit. Anhand des Kennfeldes kann für diese Punkte der Gesamtwärmeeintrag des Motors zur groben Dimensionierung des Kühlsystems ermittelt werden. Zur besseren Orientierung sind dem Kennfeld Linien mit konstanter Leistung überlagert.

Bestimmte Fahrzeugparameter können eine entscheidende Rückwirkung auf den Wärmeeintrag bewirken. Die Variation der Parameter, wie z.B. Anhängelast oder Hinterachsübersetzung und deren Auswirkung auf den Gesamtwärmeeintrag sind ebenfalls in Bild 16 dargestellt. Näher betrachtet wird der Punkt der maximalen Fahrzeuggeschwindigkeit „v_{max}“. Dieser ist in zwei verschiedenen Gangstufen fahrbar, d.h. sowohl im 5. wie auch im 6. Gang. Werden Änderungen der Getriebeverluste vernachlässigt, so liegen die zugehörigen Motorbetriebspunkte auf der gleichen Leistungshyperbel. Der Gesamtwärmeeintrag reduziert sich durch einen Hochschaltvorgang vom 5. in den 6. Gang von 84 kW auf 71,5 kW, d.h. um 15%. Dies begründet sich durch die stark reduzierten Reibungsverluste bei niedrigeren Drehzahlen. Dabei reduziert sich der Wärmeeintrag einerseits generell durch die Wirkungsgradverbesserung und der damit verbundenen Verbrauchsreduzierung. Andererseits reduziert sich die direkt in das Öl eingetragene Wärmemenge durch Reibleistung.

Im Folgenden soll ein Beispiel für die Dimensionierung eines Motoröl-Wärmetauschers auf Basis der am Wärmebilanzprüfstand gemessenen Daten für

[9] Hierbei wird ein Antriebsstrang mit Automatikgetriebe betrachtet. Dies äußert sich durch die leichten Änderungen der Drehzahl des Motors bei Lastvariationen aufgrund des veränderten Wandlerschlupfes.

den 6-Zylinder Otto-DI-Motor gegeben werden. Betrachtet wird hierfür der Fahrzeugbetriebspunkt „v_{max}" im 5. Gang. Die größte thermische Belastung für das Öl tritt aufgrund des motorinternen Wärmetausches bei der höchsten Kühlmitteltemperatur auf. In diesem Fall wird von einer Kühlmittel-Grenztemperatur von 115°C ausgegangen. Zur Dimensionierung des Ölwärmetauschers müssen die Wärmeströme in das Öl bei unterschiedlicher Ölkonditionierung betrachtet werden. Wie Bild 17 zeigt, stellt sich bei einer Motoröleintrittstemperatur von ca. 110° ein Wärmestrom von 26,4 kW in das Öl ein. Dieser ist erwartungsgemäß größer als bei einer Motoröleintrittstemperatur von ca. 130°, bei der sich ein Wärmestrom von 20,1 kW ergibt. Dabei verschieben die Wärmeströme in das Kühlmittel und das Öl, ohne dass sich der Gesamtwärmeeintrag wesentlich ändert.

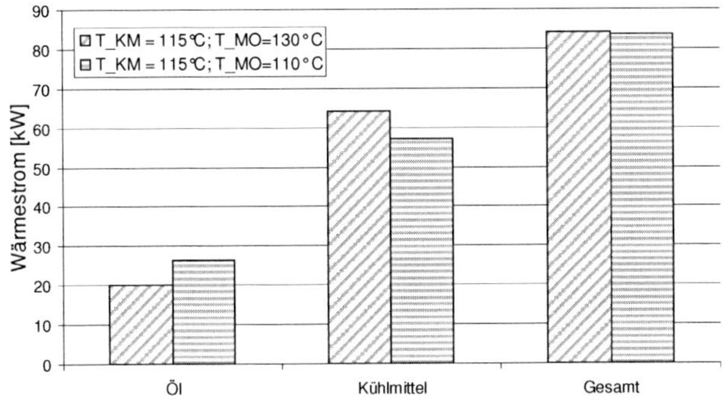

Bild 17: Abhängigkeit des Wärmeeintrag von der gewählten Medienkonditionierung.

Bisherige Erfahrungen an unterschiedlichen Motoren haben ergeben, dass in einer ersten Näherung ein linearer Zusammenhang zwischen der Öltemperatur und dem Ölwärmestrom angenommen werden kann. Basierend auf einer linearen Inter- bzw. Extrapolation zwischen den Messwerten kann somit für beliebige Öltemperaturen am Motoreintritt der Ölwärmestrom ermittelt werden (Bild 18). Die beschriebene Vorgehensweise kann analog für die jeweiligen gemessenen Motorölaustrittstemperaturen (Temperatur vor Konditionierung des Öls) durchgeführt werden (siehe strichpunktierte Linie in Bild 18). Unter der Annahme, dass die Motorölaustrittstemperatur in etwa der Ölsumpftemperatur entspricht, ergibt sich für eine Grenztemperatur von 150°C im Ölsumpf eine geforderte Wärmeauskopplung aus dem Ölkreislauf von ca. 23 kW. Bei dem ermittelten Wert ist zu beachten, dass beim Prüfstandsversuch die Ölwanne isoliert war. Im realen Fahrbetrieb entlastet der über die Ölwanne konvektiv abgegebene Wärmestrom den Motorölwärmetauscher um den jeweiligen Wert[10].

[10] Eventuell tritt im realen Fahrzeugbetrieb ein gegenüber dem Prüfstand veränderter Wärmestrom über die restliche Motoroberfläche auf. Dieser müsste dann ebenfalls in der Auslegung berücksichtigt werden.

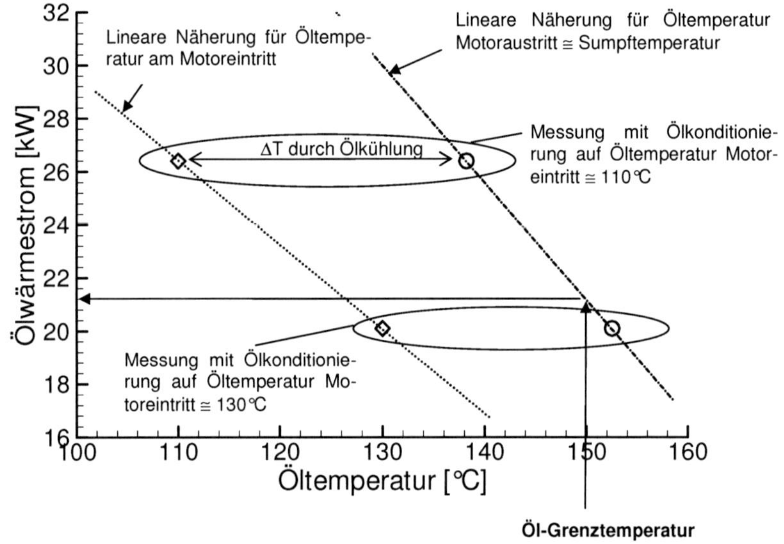

Bild 18: Wärmestrom in das Motoröl bei unterschiedlich konditionierten Öltemperaturen.

3.6 Kühlsystemberechnung

Die in Abschnitt 3.1 dargestellten Kennfelder für den Wärmestrom ins Kühlmittel bzw. Motoröl bilden eine wichtige Grundlage für die Kühlsystemberechnung. Mittels eindimensionaler numerischer Simulation (z.B. GT Cool, Flowmaster, Dymola, etc.) können bereits in einem frühen Entwicklungsstadium komplette Kühlkreislaufsysteme ausgelegt und bewertet werden [Lud06].

Bei der BMW AG werden dazu eindimensionale Mehrmedienmodelle verwendet, die alle kühlungsrelevanten Medien berücksichtigen (Bild 19):

- Kühlkreisläufe
- Motorölkreislauf
- Getriebeölkreislauf

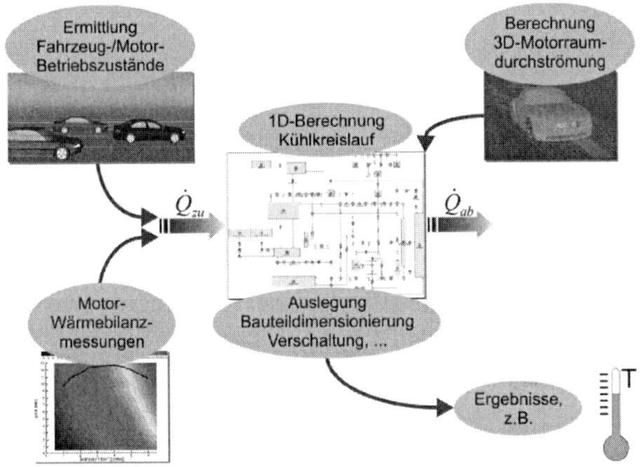

Bild 19: Kühlkreislaufauslegung und –Bewertung mit Hilfe von eindimensionalen Berechnungsmodellen [Lud06].

Die Wärmeströme in die Medien werden dabei auf Basis von Fahrleistungsberechnungen in Abhängigkeit von Motordrehzahl und –Drehmoment aus den Wärmestrom-Kennfeldern ermittelt. Zusätzliche Parameter sind die Temperaturen von Motoröl und Kühlmittel, bzw. die Differenz zwischen beiden Temperaturen, die das Verhältnis der Aufteilung des in die beiden Medien eingetragenen Wärmestroms beeinflusst. Als zusätzliche Größe kann, zum Beispiel bei Turbo-Motoren, die Sammlertemperatur der Verbrennungsluft verwendet werden, soweit diese in den Kennfeldmessungen variiert wurde. Für eine praktikable Interpolation ist es wichtig, dass die Wärmestromkennfelder in gitterförmiger Parameterstruktur vorliegen.

Die Luftdurchsätze der Kühler werden in 3D-CFD-Simulationen berechnet und als feste Randbedingungen in der 1D-Simulation vorgegeben. Zur Optimierung der Vorhersagezuverlässigkeit wird das 1D-Modell zusätzlich mit Fahrzeugversuchen validiert.

Auf Basis der 1D-Simulationsergebnisse lassen sich u.a. Aussagen zur Kühlleistung treffen. Zudem ist die Bewertung von Varianten möglich, zum Beispiel Kühlerdimensionierung, Kreislaufverschaltung, Thermostatverhalten. Zusätzliche Erkenntnisse können durch Dynamik-Simulationen (z.B. von Beschleunigungsvorgängen) gewonnen werden.

4 Zusammenfassung und Ausblick

Primäres Ziel der Energiebilanzierung mit Hilfe von Wärmestrommessungen und zusätzlicher Bestimmung der Abgasenthalpie ist die Ableitung von Wärmeeintragskennfeldern für die Kühlungsauslegung. Wie in dieser Arbeit gezeigt, kann die Energiebilanzierung darüber hinaus einen wichtigen Beitrag für die verschiedensten Aspekte des Motorwärmemanagements liefern.

Ein weiteres Ziel der Energiebilanzierung ist es, eine vollständige Transparenz der Wärmetransportvorgänge im Motor zu ermöglichen. Dafür werden zusätzlich zu den in dieser Arbeit beschriebenen Messverfahren Bauteiltemperaturmessungen sowie Indiziermessungen durchgeführt. Damit ist es möglich dem gemessenen Wärmestrom in die Medien einen aus der Messung ermittelten Brennverlauf sowie Bauteiltemperaturen zuzuordnen. Auf Basis dieser Messung können bestimmte Berechnungsverfahren mit hoher Qualität kalibriert werden. Im Einzelnen sind dies die 1D Ladungswechsel- und Verbrennungsberechnung sowie die 3D Verbrennungs- und Temperaturfeldberechnung. Dies ermöglicht wiederum eine detailliert Betrachtung und Analyse der motorinternen Wärmetransportvorgänge. Langfristiges Ziel wird es sein, den beschriebenen Prozess umzukehren, d.h. die Messung nicht nur zum Abgleich der Berechnung zu verwenden sondern auch mit der numerischen Simulation gezielt das thermische Verhalten einer Motorneuentwicklung vorausberechnen zu können.

Legende

Lateinische Buchstaben

c – *spezifische Wärmekapazität*

c_p – *spezifische isobare Wärmekapazität*

E_{Motor} – *Energie im System Motor*

H_u – *Heizwert*

$\dot{H}_{Hu}$ – *Summe der Bildungsenthalpieströme*

h – *spezifische Enthalpie*

h^0 – *Standardbildungsenthalpie*

$\dot{m}$ – *Massenstrom*

n – *Drehzahl*

$p_{m,eff}$ – *effektiver Mitteldruck*

$p_{m,r}$ – *Reibmitteldruck*

$P_{mechanisch}$ – *effektive Leistung*

T – *Temperatur*

$\dot{Q}$ – *Wärmestrom*

X – *Molenbruch*

Y – *Massenbruch*

Griechische Buchstaben
ε – *Emissionskoeffizienz*
λ – *Luftzahl*
σ – *Stefan – Boltzmann – Konstante*

Indizes
AG – Abgas
KM – Kühlmittel
L – Last
MO – Motoröl
rel – relevant
R – Reaktanden

Literatur

[BR04] J. Blumm, I. Rothemund: Spezifische Wärme von 3 Motorölen, Netzsch Applikationslabor Section Thermische Analyse, 2004

[BS02] R. van Basshuysen und F. Schäfer: Handbuch für Verbrennungsmotoren. Vieweg Verlag, Wiesbaden, 2002

[Cat82] J.A. Caton: Comparison of Thermocouple, Time-Averaged and Mass-Averaged Exhaust Gas Temperatures for a Spark-Ignited Engine, SAE Paper 820050, International Congress & Exposition, Detroit, Michigan, 1982

[Deu91] N. Deußen: Neuer Prüfstand für die Wärmebilanz der Medien Kühlmittel und Öl, Teil 2: Grundlagen der Wärmebilanz, ATZ 93 (1991) Nr. 2, S.80-84

[Deu93] N. Deußen: Methode zur Auslegung von PKW Kühlsystemen unter Einbeziehung von standardisierten Prüfstandsergebnissen. Dissertation, Universität Stuttgart, 1993

[Fis99] G. Fischer: Reibmitteldruck – Ottomotor. Abschlussbericht FVV-Vorhaben Nr. 629, Heft 685, Forschungsvereinigung Verbrennungskraftmaschinen (FVV) e.V., Frankfurt a. M., 1999

[Gri77] U. Grigull: Technische Thermodynamik, Sammlung Göschen, De Gruyter, Berlin-New York, 1977

[KKRW74] W. Kast, O. Krischer, H. Reinecke, K. Wintermantel: Konvektive Wärme- und Stoffübertragung, Springer-Verlag, Berlin-Heidelberg-New York, 1974

[KMS05] M. Klüting, S. Missy, C. Schwarz: Potenziale des strahlgeführten Benzin-DI-Brennverfahrens in Verbindung mit Aufladung, 26. Wiener Motorensymposium, 2005

[Kro04] M. Kröner: Energiebilanzierung am Wärmebilanzprüfstand 69 – BMW AG, Thermotec Engineering Services GmbH, Garching, 2004

[Lud06] Frank-Stefan Ludwig: Interne Information, BMW AG, München, 2006

[Nis06] U.S. Secretary of Commerce on behalf of the United States of America, http://webbook.nist.gov/chemistry/

[Tec01] Tecplot User's Manual Version 9.0.Amtec Engineering, Inc., Washington, 2001

6 Absicherung der Thermischen Betriebssicherheit beim neuen 3er BMW

Benedikt Winter, Steffen Müller, Jordi Pirk, Manfred Plechaty

1. Einleitung

Unter Wärmemanagement verstehen wir die Steuerung des Wärmehaushalts des Gesamtfahrzeugs mit dem Ziel, dass immer und überall im und am Fahrzeug die richtigen Temperaturen herrschen. Dazu gehört neben thermischem Komfort und minimalem Verbrauch die thermische Betriebssicherheit: für den Kunden eine Selbstverständlichkeit, für den Entwickler eine Notwendigkeit, die durch einen stabilen Prozess zu gewährleisten ist. Für BMW bestand die Herausforderung darin, diesen Prozess hinsichtlich Kosten- und Entwicklungszeit zu optimieren.

2. Der Prozess der thermischen Betriebssicherheit

Der Prozess der Absicherung der thermischen Betriebssicherheit kann nicht der erste Schritt in der Entwicklung eines Gesamtfahrzeugs sein. Er sollte aber auch nicht erst beginnen, wenn Hardware zur Verfügung steht. Ein guter Start ist es, wenn Bauräume unter Berücksichtigung von thermischen Randbedingungen belegt werden. Die ersten CAD-Modelle des Gesamtfahrzeugs sind eine Grundlage für Expertenabschätzungen und Überschlagsrechnungen. Es sind schon in der frühen Phase der Entwicklung Freiräume für Luftströmungen, Lüftungskanäle, Wärmeschutzbleche und Lüfter vorzusehen. Das geschah bei der Entwicklung der 3er-Serie in Form eines ‚Abstandskatalogs', in dem die notwendigen Abstände von Bauteilen zur Abgasanlage festgelegt worden waren. Abweichungen von diesen Vorgaben mussten einzeln überprüft und verhandelt werden. In diesem Katalog waren auch die zulässigen Grenztemperaturen für jedes Bauteil eingetragen.

Die weitere Entwicklung basiert auf detailierteren CAD-Modellen, in denen die Bauteile teilweise schon auskonstruiert sind. Es werden Berechnungsmodelle erstellt, die die Durchströmung des Motorraums und die Unterbodenströmung darstellen und unter Berücksichtigung von Konvektion, Strahlung und Wärmeleitung Aussagen über zu erwartende Temperaturen zulassen. Als Zielvorgabe für die Durchströmung eignet sich besonders die konvektiv abzuführende Wärmeleistung für bestimmte, thermisch besonders belastete Bauteile.

Abb.1: CAD-Modell und abgeleitetes thermisches Berechnungsmodell

Die eigentliche Festlegung der erforderlichen Wärmeschutzmaßnahmen erfolgt mit den ersten Versuchsfahrzeugen. Erst jetzt werden Größe und Ausführung von Wärmeschutzblechen, Dicke und Oberfläche von Isolierungen, Form und Größe von NACA's, Temperaturklassen von Materialien, Formen von Luftleitblechen und Leistung von Lüftern endgültig bestimmt. In einer weiteren Baugruppe von Versuchsfahrzeugen werden dann diese Maßnahmen abgesichert.

Je nach Qualität und Aufwand der vorausgegangenen Berechnungen können diese Maßnahmen auch in einer einzigen Fahrzeugbaugruppe hardwaremäßig abgesichert werden. Das spart im gesamten Prozess Zeit und Geld, erfordert aber auch ein funktionierendes Frontloading durch konsequenten und frühzeitigen Einsatz aller notwendigen Ressourcen.

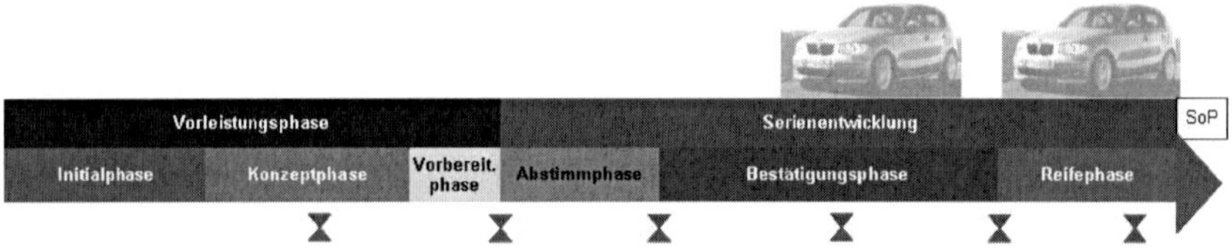

Abb. 2: Entwicklungsablauf

Eine besondere Herausforderung für den Prozess der thermischen Absicherung ist die Anzahl der möglichen Varianten, die mit dem abgebildeten Fahrzeug abgedeckt werden sollen. Frontend, Motor- und Getriebevarianten, Außenhaut, Allrad, Sportpakete, Sonderausstattungen und besondere Einsatzbedingungen wie Heißland, Anhängerbetrieb oder Schlechtwegeeinsatz können leicht zu einer unüberschaubaren Variantenvielfalt führen. Die Absicherung nur einer angenommenen Worst-Case-Ausführung führt unweigerlich zu einer Überdimensionierung der Volumenvarianten.

3. Ressourceneinsatz

Der Aufwand für die thermische Absicherung richtet sich nach dem Ergebnis, das man erzielen will. Für eine für den Hersteller kostenoptimale, aber nicht wünschenswerte Auslegung verlagert man einen Teil der Erprobung in die Gewährleistungszeit. Bei der 3-Serie wurden Kundenprofile im Voraus erfasst und die sich daraus ergebenden thermischen Anforderungen in einer Versuchsrichtlinie festgehalten. Diese legt dann die Rand- und Betriebsbedingungen für Versuche im Kühlerprüfstand, am Prüfgelände oder auf bestimmten Prüfstrecken fest. Es kommt dabei auf einen optimalen Mix aus Hardwaresimulation am Prüfstand oder Fahrten mit Bremsanhänger und kundennahen Testfahrten unter realen Umweltbedingungen an.

Abb. 3: Prüfstandsversuche und Erprobungsfahrten mit Bremsanhänger

Jede Versuchsart hat ihre besonderen Stärken und Schwächen. Am Prüfstand lassen sich besonders gut Vergleiche zwischen verschiedenen Wärmeschutzmaßnahmen oder Varianten durchführen. Mit dem Bremsanhänger kann man risikolos Anhänger- und Bergfahrten unter realen Umweltbedingungen simulieren. Bei kundennahen Erprobungen im öffentlichen Straßenverkehr verzichtet man auf gute Reproduzierbarkeit und Standards der Versuchsbedingungen zugunsten der Erfassung von Effekten, die so fahrzeugspezifisch sind, dass sie sich in keine Versuchsrichtlinie pressen lassen.

Neben der Hardwareerprobung ist die Berechnung ein bewährtes Mittel zur Beurteilung der thermischen Situation. Die numerische Simulation ist einsetzbar bevor Versuchsfahrzeuge zur Verfügung stehen. Sie kann Versuche zum Teil ersetzen und kann Informationen zur Analyse der Wärmeströme liefern, die mit Versuchen nicht zu bekommen sind. Leider wird die Berechnung oft nur als Mittel zur Kostenreduzierung gesehen und ihre Rolle als Analyseinstrument nicht angemessen gewürdigt, so dass diese Aufwendungen in der späten Entwicklungsphase, wenn Hardware zur Verfügung steht, oft gescheut werden.

4. Ergebnis und Ziel der thermischen Betriebssicherheit

Das Ergebnis des Prozesses thermische Betriebssicherheit ist die Sicherheit des Gesamtfahrzeugs vor Abbrand und Überhitzung. Der Prozess liefert Entscheidungskriterien für den Einsatz verschiedener Wärmeschutzmaßnahmen, indem er die in der Praxis auftretenden Temperaturen mit den maximal zulässigen Temperaturen vergleicht und die Wirksamkeit einer Schutzmaßnahme nachweist.

Das Spektrum der möglichen Wärmeschutzmaßnahmen ist weit gefächert. Zunächst kann die Wärmequelle entschärft oder abgeschirmt werden. Das geschieht z.B. durch die Luftspaltisolierung des Abgaskrümmers, durch außen angebrachte Isolierung der Abgasanlage, durch Bleche, die nahe der Abgasanlage angebracht werden, oder durch Reduzierung der Abgastemperatur.

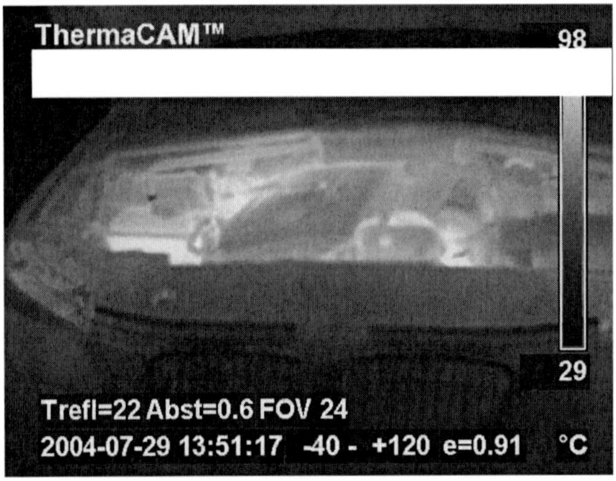

Abb. 4: Krümmertemperatur

Die nächste Gruppe von Maßnahmen versucht die Wärmezufuhr auf die thermisch gefährdeten Bauteile einzuschränken. Das geschieht in der Regel durch einen Strahlungsschutz wie z.B. Wärmeschutzbleche, Leitungsisolierungen oder Verbesserung der Oberflächenreflektion durch Oberflächenbehandlung oder Farbänderung.

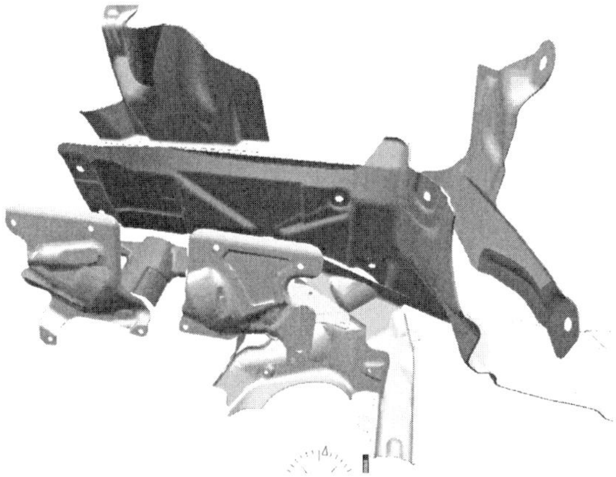

Abb. 5: Wärmeschutzbleche in Krümmernähe der 6-Zyl. - 3-Serie

Eine weitere Gruppe von Wärmeschutzmaßnahmen verbessert die Wärmeabgabe der Bauteile. Dazu wird vor allem die Konvektion durch zusätzliche Luftanströmung verbessert, weil Wärmeleitung und Strahlung nur schwer zu beeinflussen sind. Passive Hilfsmittel in diesem Sinne sind Luftleitbleche, Nacas, Luftkanäle, Staulippen oder Ähnliches. Zu den aktiven Maßnahmen gehören zusätzliche Lüfter, ein erweiterter Einsatz des Motorlüfters wie z.B. der Lüfternachlauf nach Motorabschaltung oder die Erhöhung der Lüfterdrehzahl zum Zwecke des Bauteilschutzes, Luftklappensteuerungen oder sogar der Einsatz der Klimaanlage zur Kühlung von Steuergeräten.

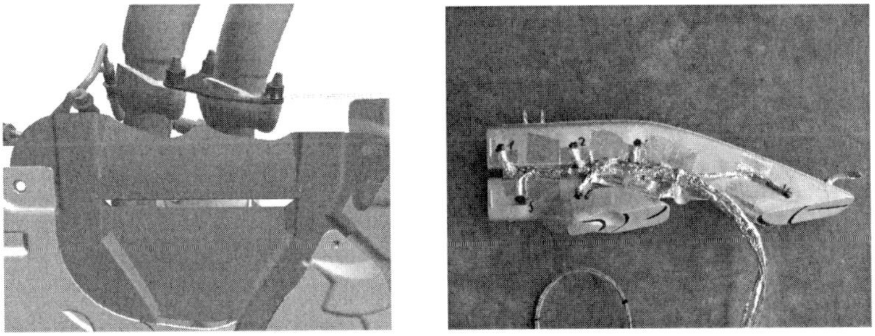

Abb. 6: Belüftungsmaßnahmen in Form von NACA oder Luftkanal

Letztlich kann man die Bauteile auch einfach durch Änderungen des Materials schützen. Neben erhöhten Kosten bedeutet das aber oft auch eine Werkzeugänderung, zusätzliche Oberflächenbehandlung oder Umkonstruktion des Bauteils. Daher ist auch dieses Mittel frühzeitig in den Entwicklungsablauf einzusteuern.

Wenn sonst gar nichts mehr hilft, bleibt als letztes Mittel zum Schutz des Fahrzeugs auch eine Leistungsreduzierung des Motors. Das muss nicht gleich einen Notbetrieb bedeuten, sondern kann gleitend durch Reduzierung der Generatorleistung, der Klimaanlage oder anderer Nebenaggregate geschehen. Das kann auch eine Einschränkung des Drehzahlbereiches durch Getriebeeingriff bei Automaten sein.

Bei all diesen Maßnahmen zum Schutz des Gesamtfahrzeugs wird ein Trend zum Eingriff in die Fahrzeugsteuerung deutlich. Immer mehr greifen Gesamtfahrzeugaspekte in die Steuerung der einzelnen Komponenten ein. Damit wird die Vernetzung und Komplexität der Steuergeräte weiter gesteigert. Der Nutzen ist wie bei allen Sicherheitsfunktionen für den Kunden nicht unmittelbar erkennbar, sollte sich aber in der Praxis dann durch hohe Funktionssicherheit positiv bemerkbar machen.

5. Ausblick

Die Absicherung der thermischen Betriebssicherheit ist ein etablierter Prozess, der im Entwicklungsablauf fest integriert ist. Das Wärmemanagement versteht sich jedoch auch als verantwortlich für Schadstoffreduzierung und Verbrauchsabsenkung, soweit diese durch Temperaturen zu beeinflussen sind. Es gibt zwar auch eingeführte Prozesse für CO_2- und Verbrauchsziele. Diese setzen sich aber mit der Temperatursteuerung nicht so konsequent auseinander wie die thermische Betriebssicherheit. Deshalb muss hier ein Veränderungsprozess stattfinden, der die Erfahrungen und Wege der thermischen Betriebssicherheit nutzt und dieser weitere Temperaturziele zur Umsetzung von Verbrauchs- und CO_2-Zielen vorgibt. So wird ein vorhandener Prozess mit neuen Zielen versehen.

Die neuen Vorgaben betreffen vor allem die Temperaturfenster der verschiedenen Kats. Einerseits müssen möglichst bald nach dem Kaltstart Betriebstemperaturen erreicht werden, andererseits dürfen die Grenztemperaturen bei Vollast nicht überschritten werden. Das bedeutet je nach Anforderung Kühlung oder Erwärmung der Kats.

Zur Vermeidung unnötiger Reibungsverluste werden die Fluidtemperaturen möglichst hoch angesetzt. Andererseits sollen sie der Motorüberhitzung entgegenwirken. Das heißt, die Reaktionszeit der Fluidtemperaturen auf Lastschwankungen muss möglichst kurz gehalten werden.

Eine besondere Herausforderung ist die Steigerung des Verdichtungsverhältnisses. Die Temperaturen haben einen Einfluss auf die Klopfempfindlichkeit und können darüber die Effizienz des Motors verbessern.

Ebenso ist die Ansauglufttemperatur besonders bei Turbofahrzeugen ein Einflussfaktor für CO_2-Ausstoß und Verbrauch.

Allen Kühlungsanforderungen gemeinsam ist der direkte oder indirekte Bedarf an Luft, an die die Wärmeleistung letztlich abgeführt wird. Der steigende Luftbedarf widerspricht aber den Anforderungen, die die Aerodynamik stellt. So kristallisiert sich die Luftmenge durch den Motorraum immer mehr als die knappe Ressource heraus, die es optimal zu verteilen gilt. Dies ist eine Aufgabe des Wärmemanagements.

Wenn man bedenkt, dass immer noch der größte Teil des verbrauchten Kraftstoffs dazu verwendet wird, nur Temperaturen zu erhöhen, dann lohnt sich der Blick auf den thermischen Haushalt des Gesamtfahrzeugs nicht nur aus Gründen der Sicherheit, sondern auch der Effizienz.

7 Erstellung eines Simulationsmodells eines Fern-LKW-Motors in FLOWMASTER auf Grundlage von Messergebnissen zur Untersuchung von hydraulischen Größen in Teilkreisen

Christian Karl

Abstract

Precise information on the coolant flow inside an internal-combustion engine is necessary for calculating the hydraulic output, the heat flows and the temperatures. To obtain this information a simulation model was developed in FLOWMASTER on the basis of the results of measurements. The model covers all sub-circuits within the internal-combustion engine.

To keep the simulation times as short as possible the degree of detail on the sub-circuits was kept as low as possible but as high as necessary so that statements can be made on the coolant flow rates in important sub-circuits. Lines leading to the components which consisted of a large number of pipes, elbows, constrictions or expansions of the cross-section were grouped together as a single component that reflects the flow resistance characteristics.

The model was verified by simulations at various coolant pump speeds; these were compared with data from measurements. The simulation model developed showed a very high degree of agreement in the volume flow rates and system pressures in the sub-circuits over the entire coolant pump speed range measured.

On the basis of the model further simulation was carried out, this time of the coolant flow rates in the sub-circuits, the hydraulic and the mechanic power requirement of the coolant pump at different coolant temperatures and with different fluids (water/glycol mixing ratios).

The results showed that the cylinder head and crankcase of an engine that is warm from operation together account for only a minor share of the hydraulic output required (just under 7 %). The major share of the hydraulic output is required by the EGR cooler, the thermostat housing with valves, the radiator and the oil cooler.

If the volume flow rates at low coolant temperatures are examined, it is noticeable in simulation that for fluids with a high glycol content the coolant flow rates decrease significantly at temperatures from 50 °C downwards – in some sub-circuits to less than 50 % at -10 °C. The mechanical power requirement of the coolant pump falls as the coolant temperature decreases.

The influence of the mixing ratio on the mechanical power requirement of the coolant pump when the engine is warm can be regarded as negligible. At low coolant temperatures, by contrast, the power consumption of the coolant pump falls all the more as the share of glycol in the coolant increases.

Zusammenfassung

Zur Berechnung der hydraulischen Leistung, sowie der Wärmeströme und Temperaturen im Verbrennungsmotor, ist die genaue Kenntnis der Kühlmittelströme innerhalb des Motors notwendig. Hierzu wurde in FLOWMASTER ein Simulationsmodell auf Grundlage von Messergebnissen erstellt, das alle Teilkreise innerhalb des Verbrennungsmotors abbildet.

Um Simulationszeiten möglichst kurz zu halten, wurde der Detaillierungsgrad der Teilkreise so klein wie möglich, jedoch so groß wie nötig gehalten, um Aussagen über Kühlmitteldurchsätze in wichtigen Teilkreisen treffen zu können. Zuleitungen zu Komponenten, die aus einer Vielzahl von Rohrleitungen, Rohrkrümmern, Verengungen oder Querschnittserweiterungen bestehen, wurden zu einer einzigen Komponente zusammengefasst, welche die Strömungswiderstand-Charakteristik abbildet.

Zur Verifikation des Modells wurden Simulationen bei unterschiedlichen Kühlmittelpumpendrehzahlen durchgeführt und mit Messdaten verglichen. Das erarbeitete Simulationsmodell zeigt dabei sehr gute Übereinstimmungen von Volumenströmen und Systemdrücken in den Teilkreisen über dem gesamten vermessenen Drehzahlbereich der Kühlmittelpumpe.

Auf Grundlage des erstellten Modells, wurden weitere Simulationsuntersuchungen hinsichtlich der Kühlmitteldurchsätze in den Teilkreisen des hydraulischen sowie des mechanischen Leistungsbedarf der Kühlmittelpumpe bei unterschiedlichen Kühlmitteltemperaturen und Fluiden (Mischungsverhältnis Wasser/Glykol) durchgeführt.

Die Ergebnisse zeigten, dass Zylinderkopf und Kurbelgehäuse bei einem betriebswarmen Motor zusammen mit knapp 7 % nur einen geringen Teil der benötigten hydraulischen Leistung ausmachen. Wesentlichen Anteil am Leistungsbedarf haben AGR-Kühler, Thermostatgehäuse mit Ventilen, Kühlmittelkühler und Ölkühler.

Untersucht man die Volumenströme bei tiefen Kühlmitteltemperaturen, so zeigen die Simulationen bei Fluiden mit hohen Glykolanteilen ab Temperaturen kleiner als 50 °C einen deutlichen Rückgang der Kühlmitteldurchsätze – in manchen Teilkreisen auf unter 50 % bei -10 °C. Der mechanische Leistungsbedarf der Kühlmittelpumpe fällt dabei mit abnehmender Kühlmitteltemperatur.

Als vernachlässigbar kann der Einfluss des Mischungsverhältnisses auf den mechanischen Leistungsbedarf der Kühlmittelpumpe beim betriebswarmen Motor angesehen werden. Bei niedrigen Kühlmitteltemperaturen reduziert sich hingegen die Leistungsaufnahme der Kühlmittelpumpe umso mehr, je höher der Glykolanteil des Kühlmittels ist.

1 Einleitung

Thermomanagement bedeutet die energetische Optimierung des Wärmehaushalts im Kraftfahrzeug mit dem Ziel der Verbrauchs- und Emissionsreduzierung, der Gewährleistung der Motorkühlung in jedem Betriebspunkt sowie der Optimierung des Innenraumkomforts.

Verbrennungsmotoren müssen in ihrer Effizienz und Lebensdauer gesteigert, sowie ihre Emissionen reduziert werden, um auch zukünftig auf dem Markt bestehen zu können.

Die große Anzahl von Tagungen und Forschungsvorhaben in den letzten Jahren zeigt, dass weltweit Unternehmen das Thermomanagement als ein viel versprechendes Potenzial erkannt und ihre Forschungen auf diesem Gebiet verstärkt haben.

Aufgabe muss es sein, Thermomanagement in einem günstigen Verhältnis von Aufwand und Nutzen unter gleichzeitiger Berücksichtigung immer kürzerer Entwicklungszeiten zu betreiben. Durch die große Vielfalt der beteiligten Fahrzeugsysteme und die hohe Komplexität der Zusammenhänge muss von reinen Versuchsreihen auf simulationsgestützte Voruntersuchungen zurückgegriffen werden, um so zielgerichtet viel versprechende Varianten auf Prüfständen und im Fahrzeug zeitgerecht erproben zu können.

Das Simulationsmodell muss dabei in einem ausgewogenen Verhältnis zwischen notwendiger Genauigkeit und erforderlicher Rechenzeit stehen sowie Rücksicht auf vorhandene oder einfach zu beschaffende technische Daten der beteiligten Komponenten nehmen.

Der erste Schritt bei der Erstellung eines Simulationsmodells zur Berechnung der Wärmeströme im Kühlsystem sowie des mechanischen Leistungsbedarfes der Kühlmittelpumpe, ist die Abbildung der Volumenströme innerhalb des Verbrennungsmotors in allen Teilkreisen. Die Kenntnis der Kühlmitteldurchsätze ist Voraussetzung, um – bei bekanntem Wärmeeintrag – Aussagen über Kühlmitteltemperaturen und damit Stellgrößen für Thermostatventil und Kühlerlüfter treffen zu können.

2 Aufgabenstellung und Modelltiefe

Die genaue Kenntnis von Kühlmittelströmen und Druckverlusten in allen Teilkreisen des Motors ist zur Berechnung des hydraulischen Leistungsbedarfs der Kühlmittelpumpe eines Verbrennungsmotors notwendig. Ferner bestimmt der Volumenstrom bei bekanntem Wärmeeintrag die Temperaturerhöhung im Fluid und wirkt sich somit indirekt maßgeblich auf die Stellgröße von Regelorganen (z. B. Thermostatventil) aus.

In FLOWMASTER wurde hierzu ein Simulationsmodell auf Grundlage von Messergebnissen erstellt, das alle Teilkreise innerhalb des Verbrennungsmotors abbildet.

Bild 1 zeigt Kühlmittelführung und Stoffströme des abgebildeten Motors. Das Simulationsmodell beschränkt sich auf die vom Kühlmittel durchströmten Teilkreise ohne Retarder.

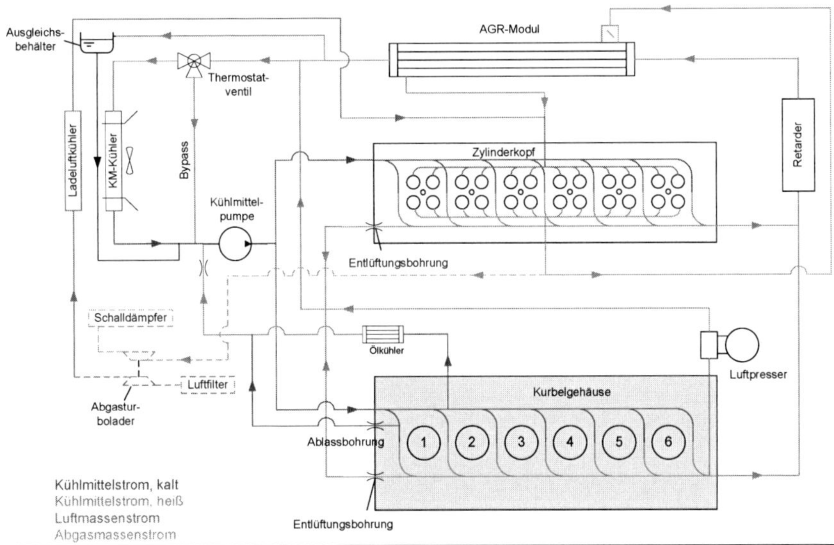

Bild 1: Stoffströme im Verbrennungsmotor

Um Simulationszeiten möglichst kurz zu halten, wurde der Detaillierungsgrad der Teilkreise so klein wie möglich, jedoch so groß wie nötig gehalten, um Aussagen über Kühlmitteldurchsätze in den Teilkreisen treffen zu können. Zuleitungen zu Komponenten (z. B. AGR-Kühler oder Luftpresser), die aus einer Vielzahl von Rohrleitungen, Rohrkrümmern, Verengungen oder Querschnittserweiterungen bestehen, wurden zu einer einzigen Komponente zusammengefasst, welche die Strömungswiderstand-Charakteristik abbildet. Im Bedarfsfall kann der Detaillierungsgrad eines Teilkreises nachträglich beliebig erhöht bzw. angepasst werden, um hier Zwischenergebnisse zu erhalten.

Die Druckverluste folgender Teilkreise wurden in FLOWMASTER jeweils in einer eigenen Komponente (*Discrete Loss)* zusammengefasst:

- Pumpengehäuse
- Zylindorkopf
    - Zylinderkopf, Entlüftung
    - Zylinderkopf, Rücklauf
- Kurbelgehäuse
    - Kurbelgehäuse Entlüftung
    - Kurbelgehäuse Rücklauf
    - Ölkühlerkreis
    - Ablassbohrungskreis
- Vorlauf, Luftpresser
- Luftpresser
- Rücklauf, Luftpresser
- Vorlauf, AGR-Kühler

- AGR-Kühler
- Thermostat (Hauptstrom)
- Ausgleichsbehälterkreis
- Kühlerkreis

3 Aufbau des Simulationsmodells

3.1 Datenbasis und Datenaufbereitung

Als Datenbasis zur Erstellung der Discrete Loss in FLOWMASTER dienten Messwerte von Kühlmitteldurchsätzen (Volumenströmen) und Drücken aufgenommen bei 90 °C Kühlmitteltemperatur und einem Wasser/Glykol Gemisch von 65:35. Das Fluid weist dabei eine Dichte von ρ = 1011.8 kg/m³ und eine dynamische Viskosität von η = 0.000668 Pas [1] auf. Das Thermostatventil war bei den Messungen zwangsgeöffnet, der Kühlmittelkühler wurde mittels eines Druckverlusts simuliert.

Da sich Dichte und Viskosität eines Fluids mit der Temperatur ändern, ergeben sich – bei konstanten Volumenströmen – von der Fluidtemperatur abhängige Druckverluste in einem Teilkreis. Um dieser Gegebenheit Rechnung zu tragen, müssen die Messwerte (Druckverluste über Volumenstrom) in dimensionslose Kenngrößen (Druckverlustbeiwert ζ und Reynoldszahl Re) umgerechnet und so in FLOWMASTER abgelegt werden. Auf diese Weise können Untersuchungen bei beliebigen Kühlmitteltemperaturen oder Fluiden (Mischungsverhältnisse unterschiedlicher Viskosität) durchgeführt werden.

Bei kreisförmigen Strömungsquerschnitten gilt für den Druckverlustbeiwert ζ (Zeta):

$$\zeta = \frac{2 \cdot dp \cdot \left(\frac{d^2 \cdot \pi}{4} \right)^2}{\rho \cdot \dot{V}^2} = 0{,}045 \cdot \pi^2 \frac{dp[mbar] \cdot d^4 [mm^4]}{\rho \left[\frac{kg}{m^3} \right] \cdot \dot{V}^2 \left[\left(\frac{l}{\min} \right)^2 \right]} \tag{1}$$

Ob der Strömungsquerschnitt in einem Teilkreis konstant kreisförmig bleibt oder sich ändert, spielt bei der Betrachtung des Druckverlusts in FLOWMASTER keine Rolle. Der Bezugsdurchmesser kann bei der Berechnung der ζ-Kurve frei gewählt werden. Wichtig ist, dass der Strömungsdurchmesser bei der Definition des ζ-Wertes mit dem Strömungsquerschnitt in FLOWMASTER korreliert.

Zur Berechnung einer Druckverlustkurve über der Reynoldszahl einer Komponente oder eines Teilkreises werden somit fünf Informationen benötigt:

- Volumenstrom
- Druckverlust
- Bezugsdurchmesser
- Fluiddichte
- Viskosität des Fluids

Fluiddichte und dynamische Viskosität können dabei – sofern das Fluid in FLOWMASTER abgelegt wurde – aus dem Data-Manager von FLOWMASTER übernommen werden.

3.2 Berechnung einer ζ-Kurve für FLOWMASTER

Betrachtet man den Druckverlust einer Komponente in Abhängigkeit des Volumenstromes, so ergibt sich für eine turbulent ausgebildete Strömung im Allgemeinen ein Polynom zweiter Ordnung. In Kreisen mit großen Änderungen im Strömungsquerschnitt, Strömungsablösungen sowie bei Aufteilungen oder Zusammenführungen von Strömungspfaden, kann es jedoch insbesondere bei kleinen Reynoldszahlen zu nicht unwesentlichen Abweichungen zu einem Polynom zweiter Ordnung kommen. Diese Gegebenheiten müssen bei der Definition des Strömungswiderstandes der Komponente durch Anpassung der ζ-Kurve berücksichtig werden.

Zur Erstellung einer ζ-Kurve für Flowmaster wurden für jede Komponente und Teilkreis folgende Arbeitsschritte durchgeführt (**Bild 2** und **Bild 3**):

1. Wahl eines Bezugsdurchmessers / hydraulischen Durchmessers (Strömungsquerschnitt)
2. Ermittlung der Stoffwerte des Fluids (Dichte und dynamische Viskosität)
3. Berechnung von Kühlmitteldurchsätzen und Bezugsdrücken
4. Darstellung der Messpunkte in einem Diagramm
5. Erstellung eines Ausgleichspolynoms zweiter Ordnung
6. Berechnung/Darstellung der Koeffizienten des Ausgleichspolynoms
7. Berechnung der Druckverluste des ermittelten Ausgleichspolynoms
8. Berechnung der Reynoldszahlen und Zetawerte
9. Definition einer ζ-Kurve in FLOWMASTER mit linearer Interpolation im Data-Manager
10. Bestimmung eines Zetawertes bei Reynoldszahl = 0 und Anpassung an besondere Strömungseigenschaften des Teilkreises
11. Erstellung einer Komponente (Discrete Loss) mit Strömungsquerschnitt, hydraulischem Durchmesser und zugeordneter Druckverlustkurve in einem Netzwerk
12. Berechnung der Druckverluste bei unterschiedlichen Kühlmitteldurchsätzen in FLOWMASTER in einem externen Netzwerk
13. Darstellung der Druckverluste im Diagramm zur Kontrolle der berechneten Daten

Wie **Bild 2** an einem Beispiel zeigt, ist die Erstellung eines Ausgleichspolynoms oftmals problematisch, da die Messwerte zum Teil erheblich streuen. In diesem Fall muss darauf geachtet werden, dass die Ausgleichskurve durch den Nullpunkt verläuft und beide Koeffizienten des Polynoms positiv bleiben, da es sonst bei niedrigen Reynoldszahlen zu negativen ζ-Werten kommen kann.

Rücklauf Luftpresser

Simulation bei 90 °C Wasser, 35 % Glykol

Dichte =	1011.77	kg/m³
dynamische Viskosität =	0.000668	Pa s
kinematische Viskosität =	6.601E-07	m²/s
Strömungsquerschnitt =	176.7146	mm²
Durchströmter Querschnitt =	0.0001767	m²
Durchmesser =	15.0	mm

Werte eingeben (Messwerte)
berechnete Werte
korrigierte Werte / Ausgleichsgerade
Ergebnisse
Ergebnisse für Flowmaster

Messung

Vp (QLP)	p_vRücklauf (PNLP)	p_nRücklauf (PMANTH)	Vp	dp	v	Re	Zeta
l/min	bar	bar	[m³/s]	[mbar]	m/s	[-]	[-]
4.9	0.38	0.36	0.0000817	12.26	0.4621	10501	11.35
6.7	0.38	0.37	0.0001117	7.94	0.6319	14359	3.93
8.4	0.43	0.41	0.0001400	28.00	0.7922	18002	8.82
10.3	0.49	0.45	0.0001717	45.02	0.9714	22074	9.43
12.1	0.50	0.47	0.0002017	37.70	1.1412	25931	5.72
14.0	0.60	0.52	0.0002333	79.90	1.3204	30003	9.06
15.7	0.65	0.59	0.0002617	59.59	1.4807	33646	5.37
16.7	0.68	0.61	0.0002783	73.90	1.5750	35789	5.89
17.6	0.72	0.64	0.0002933	84.90	1.6599	37718	6.09
18.5	0.77	0.66	0.0003083	106.11	1.7448	39647	6.89
19.3	0.80	0.68	0.0003217	123.23	1.8203	41361	7.35
21.0	0.89	0.75	0.0003500	131.77	1.9906	45005	6.64

von Hand erstellte Ausgleichskurve

0.0			0.0000000	0.00	0.0000	0	#DIV/0!
5.0			0.0000833	10.00	0.4716	10715	8.89
10.0			0.0001667	33.00	0.9431	21431	7.33
15.0			0.0002500	68.00	1.4147	32146	6.72
20.0			[illegible]	116.00	1.8963	42862	6.44

Trendkurve

0.5			0.0000083	0.45	0.0472	1071.5	39.657
1.0			0.0000167	1.02	0.0943	2143.1	22.624
1.5			0.0000250	1.72	0.1415	3214.6	16.947
2.0			0.0000333	2.54	0.1886	4286.2	14.108
2.5			0.0000417	3.49	0.2358	5357.7	12.405
3.0			0.0000500	4.56	0.2829	6429.2	11.269
4.0			0.0000667	7.09	0.3773	8572.3	9.850
5.0			0.0000833	10.12	0.4716	10715.4	8.998
6.0			0.0001000	13.66	0.5659	12858.5	8.430
7.0			[illegible]	17.69	0.6602	15001.5	8.025
8.0			[illegible]	22.23	0.7545	17144.6	7.721
10.0			0.0001667	32.83	0.9431	21430.8	7.296
12.0			0.0002000	45.43	1.1318	25716.9	7.011
14.0			0.0002333	60.06	1.3204	30003.1	6.808
16.0			0.0002667	76.68	1.5090	34289.2	6.656
18.0			0.0003000	95.32	1.6977	38575.4	6.538
20.0			0.0003333	115.97	1.8963	42861.6	6.443
22.0			0.0003667	138.64	2.0749	47147.7	6.366
24.0			0.0004000	163.32	2.2635	51433.9	6.301
26.0			0.0004333	190.02	2.4522	55720.0	6.247

Koeffizienten:	
a =	2.516E-01
b =	7.665E-01

1 2 3 4 5 6 7 8 13

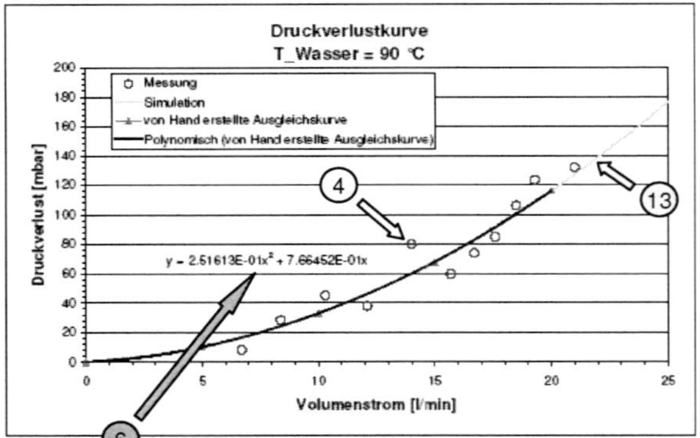

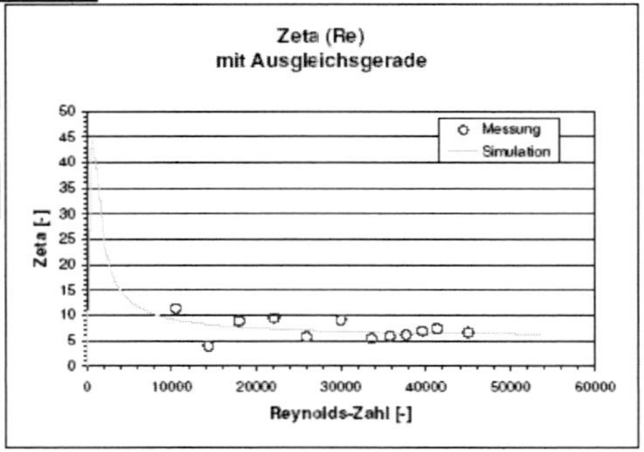

Bild 2: Arbeitsschritte zur Erstellung einer ζ-Kurve für FLOWMASTER in Excel

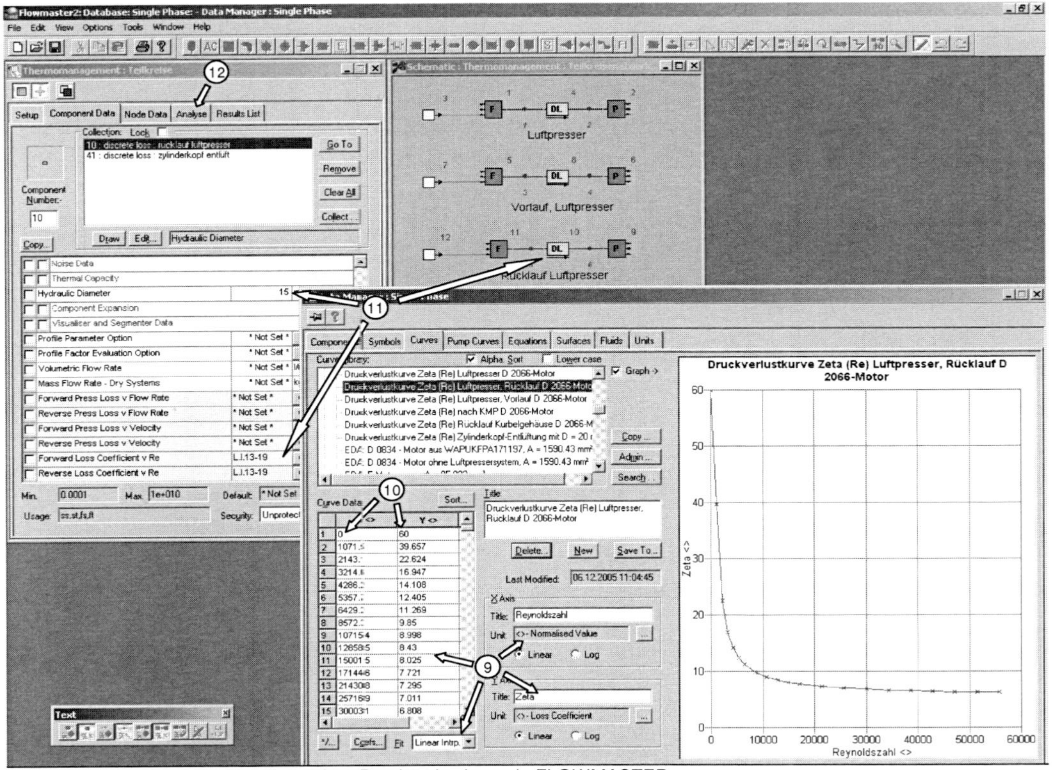

Bild 3: Arbeitsschritte zur Erstellung einer Druckverlustkurve in FLOWMASTER

3.3 Abbildung von Zylinderkopf und Kurbelgehäuse

Die Strömungspfade in Zylinderkopf und Kurbelgehäuse wurden im Modell detaillierter abgebildet, da sich in diesen Komponenten die Wärmeübertragung zwischen Kühlmittel und Festkörper (Motor) abspielt und somit von besonderem Interesse sind. Im Zylinderkopf werden insbesondere Einspritzdüsen und Ventile des Motors gekühlt. Der hydraulische Durchmesser der Jet-Bohrungen sowie die Zu- und Abströmquerschnitte im Zylinderkopf wurden im Verbrennungsmotor so gewählt, dass sich bei diagonaler Durchströmung annähernd gleiche Massenströme durch die Bohrungen einstellen.

Das Simulationsmodel des Zylinderkopfes wurde in FLOWMASTER so berechnet, dass sich gleiche Massenstromverhältnisse durch die Jet-Bohrungen, sowie ein gleiches Verhältnis der Volumenströme durch die Entlüftungsbohrung und zum AGR-Kühler wie bei den Messungen ergeben. **Bild 4** zeigt das FLOWMASTER-Modell des Zylinderkopfes.
Die Druckverluste der *Discrete Loss* (DL) im Modell können 'von Hand' nur mit erheblichem Aufwand berechnet werden, da der Volumenstrom eines Teilkreises von allen Komponenten die einen Druckverlust hervorrufen abhängt. Ändert man den ζ-Wert eines Discrete Loss in einem Teilstrang, so ändern sich auch alle Volumenströme in den anderen Teilkreisen. Ein serielles Berechnen der ζ-Werte der einzelnen Discrete Loss im Zylinderkopf ist somit nicht möglich.

FLOWMASTER bietet die Möglichkeit, einen frei definierbaren Volumenstrom durch ein Kugelventil - unabhängig von den äußeren Einflüssen und der Ventilstellung - zu erzwingen und mit den sich daraus resultierenden (neuen) Randbedingungen weiterzurechnen (**Bild 5**). Nach der Analyse kann dann der berechnete Druckverlustbeiwert ζ (Loss Coefficient) als Ergebnisgröße am Ventil ausgelesen werden. Der Strömungsquerschnitt (Bezugsfläche zum Druckverlustbeiwert) entspricht dabei einem Kreisquerschnitt der sich bei dem eingestellten Ventildurchmesser ergäbe.
Ersetzt man das Kugelventil durch ein Discrete Loss mit entsprechendem Strömungsquerschnitt und dem berechneten Druckverlustbeiwert, so stellen sich folglich bei gleichen Randbedingungen auch gleiche Strömungsverhältnisse im Netzwerk ein.

Die Kühlmitteldurchsätze in den Teilkreisen können durch Kenntnis der Zu- und Abströmverhältnisse (Messwerte), sowie der Annahme gleicher Massenströmverhältnisse in den Jet-Bohrungen berechnet werden. Erzwingt man die berechneten Volumenströme in den Teilkreisen durch (wie oben beschrieben) definierte Ventile, so können die gesuchten Druckverlustbeiwerte an den Discrete Loss als Ergebnisgröße ausgelesen werden.
Auf diese Weise ist es möglich, die gewünschten Volumenstromverhältnisse in den Teilkreisen einzustellen.

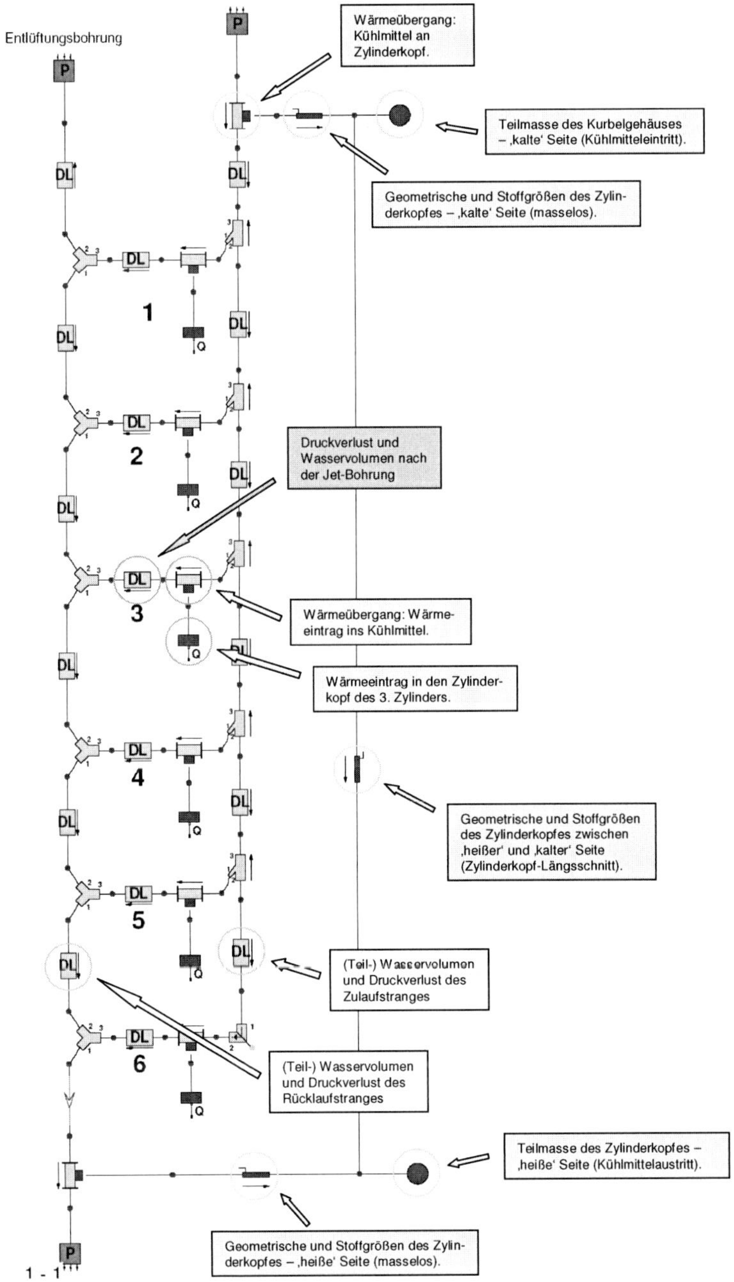

Bild 4: FLOWMASTER-Modell des Zylinderkopfes

Die Druckverluste im Kurbelgehäuse wurden im Simulationsmodell analog zum Zylinderkopf berechnet, so dass sich bei diagonaler Motordurchströmung durch alle Zylinder wieder gleiche Massenstromverhältnisse ergeben. In einem eigenen Netzwerk wurden die Komponenten durch Kugel-Ventile ersetzt, um definierte Kühlmitteldurchsätze zu erzwingen und die Druckverlustbeiwerte der Discrete Loss zu berechnen.
Im Gegensatz zum Zylinderkopf führen vom Zulaufstrang zwei Strompfade Kühlmittel zum Ölkühler und zur Ablassbohrung. Die Rückführung erfolgt dabei jeweils zur Pumpensaugseite.

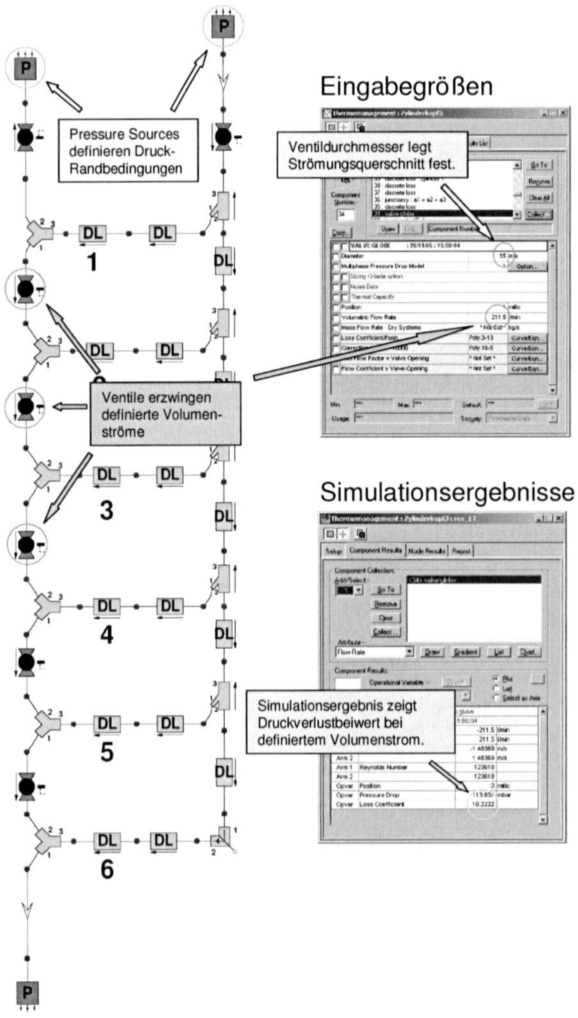

Bild 5: FLOWMASTER-Modell des Zylinderkopfes. Kugelventile erzwingen definierte Volumenströme in den Teilkreisen. Die Simulationsergebnisse *Loss Coefficient* sowie der Strömungsquerschnitt – berechnet aus dem Ventildurchmesser – des Ventils, entsprechen den Vorgabegrößen eines Druckverlusts, um gleiche Strömungsverhältnisse zu erreichen.

4 Verifikation des Simulationsmodells

Bild 6 zeigt das Simulationsmodell des Motors, wie es zur Berechnung der hydraulischen Größen und den folgenden Simulationen herangezogen wurde. Thermische Massepunkte und Regelkomponenten sind in diesem Modell nicht eingearbeitet, da sie für die Betrachtung der Kühlmitteldurchsätze und Drücke bei stationärer Berechnung nicht relevant sind.

Nach Aufbau des Modells wurden Messungen und Simulationen bezüglich Kühlmitteldurchsätze und Drücke in Abhängigkeit der Kühlmittelpumpendrehzahl als auch des Druckaufbaus durch die Kühlmittelpumpe verglichen und grafisch dargestellt.

4.1 Volumenströme

Bild 7 stellt Mess- und Simulationsergebnisse folgender Volumenströme über dem Druckaufbau der Kühlmittelpumpe gegenüber:

- Vp_Kühler = Volumenstrom durch Kühlmittelkühler
- Vp_KG = Volumenstrom durch Kurbelgehäuse (Hauptstrom zur AGR)
- Vp_ZK = Volumenstrom durch Zylinderkopf (Hauptstrom zur AGR)
- Vp_ZK_Entl = Volumenstrom durch Zylinderkopf-Entlüftung
- Vp_LP = Volumenstrom durch Luftpresser
- Vp_AB = Volumenstrom durch Ablassbohrung

Im Diagramm sind die Simulationsergebnisse als Linien, die Messpunkte als Kreise (Punkte) eingetragen. Die Grafik verdeutlicht die sehr gute Übereinstimmung zwischen Simulation und Messung.
Bei allen Berechnungen muss darauf geachtet werden, dass die Stoffwerte des in der Simulation verwendeten Fluids (Temperatur, Dichte, Viskosität) denen der Messung entsprechen, da es sonst zu erheblichen Abweichungen kommen kann.

Die Darstellung in Bild 7 vergleicht nur hydraulische Größen (notwendiger Druckaufbau, Volumenstrom) ohne Einfluss der Pumpengeometrie. Auf diese Weise können Aussagen über die Qualität des Simulationsmodells bei unterschiedlichen Kühlmittelpumpen getroffen werden.

Bild 8 stellt Simulations- und Messergebnisse aufgetragen über der Kühlmittelpumpendrehzahl gegenüber. Man erkennt gut den annähernd linearen Zusammenhang zwischen Kühlmittelpumpendrehzahl und Volumenstrom in allen Teilkreisen. Wie schon in Bild 7 zeigt sich auch hier die sehr gute Übereinstimmung zwischen Simulation und Messung.

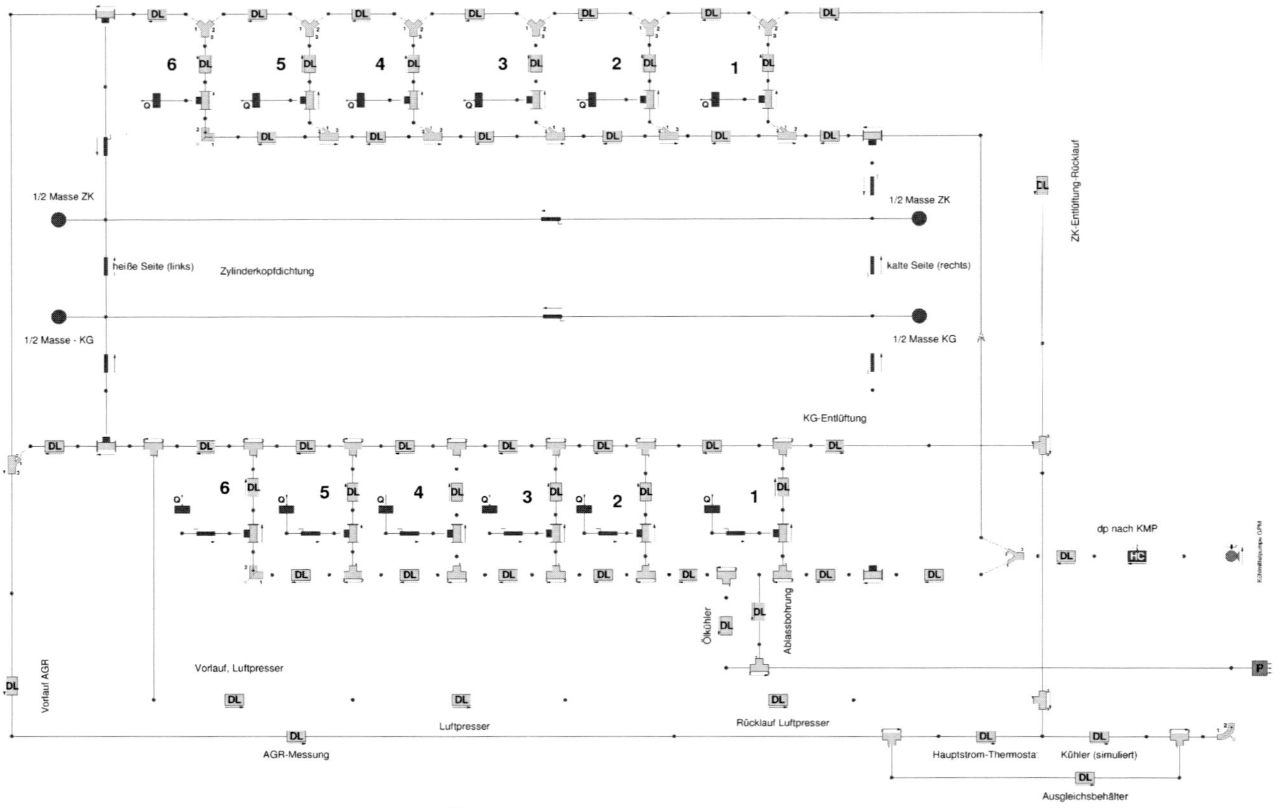

Bild 6: FLOWMASTER-Netzwerk zur Berechnung der hydraulischen Größen im Motor

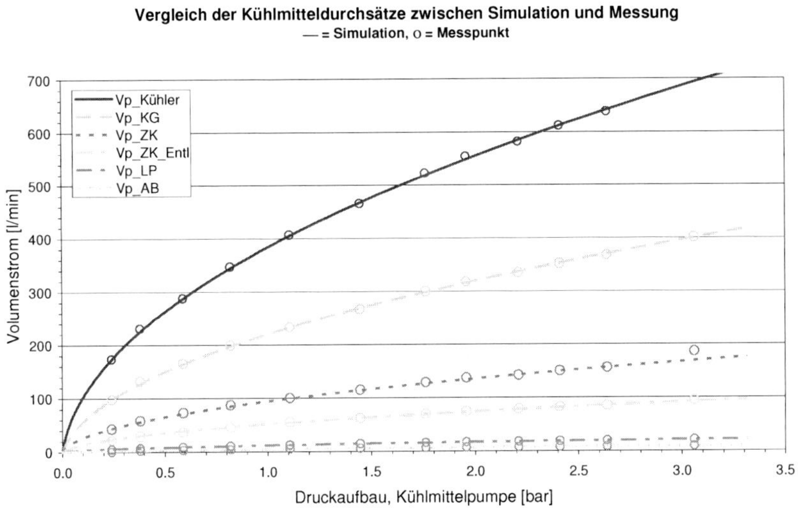

Bild 7: Vergleich: Messung und Simulation der Volumenströme bei unterschiedlichem Druckaufbau der Kühlmittelpumpe

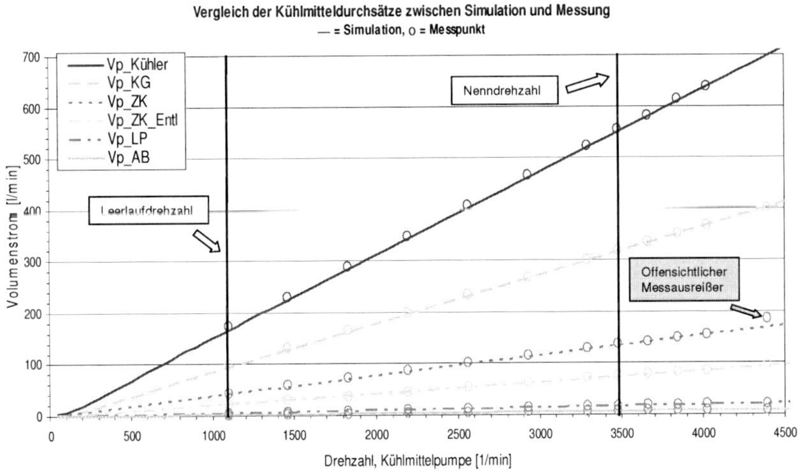

Bild 8: Vergleich: Messung und Simulation der Volumenströme bei unterschiedlichen Kühlmittelpumpendrehzahlen

4.2 Drücke

Zur Berechnung der hydraulischen Leistungsbedarfe einer Komponente oder eines Teilkreises, ist neben dem Volumenstrom der Druckverlust die zweite wesentliche Größe. Für inkompressible, newtonsche Flüssigkeiten kann der hydraulische Leistungsbedarf nach folgender Gleichung bestimmt werden:

$$P_{hydr} = \Delta p \cdot \dot{V} \quad \rightarrow \quad P_{hydr}[W] = \frac{\Delta p[mbar] \cdot \dot{V}\left[l/\min\right]}{600} \tag{2}$$

Zur Verifikation des Simulationsmodells wurden somit auch Simulations- und Messwerte verschiedener Druckmessstellen gegenübergestellt.

Bild 9 zeigt Mess- und Simulationsergebnisse folgender Systemdrücke in Abhängigkeit der Kühlmittelpumpendrehzahl:

- p_vMot = Druck vor Motor
- p_nZK = Druck nach Zylinderkopf (Hauptstrom zur AGR)
- p_nKZ_Ent = Druck nach Zylinderkopfentlüftung
- p_nKG = Druck nach Kurbelgehäuse (Hauptstrom zur AGR)
- p_vAGR = Druck vor AGR-Wärmetauscher
- p_nAGR = Druck nach AGR-Wärmetauscher

Wie schon bei den Volumenströmen zeigen sich auch bei den statischen Drücken zwischen Messung und Simulation sehr gute Übereinstimmungen.
Bild 9 verdeutlicht den charakteristischen quadratischen Zusammenhang zwischen Druckaufbau und Kühlmittelpumpendrehzahl. Messungen und Simulationen wurden bei einem System-Überdruck von 0,3 bar durchgeführt.

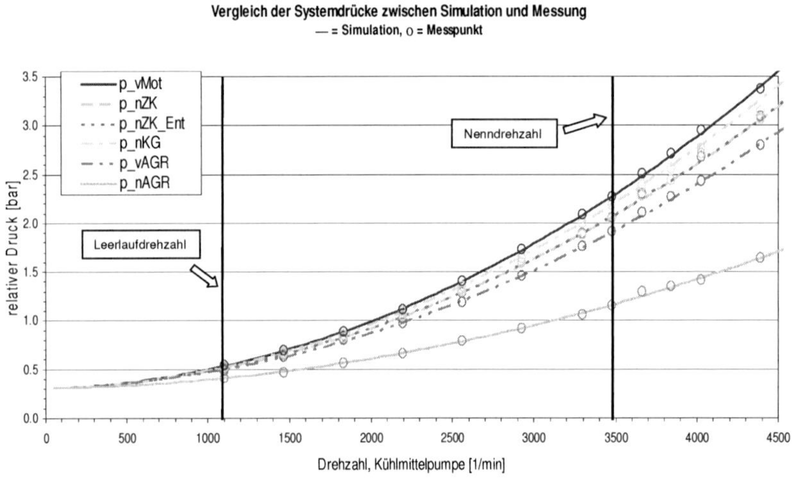

Bild 9: Vergleich: Messung und Simulation verschiedener Systemdrücke bei unterschiedlichen Kühlmittelpumpendrehzahlen

Bild 10 vergleicht folgende Systemdrücke in Abhängigkeit der Kühlmittelpumpendrehzahl:

- p_vLP = Druck, vor Luftpresser
- p_nLP = Druck, nach Luftpresser
- p_nTH = Druck, nach Thermostatgehäuse
- p_vKMP = Druck, vor Kühlmittelpumpe

Wie schon bei den Volumenströmen zeigen sich auch bei den statischen Drücken zwischen Messung und Simulationsergebnissen sehr gute Übereinstimmungen. Abweichungen sind eher auf Messungenauigkeiten, als auf Fehler im Simulationsmodell zurück zu führen.
Bild 9 und Bild 10 verdeutlichen den charakteristischen quadratischen Zusammenhang zwischen Druckaufbau und Kühlmittelpumpendrehzahl. Messungen und Simulationen wurden bei einem System-Überdruck von 0,3 bar durchgeführt.

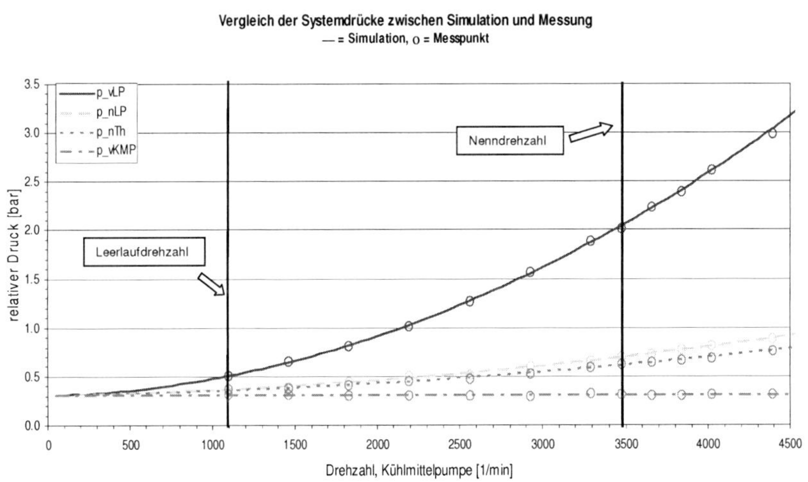

Bild 10: Vergleich: Messung und Simulation verschiedener Systemdrücke bei unterschiedlichen Kühlmittelpumpendrehzahlen

5 Simulationsuntersuchungen

Nach der Verifikation des Simulationsmodells wurden Simulationsuntersuchungen zur Bestimmung des hydraulischen Leistungsbedarfs in den Teilkreisen durchgeführt. Auf Grundlage der erarbeiteten Ergebnisse können so Aussagen über Verbesserungspotenziale einzelner Komponenten oder Teilkreise getroffen werden. Zusätzlich können mit den Ergebnissen Kraftstoffverbrauchsanteile der Kühlmittelpumpe bei unterschiedlichen Fahrzuständen berechnet werden.

Im nächsten Schritt wurde die Abhängigkeit der Volumenströme im Kühlsystem von der Kühlmitteltemperatur bei einem Wasser/Glykol-Gemisch von 50:50 untersucht. Dadurch können Angaben zu den sich ändernden Massenstromverhältnissen in den Teilkreisen sowie der Reduzierung der Kühlmitteldurchsätze bei tiefen Temperaturen gemacht werden.

Zuletzt werden die Volumenströme bei mittlerer Motordrehzahl und unterschiedlichen Fluiden/Mischungsverhältnissen bei Betriebstemperatur und 0 °C Kühlmitteltemperatur gegenübergestellt.

5.1 Untersuchung des betriebswarmen Motors

5.1.1 Hydraulischer Leistungsbedarf

Zur Darstellung der hydraulischen Leistungsbedarfe in den Teilkreisen beim betriebswarmen Motor, wurden Berechnungen mit folgenden Randbedingungen durchgeführt:

- Fluid: Wasser/Glykol (50:50)
- Fluidtemperatur: 85 °C
- abgesehen von den hydraulischen Verlusten: kein zusätzlicher Wärmeeintrag ins Kühlsystem (Wärmeaustrag nach der Kühlmittelpumpe)
- Thermostat geöffnet (großer Kühlkreislauf)
- Untersuchte Pumpendrehzahlen / (Motordrehzahlen):
  - 1100 1/min / (Leerlaufdrehzahl: n_{Motor} = 600 1/min)
  - 2450 1/min / (mittlere Motordrehzahl bei etwa 85 km/h: n_{Motor} = 1340 1/min)
  - 3477 1/min / (Nenndrehzahl: n_{Motor} = 1900 1/min)

Bild 11 stellt die mittels Gleichung 2 berechneten hydraulischen Leistungsbedarfe der Teilkreise in einem Diagramm gegenüber.

Tabelle 1 listet Erläuterungen zu den in Bild 11 verwendeten Abkürzungen sowie die bei der Berechnung herangezogenen Druckgrenzen und Volumenströme auf. Dazu zeigt **Bild 12** Orte und Komponenten der Druck- und Volumenstrommessstellen im Simulationsmodell.

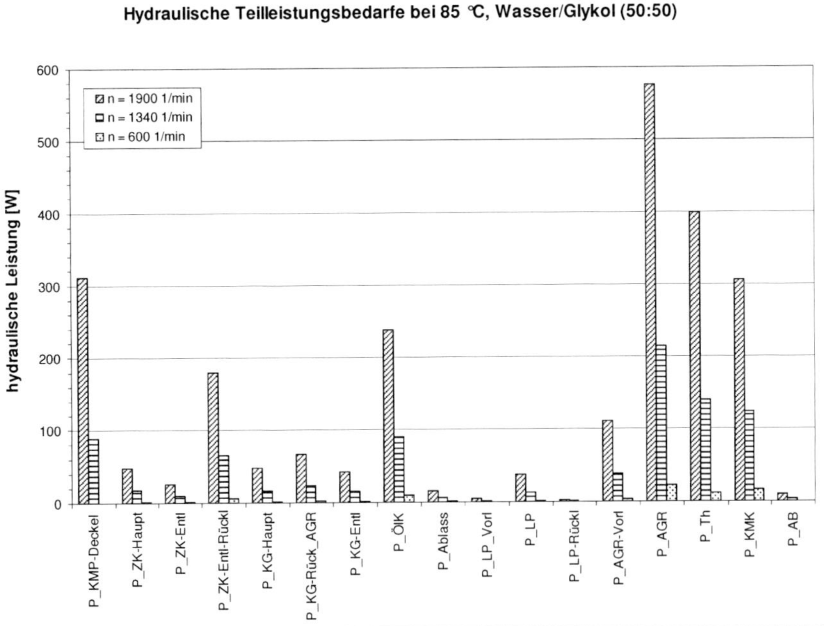

Bild 11: Hydraulische Leistungsbedarfe des Motors bei 85 °C Kühlmitteltemperatur und einem Wasser-Glykolgemisch von (50:50) bei Leerlaufdrehzahl, mittlerer Motordrehzahl und Nenndrehzahl

Abkürzung	Beschreibung	Druckgrenzen	Volumenstrom
P_KMP_Deckel	Pumpendeckel und Zulauf zum Kurbelgehäuse/Zylinderkopf	p_{nKMP}, p_{vMotor}	Vp_{KMP}
P_ZK_Haupt	Hauptstrom durch Zylinderkopf	p_{vMotor}, p_{nMB}	Vp_{ZK}
P_ZK_Entl	Zylinderkopf-Entlüftung zum Thermostat	p_{vMotor}, $p_{ZK\text{-}Entl}$	$Vp_{ZK\text{-}Entl}$
P_ZK_Entl_Rückl	Zylinderkopf-Entlüftung-Rücklauf	$p_{ZK\text{-}Entl}$, p_{nTH}	$Vp_{ZK\text{-}Entl}$
P_KG_Haupt	Hauptstrom durch Kurbelgehäuse	p_{vMotor}, p_{nKG}	Vp_{KG}
P_KG_Rück_AGR	Austritt Kurbelgehäuse (zur AGR)	p_{nKG}, p_{nMB}	$Vp_{KG\text{-}AGR}$
P_KG_Entl	Kurbelgehäuse-Entlüftung zum Thermostat	p_{vMotor}, p_{nTH}	$Vp_{KG\text{-}Entl}$
P_ÖlK	Ölkühlerkreis	p_{vMotor}, p_{vKMP}	$Vp_{ÖlK}$
P_Ablass	Ablassbohrung	p_{vMotor}, p_{vKMP}	Vp_{Abl}
P_LP_Vorl	Vorlauf, Luftpresser	p_{nKG}, p_{vLP}	Vp_{LP}
P_LP	Luftpresser	p_{vLP}, p_{nLP}	Vp_{LP}
P_LP_Rückl	Rücklauf, Luftpresser	p_{nLP}, p_{nTH}	Vp_{LP}
P_AGR-Vorl	Vorlauf, AGR-Kühler	p_{nMB}, p_{vAGR}	Vp_{AGR}
P_AGR	AGR-Kühler	p_{vAGR}, p_{nAGR}	Vp_{AGR}
P_Th	Hauptstrom, Thermostat	p_{nAGR}, p_{nTH}	Vp_{Th}
P_KMK	Kühlmittelkühler (simuliert)	p_{nTH}, p_{vKMP}	Vp_{KMK}
P_AB	Ausgleichsbehälter	p_{nAGR}, p_{vKMP}	Vp_{AB}

Tabelle 1: Abkürzungen und Erläuterungen der hydraulischen Leistungsbedarfe der Teilkreise mit Druckgrenzen und Volumenströmen

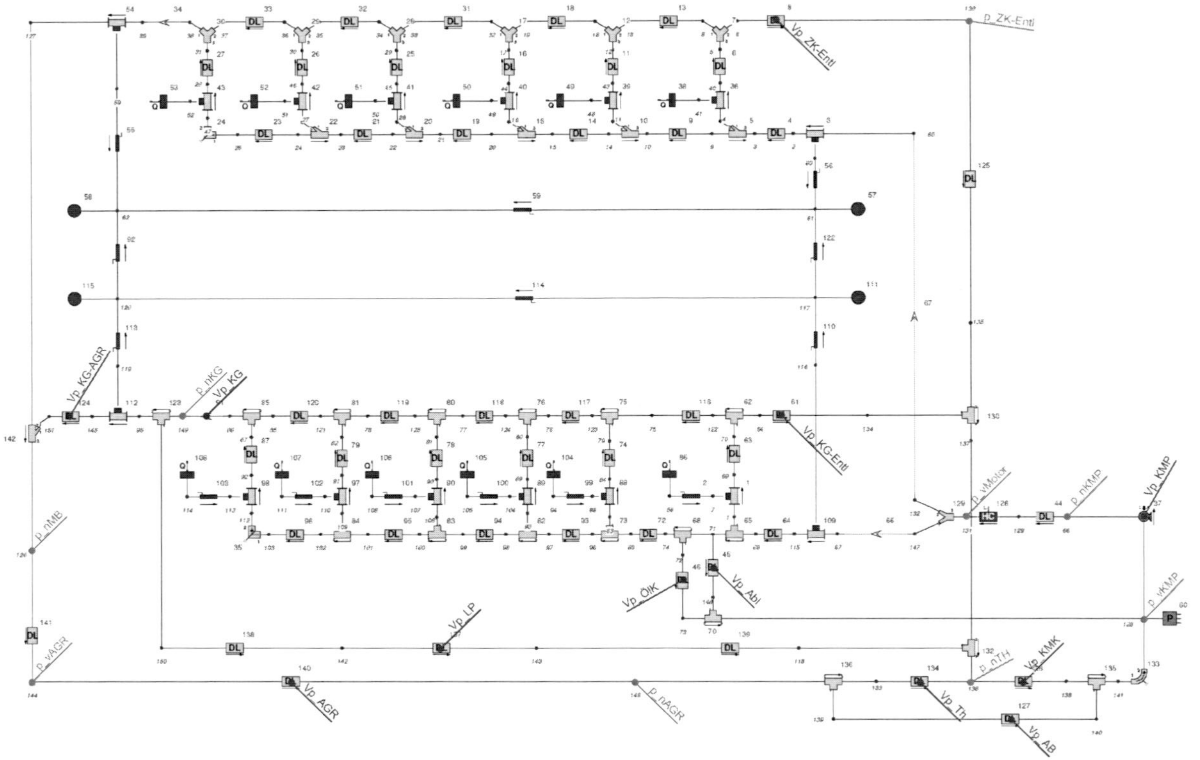

Bild 12: Simulationsmodell mit Druck- und Volumenstrommessstellen zur Berechnung der hydraulischen Leistungsbedarfe in den Teilkreisen

Bild 11 verdeutlicht, dass die hydraulischen Leistungsbedarfe zur Durchströmung von Zylinderkopf und Kurbelgehäuse mit 3,0 % (Zylinderkopf) und 3,7 % (Kurbelgehäuse) bei mittlerer Motordrehzahl relativ gering sind. Hierbei sind die Verluste der Entlüftungsleitungen bereits mit enthalten. Berücksichtigt man den Rücklauf der Zylinderkopfentlüftung bis nach Thermostatgehäuse (analog zum Kurbelgehäuse), so steigt der Anteil des Zylinderkopfes von 3,0 auf 10,5 % an.
Einen wesentlichen Anteil am hydraulischen Leistungsbedarf stellen der Teilkreis zum AGR-Kühler (4,4 %), der AGR-Kühler (24,7 %) sowie das Thermostatventil mit Gehäuse (16,2 %) dar. Dabei darf nicht vergessen werden, dass ein Teil des hydraulischen Leistungsbedarfs des Thermostatgehäuses im Rücklauf von Zylinderkopf und Luftpresser enthalten ist. Der hydraulische Leistungsbedarf zur Überwindung des Thermostatgehäuses liegt somit etwas höher.

5.1.2 Verbrauchsanteile

Summiert man die hydraulischen Leistungsbedarfe aller Teilkreise auf, so erhält man die von der Kühlmittelpumpe aufzubringende hydraulische Leistung. Rechnet man Pumpenwirkungsgrad und Wirkungsgrad des Pumpenantriebes (z. B. Riementrieb oder Zahnradantrieb) mit ein, so erhält man die vom Verbrennungsmotor aufzubringende mechanische Leistung.

Zur Durchströmung des Kühlsystems bei den genannten Randbedingungen müssen vom Verbrennungsmotor – abhängig von der Motordrehzahl – folgende Leistungen aufgebracht werden:

n_{Motor} [1/min]	n_{KMP} [1/min]	P_{hydr} [W]	η_{KMP} [%]	$P_{mech\text{-}KMP}$ [W]	$P_{Anteil\text{-}Motor}$ [1)] [W]
600	1098	77,6	48,8	160	167
1340	2452	864	47,9	1803	1878
1900	3477	3103	47,8	6492	6763

1) Annahme: Wirkungsgrad Poly-V-Riemenantrieb = 96 %

Geht man von einem mittleren Leistungsbedarf eines Verbrennungsmotors in der Ebene bei 40 t Fahrzeugmasse von 100 kW bei 85 km/h und einer Motordrehzahl von 1340 1/min aus, so ergibt sich ein Verbrauchsanteil zum Betrieb der Kühlmittelpumpe von rund 1,8 %, was einem Kraftstoffverbrauch von etwa 0,53 l/100 km entspricht.

Im realen Fahrbetrieb wird der absolute Verbrauchsanteil höher liegen, da bei dieser Betrachtung die Massenträgheit des Fluids und der in der dritten Potenz ansteigende Leistungsbedarf bei höheren Kühlmittelpumpendrehzahlen nicht berücksichtigt sind.

5.2 Untersuchung bei unterschiedlichen Kühlmitteltemperaturen

Bei niedrigeren Kühlmitteltemperaturen stellen sich – durch die sich ändernden Stoffwerte des Fluids – andere Strömungsverhältnisse und damit hydraulische Leistungsbedarfe in den Teilkreisen ein. Dies ist insbesondere auf die zunehmende dynamische Viskosität (= kinematische Viskosität x Dichte) des Kühlmittels zurück zu führen. **Bild 13** stellt die dynamische Viskosität verschiedener Wasser/Glykol-Gemische in Abhängigkeit der Temperatur dar. Hierbei zeigt sich ab etwa -10 °C ein steiler Anstieg der inneren Reibung mit abnehmenden Temperaturen.

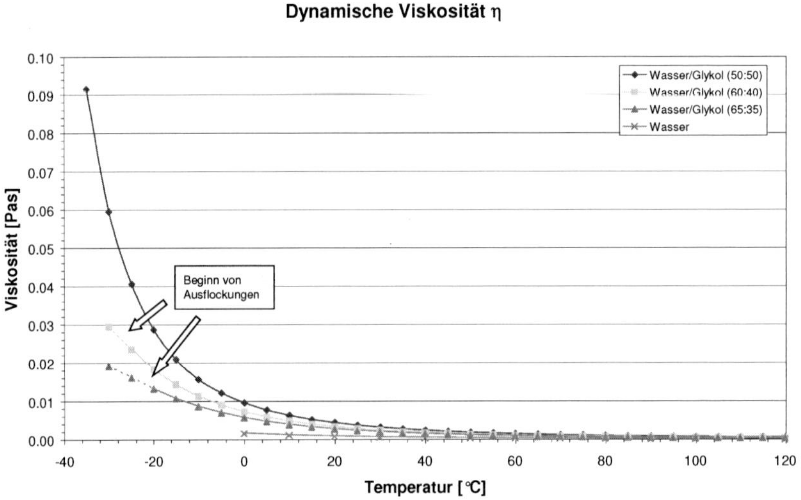

Bild 13: Dynamische Viskosität verschiedener Wasser-Glykol-Gemische in Abhängigkeit der Temperatur

Nachfolgende Tabelle verdeutlicht die Änderungen der dynamischen Viskosität bei unterschiedlichen Wasser/Glykol-Gemischen durch Angabe eines Faktors bezogen auf eine Kühlmitteltemperatur von 80 °C:

Wasser /	ϑ = 80 °C		ϑ = 0 °C		ϑ = -10 °C		ϑ = -30 °C	
Glykol	[Pas]	[x-fach]	[Pas]	[x-fach]	[Pas]	[x-fach]	[Pas]	[x-fach]
100/0	0.000355	1	0.001787	5.0	-	-	-	-
65/35	0.000743	1	0.005825	7.8	0.008714	11.7	0.019327	26.0
60/40	0.000815	1	0.007317	9.0	0.011401	14.0	0.029512	36.2
50/50	0.001045	1	0.009574	9.2	0.015667	15.0	0.059566	57.0

5.2.1 Volumenströme

Ein Kühlmittelkreis, der von einem *konstanten Volumenstrom* durchströmt wird, benötigt bei niedrigen Fluidtemperaturen einen höheren hydraulischen Leistungsbedarf, da die innere Reibung im Fluid mit sinkenden Temperaturen zunimmt (Druckverlust steigt).

Geht man hingegen von einem *konstantem Druckaufbau* in einem Kühlmittelkreis aus, so wird sich bei niedrigen Temperaturen folglich ein geringerer Volumenstrom einstellen, weil der Strömungswiderstand steigt. Da der hydraulische Leistungsbedarf bei inkompressiblen Medien über das Produkt aus Volumenstrom und Druckaufbau berechnet wird, folgt, dass der Leistungsbedarf in diesem Fall mit abnehmender Kühlmitteltemperatur kleiner wird.

Betrachtet man die Verhältnisse im Kühlsystem des Motors, spielen hierbei (neben den zwei oben genannten Punkten) zusätzliche Einflüsse eine Rolle, die zum Teil wieder gegenläufig wirken.
Durch den größeren Strömungswiderstand bei niedrigen Temperaturen kommt es zu einer Abnahme der Volumenströme durch die Kühlmittelpumpe. Aufgrund der Pumpencharakteristik steigt dabei jedoch der von der Pumpe aufgebaute Druck, so dass dieser Einfluss zum Teil wieder kompensiert wird.
Gleichzeitig nimmt die Reynoldszahl aufgrund der kleiner werdenden Strömungsgeschwindigkeit und insbesondere der steigenden Viskosität mit sinkenden Fluidtemperaturen ab $\left(\mathrm{Re} = \frac{v \times d}{\nu}\right)$. Dies führt ab einer bestimmten Temperatur in einigen Teilkreisen mit niedrigen Strömungsgeschwindigkeiten oder kleinen Strömungsdurchmessern zu einer Änderung der Strömungsform. Insbesondere nach dem Umschlag von noch nicht voll ausgebildeter turbulenter Strömung in laminare Strömung, steigt der Strömungswiderstand steil an. Dies führt wiederum zu einem stark verminderten Volumenstrom in diesem Teilkreis.
Da der Strömungsumschlag in den Teilkreisen nicht überall zur gleichen Zeit bzw. bei gleicher Temperatur auftritt, kommt es zu einer Verschiebung der Volumenstrom-Verhältnisse in den Teilkreisen. Somit kann es passieren, dass der Volumenstrom in einem Teilkreis, der hohe Reynoldszahlen bei 85 °C aufweist, bei bestimmten Temperaturen zunimmt, da die Strömungswiderstände in den übrigen Teilkreisen überproportional ansteigen.
Hat die Strömung in allen Teilkreisen laminare Form angenommen, so stellen sich wieder annähernd gleiche Strömungsverhältnisse ein.

Bild 14 zeigt die Volumenströme durch die Teilkreise beim Verbrennungsmotor bei unterschiedlichen Kühlmitteltemperaturen und einem Wasser/Glykol-Gemisch von 50:50. Die Grafik veranschaulicht, dass der Volumenstrom durch die zunehmende innere Reibung des Fluids (Viskosität) tendenziell ab etwa 10 °C stark abnimmt. Dies führt wiederum insgesamt zu einer Reduzierung des hydraulischen Leistungsbedarfs bei niedrigen Kühlmitteltemperaturen.

5.2.2 Mechanischer und hydraulischer Leistungsbedarf

In **Bild 15** werden die hydraulischen und mechanischen Leistungsbedarfe in einem Diagramm dargestellt. Wie zu erwarten war, zeigt sich zwischen +10 und -10 °C eine deutliche Abnahme sowohl des hydraulischen, als auch des mechanischen Leistungsbedarfs.
Bei hohen Kühlmitteltemperaturen (> 50 °C) ändert sich der Leistungsbedarf hingegen nahezu nicht mehr. Eine Absenkung der Kühlmitteltemperatur, um den Leistungsbedarf der Kühlmittelpumpe zu reduzieren und damit Kraftstoff einzusparen, ergibt somit nur wenig Sinn.

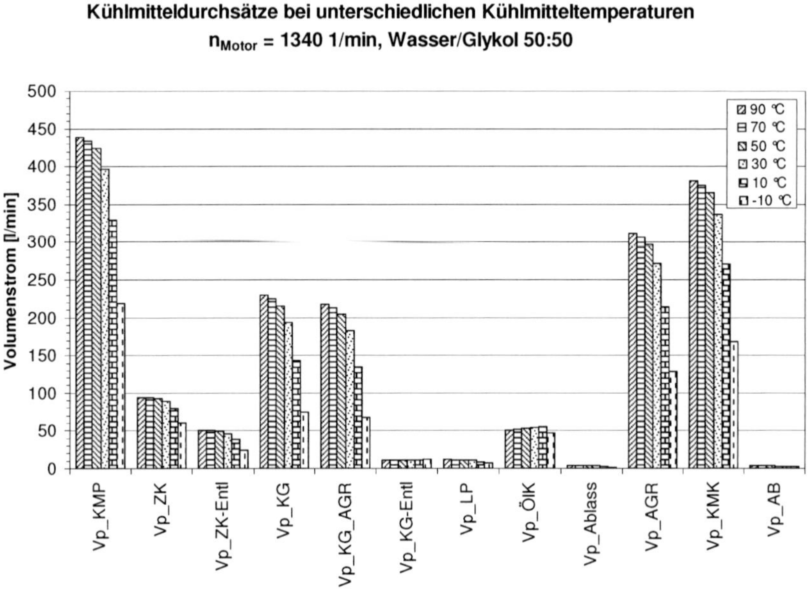

Bild 14: Simulationsergebnis: Kühlmitteldurchsätze durch die Teilkreise des Motors bei unterschiedlichen Fluid-Temperaturen

Ferner verdeutlicht die Grafik, dass das Anheben der Kühlmitteltemperatur im Schwachlastbereich zur Verminderung der inneren Reibung im Motor und zur Erhöhung des thermischen Wirkungsgrades im Kühlmittelkühler keinen nennenswerten negativen Einfluss auf den hydraulischen und mechanischen Leistungsbedarf der Kühlmittelpumpe (auch bei hohen Glykolanteilen im Kühlmittel) hat.

5.3 Untersuchung unterschiedlicher Mischungsverhältnisse

In den Diagrammen in **Bild 16** sind die hydraulischen und mechanischen Leistungsbedarfe verschiedener Wasser/Glykol-Gemische bei 85 °C und 0 °C Kühlmitteltemperatur jeweils bei einer mittleren Motordrehzahl von 1340 1/min zu sehen. Hierbei erkennt man eine leichte Zunahme des hydraulischen Leistungsbedarfs bei Betriebstemperatur des Motors (85 °C) mit zunehmenden Mischungsverhältnissen (von 814 W bei reinem Wasser bis 857 W bei einem Wasser/Glykol-Gemisch von 50:50). Bei niedrigen Kühlmitteltemperaturen kommt die höhere Viskosität stärker zum Tragen, so dass die hydraulischen Leistungsbedarfe mit zunehmenden Mischungsverhältnissen deutlich fallen.

Wie zu erwarten, ändert sich bei reinem Wasser der hydraulische Leistungsbedarf bei tiefen Temperaturen nahezu gar nicht, da sich die Viskosität nur sehr wenig ändert (Bild 13). Den größten Einfluss hat hier die Dichtezunahme des Fluids.

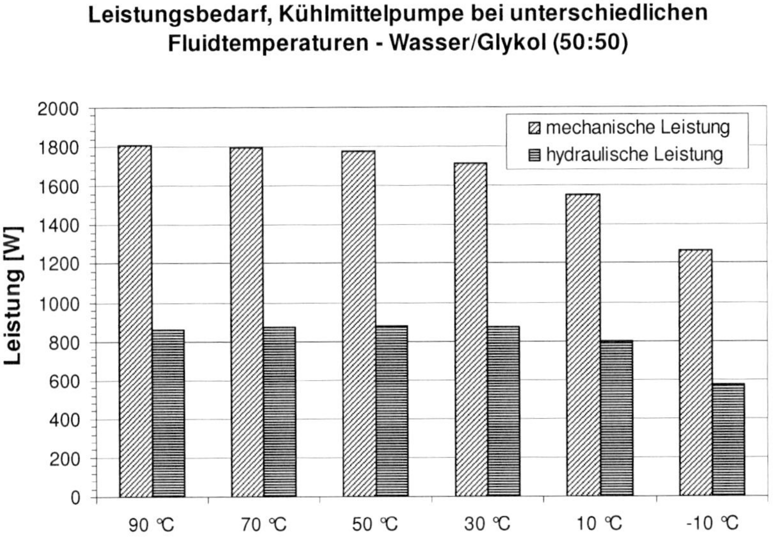

Bild 15: Mechanischer (Pumpenwelle) und hydraulischer Leistungsbedarf bei unterschiedlichen Kühlmitteltemperaturen und mittlerer Motordrehzahl

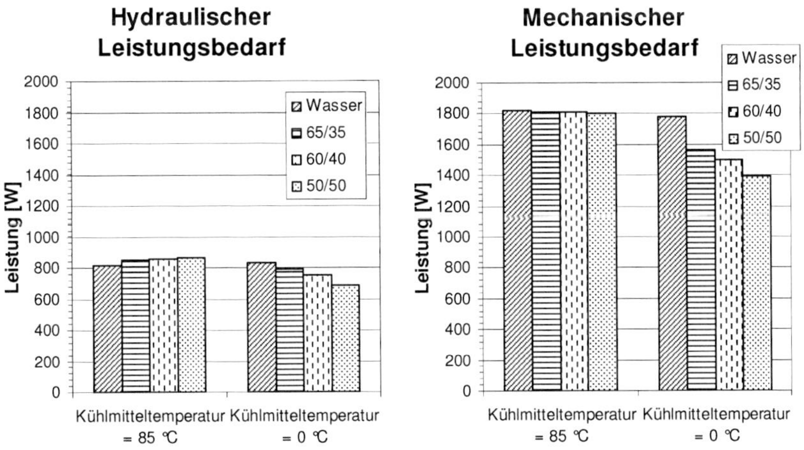

Bild 16: Hydraulischer und mechanischer Leistungsbedarf bei unterschiedlichen Mischungsverhältnissen

Je höher das Mischungsverhältnis ausfällt, desto größer wird auch die Abhängigkeit von der Kühlmitteltemperatur, da hier die Viskositätsänderung stärker zum Tragen kommt.

Die mechanischen Leistungsbedarfe der unterschiedlichen Mischungsverhältnisse unterscheiden sich bei Betriebstemperatur (85 °C) nur sehr geringfügig. Dies ist in diesem Fall auf den mit dem Mischungsverhältnis steigenden Pumpenwirkungsgrad zurück zu führen (**Bild 17**).
Bei tiefen Kühlmitteltemperaturen fallen die mechanischen Leistungsbedarfe von 1780 W (-2,4 %) bei reinem Wasser bis auf 1390 W (-23 %) bei einem Mischungsverhältnis von 50:50 ab. Das Umschlagen der Strömungsform in laminare Strömung in bestimmten Teilkreisen, sowie die Verringerung des Kühlmitteldurchsatzes durch die erhöhte innere Reibung überwiegen somit gegenüber dem erhöhten Druckaufbau der Kühlmittelpumpe und den größeren Strömungswiderständen. Folglich fällt die erforderliche mechanische Leistung der Kühlmittelpumpe bei niedrigeren Kühlmitteltemperaturen ab.

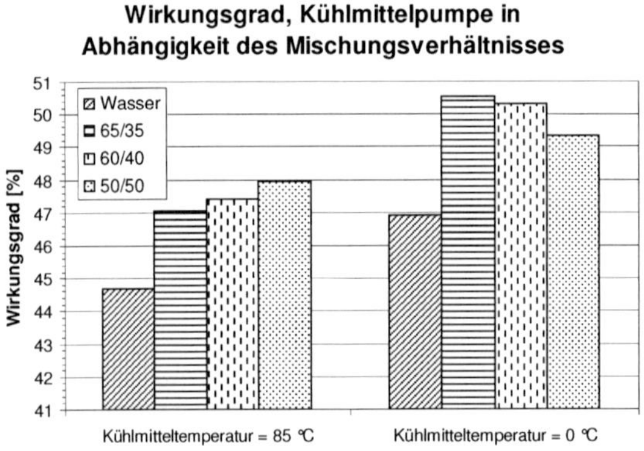

Bild 17: Wirkungsgrad der Kühlmittelpumpe bei unterschiedlichen Mischungsverhältnissen und unterschiedlichen Kühlmitteltemperaturen

6 Zusammenfassung und weiteres Vorgehen

Zur Bestimmung von Volumenströmen und Systemdrücken im Kühlsystem eines Verbrennungsmotors wurde in FLOWMASTER ein Simulationsmodell auf Grundlage von Messergebnissen erstellt, das alle Teilkreise innerhalb des Motors abbildet. Dabei wurde der Detaillierungsgrad der Teilkreise so klein wie möglich gehalten, um künftige Simulationszeiten zu verkürzen. Simulationsergebnisse bei unterschiedlichen Pumpendrehzahlen wurde mit Messwerten verglichen, wobei sehr gute Übereinstimmungen aufgezeigt werden konnten.
Nach der Verifikation des Modells, wurden Simulationsuntersuchungen hinsichtlich der Kühlmitteldurchsätze in den Teilkreisen, des hydraulischen sowie des mechanischen Leistungsbedarf der Kühlmittelpumpe bei unterschiedlichen Kühlmitteltemperaturen und Fluiden (Mischungsverhältnis Wasser/Glykol) durchgeführt. Ferner wur-

den Volumenströme und Leistungsbedarf bei tiefen Kühlmitteltemperaturen, sowie bei Fluiden mit unterschiedlicher Viskosität und Dichte (Wasser/Glykol-Gemische) untersucht.

Das Simulationsmodell wird in weiteren Arbeitsschritten um thermische Trägheiten (Massepunkte) und Komponenten zur Abbildung der Wärmeübertragung zwischen Fluid und Festkörper erweitert. Zusätzlich werden Regelorgane (Thermostatventil) und Wärmetauscher (Kühlmittelkühler, AGR-Kühler, Ladeluftkühler) eingearbeitet, wodurch die Möglichkeit geschaffen wird, Aufheizvorgänge und instationäre Betriebszustände zu simulieren.
In einem weiteren Schritt soll das FLOWMASTER-Modell mit einem Simulationssystem zur Abbildung der Fahrzeuglängsdynamik auf Grundlage von Matlab/Simulink gekoppelt werden. Dadurch können Streckensimulationen durchgeführt und dabei gezielt einzelne Bauteile des Kühlsystems analysiert werden. Ferner ist es möglich, Auswirkungen auf Kraftstoffverbrauch und Belastungskollektive bei Änderungen von Regelstrategien und Komponenten zu untersuchen.

7 Literatur

[1] Kleiber, Michael / Joh, Ralph: VDI Wärmeatlas Karlsruhe. Berechnungsmethoden für Stoffeigenschaften. Frankfurt/Main [10]2006, Da ff

8 Virtuelle Kühlsystementwicklung

Stefan Klopstein, Ralf Barthel, Jürgen Dohmen

Abstract

Das Kühlsystem heutiger Motoren muss Anforderungen erfüllen, die sich motorseitig aus Verbrauchs– und Wirkungsgradoptimierungen, sowie Verschärfungen der Abgasnormen definieren. Gleichzeitig ergeben sich fahrzeugseitig aus dem Warmlaufverhalten und der für die Fahrzeugheizung benötigte Leistung kontroverse Ziele. Neben diesen Aspekten muss das Motorkühlsystem seine Hauptfunktion, die Begrenzung der Flüssigkeits- und Materialtemperaturen, garantieren.

Beachtet man zudem den Trend, dass ein Motor in verschiedene Fahrzeuge mit unterschiedlichen externen Kühlsystemkomponenten zum Einsatz kommt, so wird die Komplexität der Kühlsystementwicklung und somit der erhöhte Testaufwand bis hin zur Serieneinführung deutlich.

Aufgrund der oben beschriebenen Tatsachen hat die FEV ein virtuelles Entwicklungstool entwickelt, welches auf einer Kombination aus CFD und 1 dimensionaler Thermomanagement Simulation aufbaut. Basierend auf einer motorinternen Volumenstromverteilung im Kühlsystem in einer frühen Konzeptphase bis hin zu einem komplexen Fahrzeugsystem, welches u.a. die Simulation von Klimakammertests oder Sommer-/Wintererprobungen auf der Strasse ermöglicht, können sämtliche Untersuchungen virtuell durchgeführt werden. Im Einzelnen können somit folgende Entwicklungsschritte getätigt werden:

- Konzeptionelle Kühlsystemauslegung zu Beginn einer Motorentwicklung
- Potenzialanalysen von unterschiedlichen Systemarchitekturen während der Fahrzeugentwicklung
- Potenzialanalysen von Thermomanagementmaßnahmen für zukünftige Entwicklungen
- Virtuelle Kühlsystemuntersuchungen während der Fahrzeugentwicklung

Die Struktur des Modells ermöglicht die Kühlsystem-Entwicklung sowohl von Pkw und Nfz als auch von Hybridfahrzeugen mit verschiedenartigen Kühlkreisläufen.

Einleitung

Das Fahrzeugkühlsystem lässt sich in zwei Hauptbestandteile zerlegen, den motorseitigen Kühlmittelkanälen und den fahrzeugseitigen Wärmetauschern mit Verschlauchung bzw. Verrohrung. Die Schnittstelle beider Systeme ist die Kühlmittelpumpe, die sowohl die motorseitigen als auch fahrzeugseitigen Erfordernisse erfüllen muss. Abhängig von der Motorleistung, dem Fahrzeugkühlsystemdesign und der Charakteristika der Kühlsystemkomponenten müssen in einem sehr frühen Entwick-

lungsstadium das Design und die Leistung der Kühlmittelpumpe bestimmt werden. Zu diesem Zeitpunkt sind die meisten erforderlichen Daten nur in Form von Annahmen und Abschätzungen mit Hilfe von Erfahrungswerten und aus Datenbanken vorhanden.
Die heutige Kühlsystementwicklung ist Bestandteil sowohl der Fahrzeugentwicklung als auch der Motorentwicklung. Um eine hohe Effizienz und eine Null – Fehler Quote zu erreichen ist eine Schnittstelle erforderlich die während des gesamten Entwicklungsprogramms die Anforderungen beider Entwicklungsstränge berücksichtigt. Um eine Entwicklung des Kühlsystems ohne Umwege in beiden Bereichen, Motor und Fahrzeug, von der Konzeptphase bis zu den ersten Fahrzeugtests sicherzustellen, hat die FEV eine virtuelle Entwicklungsmethodik etabliert, die bereits in der frühen Konzeptphase des Kühlsystems beginnt. FEV's virtuelle Entwicklungsmethodik gliedert sich in folgende Unterpunkte auf:

- Auslegung des internen Strömungskonzeptes mit einem 1D Simulationsprogramm
- Verifikation der 1 D Berechnungsergebnisse nach Abschluss der Designphase mit einer 3D CFD Analyse der internen Strömungsverteilung und gegebenenfalls Detailoptimierung
- Auslegung eines externen Kühlsystemdesigns mit einem 1 D Simulationsprogramm
- Simulation der Motorraumdurchströmung (Under Hood Flow) mit einem 3D CFD Programm
- Virtuelle Analyse des Fahrzeugkühlsystems durch 1 D Simulation von Klimakammertests und Sommer / Wintererprobung
- Optimierung des Thermomanagements mittels eines 1D Simulationsmodells

Auslegung des internen Strömungskonzeptes

Startpunkt der Motorkühlsystementwicklung ist die Auslegung des internen Strömungskonzeptes, welches in der frühen Konzeptphase des Motors durchgeführt wird. Der Hauptbeweggrund für dieses Vorgehen ist die Definition des Wassermantels in Block und Kopf ohne zeitraubende 3D CAD Modelle erstellen zu müssen. Zu diesem Zweck wird ein eindimensionales Berechnungsmodell aufgebaut, welches den komplexen Wassermantel mit Hilfe von Rohren, Blenden und Verzweigungen in allen wesentlichen Punkten repräsentiert. Dieses 1D Modell ermöglicht die Untersuchung von machbaren Strömungskonzepten hinsichtlich Strömungsstabilität, Druckverlust und Strömungsverteilung zu einen Zeitpunkt wo noch keine fertigen 3D CAD Modelle existieren. Nachdem die Hauptdaten wie Bohrung, Hub und maximale Leistung des Motors definiert worden sind, wird ein erstes einfaches Model, basierend auf Annahmen für den möglichen Wasserraum, aufgebaut. Die Annahmen für den möglichen Wasserraum stützen sich auf die Festlegung hinsichtlich der Anordnung und Dimensionierung der Gaskanäle und Ventile sowie der maximalen Zylinderhöhe. Während der Detaillierung der 3D CAD Modelle wird parallel mit jedem Konstruktionsschritt das 1D Strömungsmodell ebenfalls verfeinert, so dass am Ende dieses Model zur Kalibrierung der Zylinderkopfdichtung zur Verfügung steht. Mit Hilfe einer DOE Analyse werden die Querschnitte in der Zylinderkopfdichtung bestimmt, so dass einerseits der Druckverlust möglichst gering, zum anderen die Strömungsverteilung möglichst gleichmäßig und die Strömungsgeschwindigkeiten in den thermisch belasteten Zonen ausreichend hoch sind. Abschließend erfolgt beim Entwicklungsprozess des internen Strömungskonzeptes eine CFD Analyse des Wassermantels, die neben einer Strömungsverteilung, lokaler Strömungsgeschwindigkeiten und Druckverlusten auch die lokalen Wärmeübergangskoeffizienten liefert. Diese Daten dienen zudem als Randbedingungen für die parallel durchzuführenden Strukturanalysen von Motorblock und Zylinderkopf.

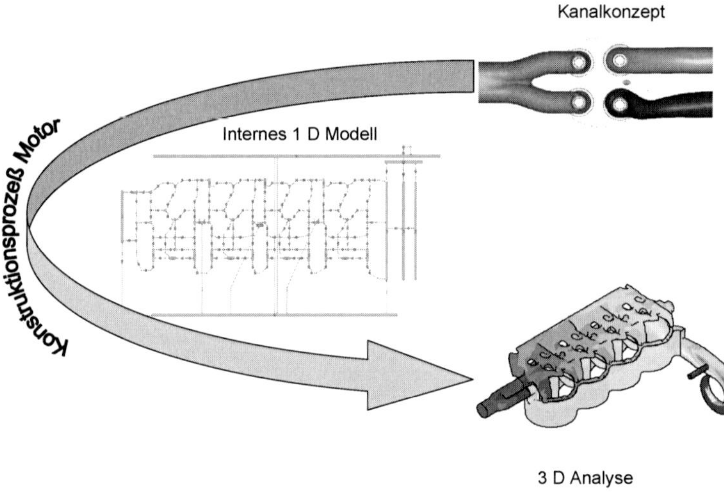

Bild 1: Von den Gaskanälen zur Auslegung des Kühlmittelmantels

Auslegung des externen Fahrzeugkühlsystems

Das Standardfahrzeugkühlsystem besteht aus den Hauptkomponenten Kühlmittelpumpe, Thermostat, Hauptkühler und Heizungswärmetauscher. Abhängig vom Motor- und Getriebetyp müssen folgende Komponenten zusätzlich in das Fahrzeugkühlsystem integriert werden: Abgasrückführkühler, Getriebe – und Motorölkühler, Kraftstoffkühler / –heizer. Um einen ersten Eindruck zu erhalten, wie das externe Kühlsystem aufgebaut sein muss um alle Zielwerte hinsichtlich ausreichender Volumenströme in allen Komponenten bei möglichst geringer Pumpenantriebsleistung zu erzielen, wird auch hierfür ein eindimensionales Strömungsmodel aufgebaut. Dieses Modell beinhaltet alle wesentlichen hydraulischen Charakteristika und Schlauchlängen und kann bei Bedarf mit dem 1D internem Modell gekoppelt werden. Dies ist notwendig, wenn eine Beeinflussung der internen Volumenstromverteilung durch externe Komponenten erwartet wird. Ergebnis dieser Arbeit ist eine optimale externe Kühlmittelführung und die erforderliche Pumpencharakteristik hinsichtlich Volumenstrom, Druckerhöhung und Drehzahl. Da diese Arbeiten ebenfalls in der frühen Konzeptphase stattfinden, müssen Bauteilcharakteristika (Druckverlust vs. Volumenstrom) angenommen werden. Basis für diese Annahmen ist die FEV Kühlsystemkomponenten Datenbank. In Bezug auf die Motorkühlleistung und zukünftiger Entwicklungstrends werden u.a. folgende Fragestellungen während dieser Konzeptarbeit beantwortet:

- Welcher Thermostattyp, doppelt oder einfach wirkend, ist erforderlich?
- Wie wird ein ausreichender Volumenstrom zur Heizung in allen relevanten Drehzahlbereichen erzielt?
- Wie soll der Getriebeölkühler mit Kühlflüssigkeit versorgt werden?
- Welche Dimensionierung muss die Bypass Seite des Thermostaten haben?

Damit alle diese Fragen während der Entwicklung beantwortet werden können, ist ein ständiger und intensiver Meinungsaustausch zwischen den Fahrzeug – und Motorspezialisten erforderlich um Konzeptfehler im Gesamtsystem zu vermeiden.
Für den Aufbau der eindimensionalen Modelle verwendet die FEV die kommerzielle Software GT Cool von Gamma Technologies. Das/die Modelle beinhalteten alle Rohre und Schläuche, die Kühlmittelpumpe, die hydraulische Charakteristik des Motors und aller Systemkomponenten. Mit diesem Modell wird der Einfluss einer unterschiedlichen Rohr-/ Schlauchführung auf den Komponentendurchsatzes und Kühlmitteldruck für das Drehzahlband des Motors untersucht. Des Weiteren erlaubt das Modell die Abstimmung des Querschnittes im Thermostatbypass zur Optimierung des Heizkreislaufdurchsatzes im Warmlauf zur Erfüllung des ECE Homologations Tests für die Enteisung und die Entfernung des Beschlages an der Fahrzeugfrontscheibe. Nicht zuletzt ist eine Optimierung der Heizleistung auch ein Beitrag zur Steigerung der Kundenzufriedenheit.

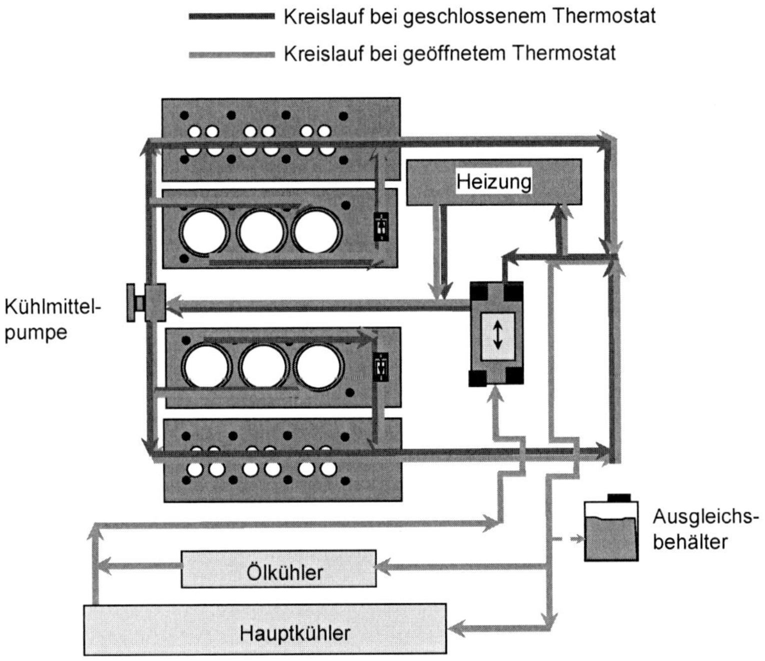

Bild 2: Exemplarische Skizze eines Fahrzeugkühlsystems

Simulation der Motorraumdurchströmung

Eine weitere Einflussgröße auf das Wärmemanagement im Fahrzeug ist die Motorraumdurchströmung. Eine zu geringe Luftströmung durch den Motorraum führt zu einer Leistungsreduzierung am Hauptkühler und zuletzt zu einer Anhebung der Kühlmitteltemperatur. Da die Luftströmung durch die Fahrzeugfront und das Kühlerpaket sehr komplex ist, wird eine 3D Strömungsanalyse mit einem Digital Mock up Model der Fahrzeugfront und des Motorraums durchgeführt. Als Ergebnis resultieren die Luftströmungsgeschwindigkeiten und Luftmassenströme in Abhängigkeit der Fahrzeuggeschwindigkeit und der Lüfterdrehzahl durch das Kühlerpaket und den Motorraum. Diese Ergebnisse dienen im thermischen 1D Model zur Beschreibung des Luftpfades durch das Kühlerpaket und der konvektiven Wärmeverluste des Motors.

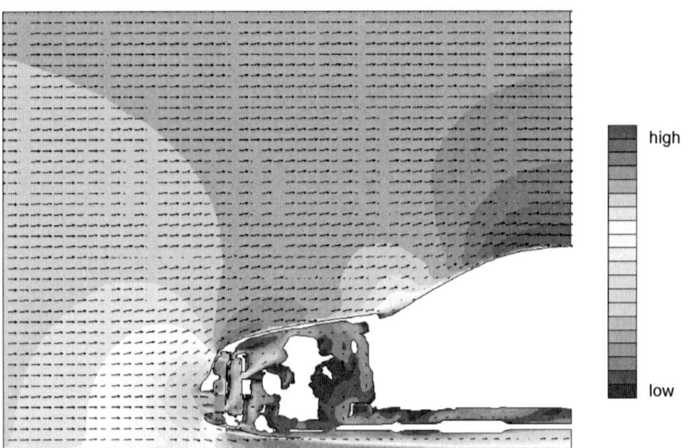

Bild 3: Under Hood Flow Simulation

Simulation von Fahrzeugkühlsystemtests

Zur Reduzierung der Entwicklungszeit und der kostenintensiven Klimakammer– und Straßentests hat die FEV das zuvor bei der internen und externen Kühlsystementwicklung verwendete 1D Simulationstool erweitert, mit dem sämtliche Kühlsystem Fahrzeugtests simuliert werden können. Dieses Modell gestattet bereits während der Fahrzeug– und Motorentwicklung Optimierungsmaßnahmen zu analysieren und noch vor dem Testen der Hardware diese Änderungen einfließen zu lassen. Um erfolgreich einen Kühlsystemtest unter Heißbedingung simulieren zu können, beinhaltet das Simulationsmodell folgende wesentliche Details:

- Beschreibung der Wärmeströme vom Motor in das Kühlmittel und das Öl
- Interaktion zwischen Kühlmittel und Öl im Ölwärmetauscher

- Fahrzeugkühlsystem inklusive der hydraulischen Charakteristik und der thermischen Trägheiten
- Luftpfad durch das Kühlerpaket und den Motorraum inklusive der Lüftersteuerung
- Zusätzliche Wärmequellen im Luftpfad wie zum Beispiel Wärmeeintrag durch Klimakondensator und / oder Ladeluftkühler
- Beschreibung des Luftmassenstroms und der Luftgeschwindigkeiten durch den Motorraum mit Hilfe von Messungen (aus der FEV Datenbank) oder Under Hood Flow Berechnungen

Zusätzlich beinhaltet das Modell alle relevanten Fahrzeugdaten wie zum Beispiel cw–Wert, Fahrzeugmasse, Masse der Ladung, Getriebedaten, etc., sowie Umgebungsdaten wie Temperatur, Steigung / Gefälle der Straße, Windgeschwindigkeit, Rollwiderstandserhöhungen durch Straßenbeschaffenheit, etc..
Als Berechnungsergebnisse erhält man zeitabhängig Kühlmittelströme, Kühlmitteltemperaturen, Luftmassenströme durch das Kühlpaket, Lufttemperaturen im Kühlpaket aber auch motorinterne Berechnungsergebnisse wie mittlere Flammdecktemperatur und Zylinderwandtemperaturen die zur Definition der maximal tolerierbaren Temperaturen während der später folgenden Tests oder zur Definition von verfeinerten Lüfterschaltstrategien verwendet werden können. Ebenso erlaubt das Modell die Definition und das Testen zukünftiger Regelstrategien für das Kühlsystem, die als Regelparameter auch Materialtemperaturen beinhalten können.

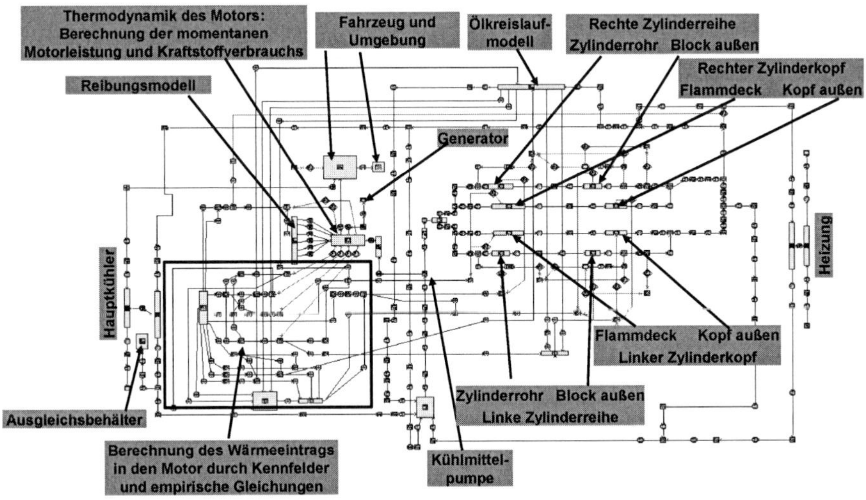

Bild 4: Exemplarisches Modell eines virtuellen Fahrzeugkühlsystems

Um die Berechnung der motorinternen Wärmeströme und die resultierenden Material- und Fluidtemperaturen zu ermöglichen, verfügt das 1D Simulationsmodell über folgende Besonderheiten:

- Aufteilung des Motors in thermisch relevante Massen
- Thermische Verknüpfung von Öl und Kühlmittel über die thermisch relevanten Schnittstellen (Ölkühler, Zylinder, Zylinderkopf)
- Beschreibung des Wärmestroms in den Kolben, den Zylinder, den Zylinderkopf und die Auslasskanäle in Abhängigkeit vom Motorbetriebspunkt
- Detailliertes Reibungsmodell des Motors unter besonderer Berücksichtigung der relevanten Randbedingungen wie zum Beispiel lokale Öltemperatur an der Zylinderwand.

Das gesamte Modell ist in fünf Teilmodelle unterteilt, die während einer Simulation transient die relevanten Daten untereinander austauschen. So ist es mit hoher Effizienz möglich, Variationen an den Teilmodellen zu untersuchen, da nur die betroffenen Komponenten geändert werden müssen und es nicht erforderlich ist, dass gesamte Modell neu zu erstellen. Das Gesamtmodell ist in folgende Komponenten unterteilt:

Hauptmodell: Dieses Hauptmodell beinhaltet das thermodynamische Verhalten des Motors. Die Beschreibung des Wärmeeintrages in den Kolben, die Zylinderwand, den Zylinderkopf und die Auslasskanäle erfolgt durch Anwendung der Woschni Gleichung und empirisch gefundenen Funktionen. Als Abgleich wurden Ergebnisse von zahlreichen bei der FEV durchgeführten Energiebilanzmessungen verwendet, die in der FEV Datenbank enthalten sind. Weiterer Bestandteil des Hauptmodells ist ein Fahrzeugmodell, welches alle relevanten Daten wie zum Beispiel Luftwiderstandsbeiwert, Frontfläche, Masse des Fahrzeugs, Masse der Ladung und der Passagiere, Getriebedaten, usw. beinhaltet. Die Berechnung des Motorbetriebspunktes erfolgt aufgrund der Leistungsanforderung des Fahrzeuges, die wiederum Folge des Fahrprofils ist. Schließlich werden für die Berechnung der Antriebsleistung des Fahrzeuges auch die Straßenverhältnisse wie zum Beispiel Steigungen / Gefälle oder erhöhter Rollwiderstand als Folge des Straßenbelages sowie die Wetterbedingungen Temperatur und Gegenwind berücksichtigt.
Zur Beschreibung der thermischen Massenträgheit des Motors wird dieser in Teilmassen aufgeteilt (Bild 5). Der Zylinderkopf wird in das Flammdeck und den äußeren Zylinderkopf aufgeteilt. Beim Motorblock wird die Trennung in die Zylinderrohre und den äußeren, durch das Kühlmittel separierten Bereich vorgenommen. Für beide Bereiche wird der Wärmeübergang zum Kühlwasser anhand experimentell bestimmter Wärmeübergangskoeffizienten beschrieben. Ferner werden die thermischen Trägheiten der Kolbengruppe und der Kurbelwellenlagergasse als Einzelmassen berücksichtigt. Hier wird der Wärmeübergang an das Motoröl beschrieben.
In den äußeren Teilen des Motors wie äußerer Zylinderblock und äußerer Zylinderkopf sind zudem die konvektiven Verluste an die Umgebung beschrieben.

Reibungsmodell: Dieser Teil des Modells beinhaltet die Reibungsverluste des Motors in Abhängigkeit vom Motorbetriebspunkt und reibungsrelevanten Temperaturen (Bild 6). Die Reibungskennfelder basieren auf den bei der FEV durchgeführten Reibungsmessungen gemäß der „STRIP – Methode“. Diese Methode erlaubt die Messung der geschleppten Reibung für einzelne Motorteile wie zum Beispiel Ventiltrieb,

Kurbelwelle, Kolbengruppe, Nebenantrieb in Abhängigkeit von Drehzahl und Öl- / Kühlmitteltemperatur. Für nicht bei der FEV untersuchte Motoren kann die Reibung mit Hilfe von vergleichbaren Motoren mit ähnlicher Geometrie aus der FEV Datenbank mit über 300 Motoren abgeschätzt werden.
Für die Kolbengruppe ist eine Reibungskorrektur in Abhängigkeit von der Motorlast in das Reibungsmodell eingefügt. Die Korrektur basiert auf Messungen mit dem FEV Messsystem „PIFFO" [1]. Dieses auf dem „floating liner" basierte Meßsystem gestattet die Messung der Reibkraft von Kolbenringen und Kolbenhemd im gefeuerten Betrieb.
Zur Berechnung der Motorreibung werden die GT Cool „Moment Elemente" verwendet. Durch die Verknüpfung mit dem GT Cool „Motor Element" werden die zusätzlichen Momente bei der Berechnung des Gesamtmotormoments berücksichtigt.

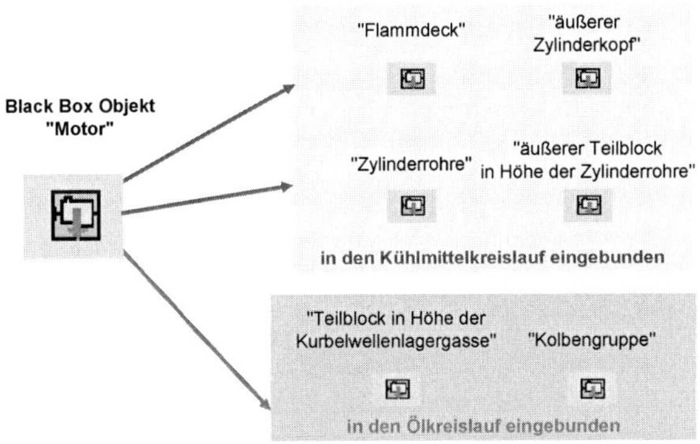

Bild 5: Aufteilung des Motors in diskrete Massen

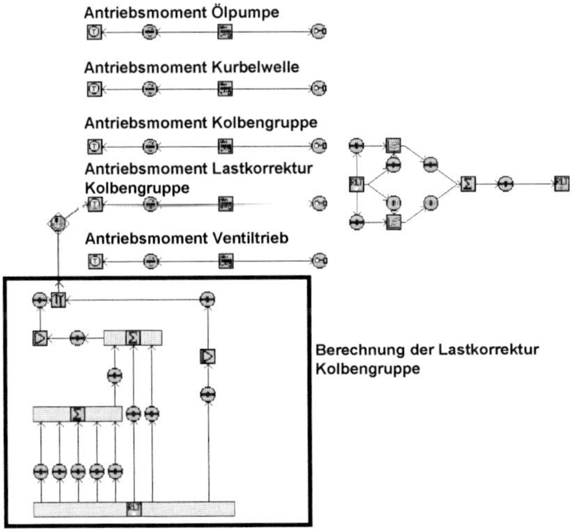

Bild 6: Reibungsmodell

Ölkreislaufmodell: Das Ölkreislaufmodell (Bild 7) ist vereinfacht und dient zur Abbildung der thermisch relevanten Ölvolumenströme durch den Zylinderkopf, durch die Haupt- und Pleuellager und durch die Kolbenspritzdüsen. Die Ölvolumenströme sind als Kennfelder in Abhängigkeit von Motordrehzahl und Öltemperatur im Modell abgelegt. Die Kennfelder werden mit einem anderen 1D Programm wie FLOWMASTER in Form einer Ölsystemanalyse des Motors vorausberechnet. Dazu werden die Ölvolumenströme im Ölsystem für das Drehzahlband des Motors und in einem Temperaturbereich von -20 °C bis 150 °C berechnet. Mit dem vereinfachten Ölkreislaufmodell werden die Wärmeströme durch Reibung und vom Kolben und der Zylinderlaufbüchse in das Öl simuliert. Die Berechnungsalgorithmen basieren auf empirischen Ansätzen, hervorgegangen aus Energiebilanz- und Kolbentemperaturmessungen, die bei der FEV durchgeführt werden. Die Wärmeabgabe aus dem Öl erfolgt über den, falls vorhanden, Öl- / Kühlmittelwärmetauscher an das Kühlmittel und über die Konvektion an der Ölwanne. Zur Beschreibung der Konvektion an der Ölwanne im 1D Modell werden die Ergebnisse der 3D CFD Under Hood Flow Berechnung verwendet.
Die Berechnung der Öltemperatur erfolgt mit jedem Rechenschritt, womit die Motorreibung ebenfalls mit jedem Rechenschritt im Reibungsmodell berechnet wird. Da der transiente Verlauf der Öltemperatur wesentlich den Erfolg von Thermomanagement Maßnahmen zur Reduzierung des Motor- / Fahrzeugkraftstoffverbrauchs bestimmt, ist diese eine weitere Kernkompetenz des FEV 1 D Simulationsmodells.

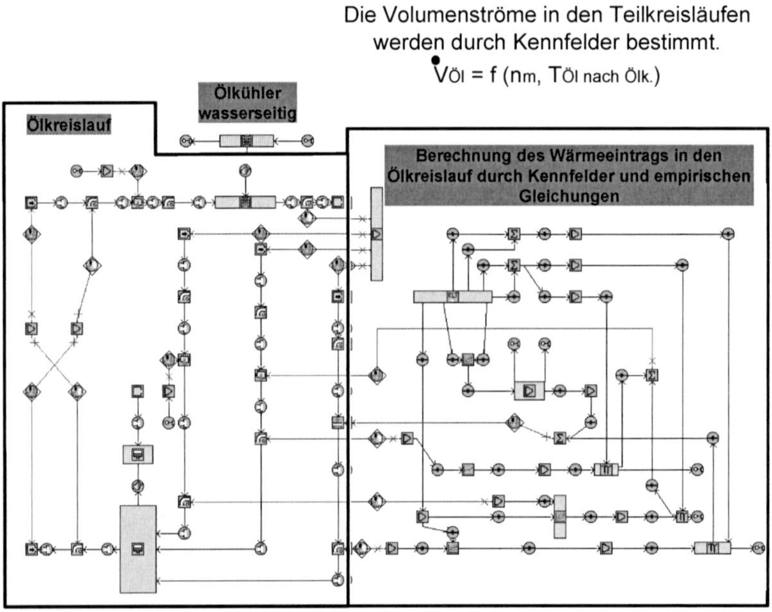

Bild 7: Ölkreislaufmodell

Teilmodell Controlling: Mit diesem Teilmodell können Kontrollstrategien für Teile des Kühlsystems aufgebaut und deren Einfluss auf das Verhalten von Motor, Fahrzeug, und Kühlsystem untersucht werden. Die Kontrollstrategien werden aus logischen Basisfunktionen und Reglern (P, PI oder PID) aufgebaut und kontrollieren zum Beispiel das Verhalten von Teilen des Kühlsystems in Abhängigkeit von Kühlmitteltemperatur oder Motorlast. Die logischen Basisfunktionen und Regler werden als Komponenten in GT-Cool zur Verfügung gestellt und müssen nur mit Daten beschrieben werden. Klassische Komponenten in diesem Teilmodell sind:

- Kennfeldthermostat
- Elektrische Wasserpumpe
- Lüfter mit Viskokupplung oder stufenlos regelbarem elektrischen Antrieb
- Materialtemperaturgeregelte Komponenten

Teilmodell Nebenantrieb: In diesem Teilmodell sind die mechanischen Antriebe der Kühlmittelpumpe, Lüfter und Generator mit Wirkungsgrad und Übersetzungsverhältnis beschrieben. Im Falle eines elektrischen Antriebes von Lüfter und Kühlmittelpumpe wird die elektrische Last auf den Generator aufgeschaltet und führt zu einer Erhöhung der Motorlast des Verbrennungsmotors.

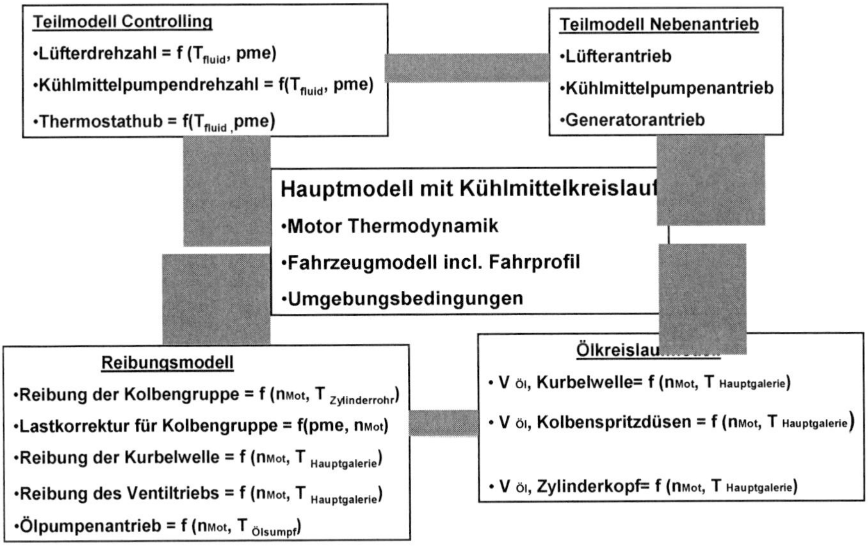

Bild 8: Kommunikation zwischen den Teilmodellen

In Bild 8 sind die Kommunikation und der Datenaustausch zwischen den Teilmodellen dargestellt. Ausgehend vom „Hauptmodell“, indem ein effektiver Motorbetriebspunkt in Abhängigkeit von der Lastanforderung des Fahrzeugs berechnet wird, erfolgt die Berechnung der Motorreibung im Teilmodell „Reibung“ in Abhängigkeit von der Motordrehzahl und den aktuellen Temperaturen, die dann zur Bestimmung des indizierten Motorbetriebspunktes führt. Ausgehend vom indizierten Motorbetriebspunkt wird der Wärmestrom vom Arbeitsgas in die Struktur und der resultierende Wärmestrom in Kühlmittel und Öl berechnet. Basierend auf den berechneten Temperaturen werden im Teilmodell „Controlling" die Komponenten in Abhängigkeit von der Kontrollstrategie beeinflusst und erhöhen die erforderliche Motorleistung wenn zum Beispiel der Lüfter durch die Viskokupplung zugeschaltet wird.

Berechnungsergebnisse von Testzyklus Simulationen

Für den Vergleich von berechneten und gemessenen Werten eignen sich am besten nicht stationäre Fahrzyklen, da sie den besten Überblick über die Leistungsfähigkeit des Modells geben. In Bild 9 werden die gemessenen und berechneten Kühlmitteltemperaturen am Motoraustritt und Öltemperaturen in der Galerie für den NEDC Zyklus verglichen. Während der Warmlaufphase erlaubt der Vergleich der Temperaturen eine Aussage ob die thermischen Trägheiten im Modell korrekt abgebildet wurden, während man im späteren, bezogen auf die Temperatur, stationären Teil des Zyklus eine Aussage über die korrekte Berechnung des Wärmeeintrages in den Motor in Abhängigkeit vom Motorbetriebspunkt machen kann.

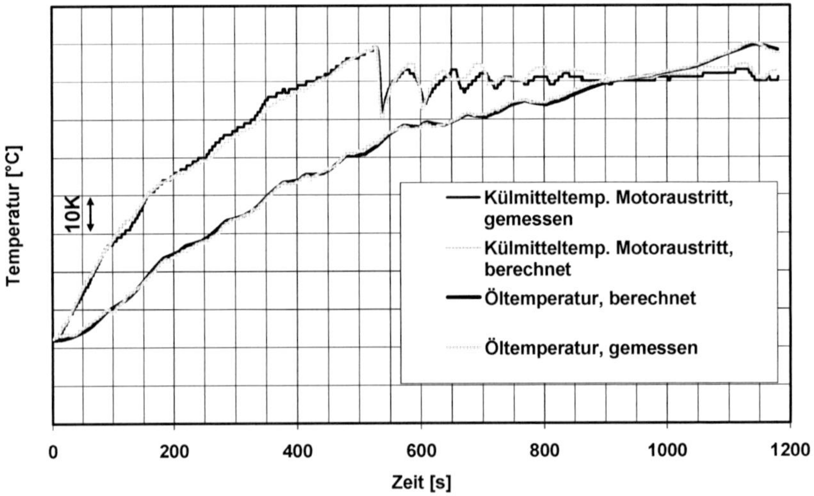

Bild 9: Vergleich Temperaturen Rechnung – Messung

Bild 10 zeigt den Vergleich zwischen gemessenen und berechneten Kraftstoffverbrauch für den gesamten Fahrzyklus, den städtischen und den außerstädtischen Teil. Die Übereinstimmung zwischen Rechnung und Messung ist sehr gut.

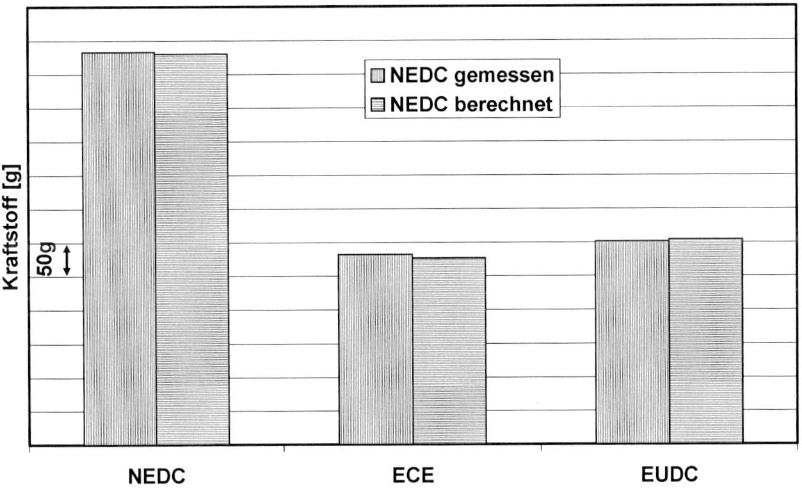

Bild 10: Vergleich Kraftstoffverbrauch Rechnung – Messung

Um den Vergleich zu vervollständigen wurden gemessene Material– und Fluidtemperaturen während Warmläufe auf dem Prüfstand mit berechneten Ergebnissen verglichen. Dieser Vergleich erlaubt die Bewertung der berechneten Wärmestromverteilung zwischen Öl und Kühlmittel in Abhängigkeit von der Zeit bei verschiedenen Temperaturniveaus (Bild 11 und 12).

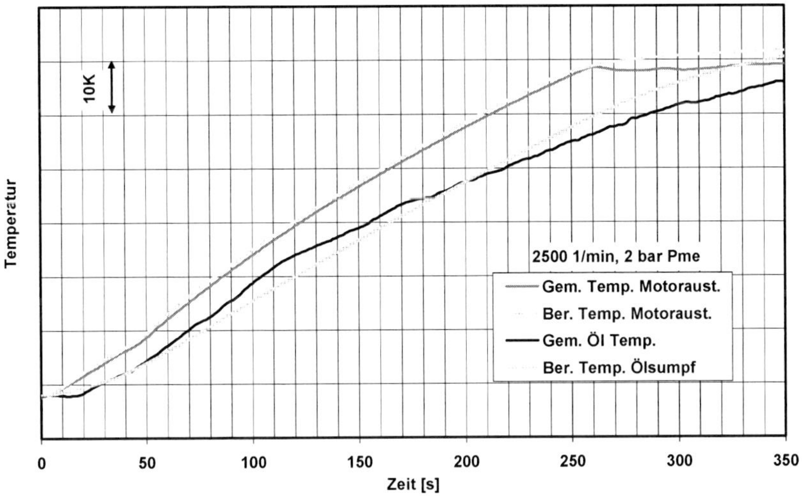

Bild 11: Gemessene und berechnete Fluidtemperaturen

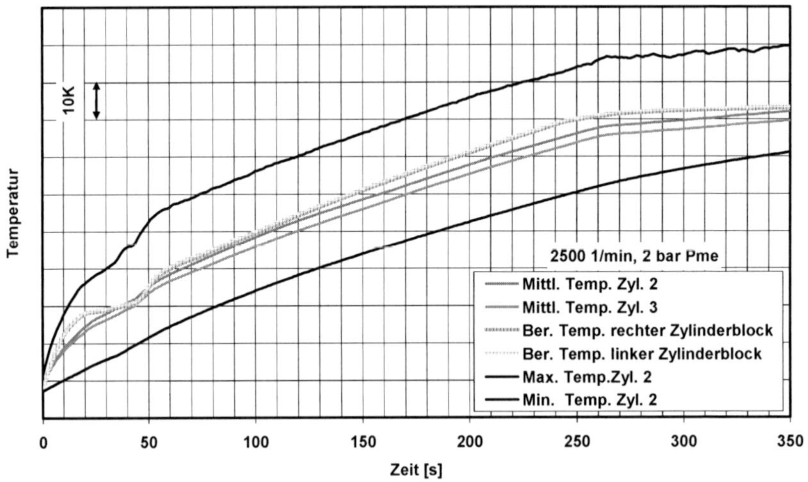

Bild 12: Vergleich gemessener und berechneter mittlerer Materialtemperaturen

Alle Vergleiche zeigen eine sehr gute Übereinstimmung von gemessenen und berechneten Werten und dokumentieren die hohe Genauigkeit des virtuellen 1D Kühlsystemmodells der FEV. Dieses ermöglicht die Vorausberechnung der maximalen Kühlmittel- und Öltemperaturen für einen Kühlsystemheißtest, als auch die Untersuchung von Thermomanagementmaßnahmen hinsichtlich des Erfolges in Bezug auf Kraftstoffverbrauchsreduzierung in allen üblichen gesetzlich vorgeschriebenen Fahrzyklen. Insbesondere für die Kraftstoffverbrauchsberechnung ist das Model mit zusätzlichen Funktionalitäten ausgestattet, um Warmlaufstrategien zur Katalysatoraufheizung abbilden zu können, da diese u.a. einen großen Einfluss auf die korrekte Berechnung des Kraftstoffverbrauchs und den Erfolg von Thermomanagementmaßnahmen haben.

Bestimmung von Potenzialen zur Kraftstoffverbrauchsreduzierung

Neben der Berechnung der maximale Kühlmitteltemperaturen unter Heißbedingungen erlaubt das Modell die Untersuchung von Thermomanagementmaßnahmen wie den Einsatz einer elektrische Kühlmittelpumpe oder Split – Cooling hinsichtlich ihres Kraftstoffeinsparpotenziales für alle üblichen Fahrzyklen. Ebenso ist es möglich den Einsatz von Zuheizsystemen für eine verkürzte Warmlaufzeit oder eine Erhöhung der Heizleistung der Kabinenheizung und die Rückwirkung auf den Kraftstoffverbrauch durch eine erhöhte Generatorbelastung, wie sie durch elektrische Zuheizer verursacht wird, zu untersuchen. Insbesondere eröffnet ein ausgefeiltes Thermomanagement signifikante Reduzierungspotenziale für den Kraftstoffverbrauch zur Erfüllung zukünftiger Emissionsvorschriften und Flottenverbräuche. Da die Messung von Verbrauchsvorteilen von Thermomanagement Maßnahmen eine komplette Prototyp Lösung inklusive einer Überarbeitung der Motorkonstruktion erfordert, ist die Berechnung ein sehr effektiver und kostengünstiger Weg Thermomanagement Maßnahmen zu untersuchen und zukünftige Entwicklungsschritte zu bestimmen. Basis für die Untersuchungen ist ein gut kalibriertes Basismodell des Fahrzeugs/Motors, das sowohl in den Material- und Fluidtemperaturen als auch im Kraftstoffverbrauch mit dem gemessenen Werten im gesamten gemessenen Fahrzyklus übereinstimmt.

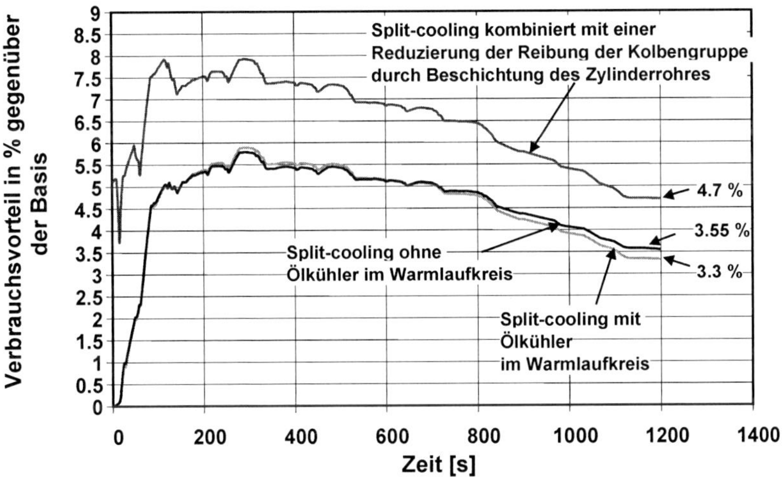

Bild 13: Verbrauchsvorteil durch Thermomanagementmaßnahmen

Bild 13 zeigt das Ergebnis der Untersuchung von Split-Cooling als Thermomanagementmaßnahme in Verbindung mit und ohne Ölkühler im Kühlmittelkreislauf und mit einer Reibungsreduzierung an der Kolbengruppe wie sie durch spezielle Honverfahren und / oder Beschichten erzielt werden kann an einem 2,0l Vierzylinder Ottomotor. Split Cooling mit Ölkühler im Kühlmittelkreislauf reduziert den Kraftstoffverbrauch um 3,3% gegenüber der Basis. Das Entfernen des Ölkühlers aus dem Kühlmittelkreislauf erhöht das Potenzial auf ca. 3,55 %. Eine genauere Analyse des Ergebnisses zeigt, dass der Einsatz des Ölkühlers zu Beginn des Fahrzykluses (200 – 400 s) Vorteile durch eine höhere Öltemperatur bringt, aber zum Ende des Zykluses die Vorteile wieder verliert, da durch die durch den Thermostaten geregelte Kühlmitteltemperatur die Öltemperatur begrenzt wird. Die Öltemperatur mit Ölkühler ist am Ende des Zyklusses geringer als ohne Ölkühler, was zu einer geringfügig höheren Motorreibung und damit Kraftstoffverbrauch führt. Die dritte Variante zeigt, dass eine grundsätzliche Reibungsreduzierung (in diesem Fall an der Kolbengruppe) das Potenzial von Thermomanagementmaßnahmen nicht reduziert, sondern zusätzliches Einsparpotenzial bietet. In diesem Fall konnte ein Gesamtpotential von 4.7% für die Variante Split-Cooling mit optimierter Kolbengruppe berechnet werden. Neben diesen Untersuchungen können auch Warmlaufstrategien oder die Auswirkung der Positionierung von Temperatursensoren auf den Kraftstoffverbrauch untersucht werden. Hierzu ist das Model mit einigen speziellen Funktionalitäten wie eine kühlmitteltemperaturabhängige Leerlaufdrehzahl des Motors und eine Kraftstoffverbrauchs- und Wärmeeintragsanpassung infolge einer kühlmitteltemperaturabhängigen Änderung des Zündzeitpunktes ausgestattet.

Berechnung von Kühlsystemfahrzeugtests

Da mit dem Simulationstool insbesondere instationäre Fahrzyklen besonders gut berechnet werden können, bietet es sich an, mit dem Modell auch Fahrzeugkühlsystemtests unter Heißbedingungen zu berechnen. Dies kann bereits während der Entwicklungsphase geschehen, bevor Prototypen zur Verfügung stehen. Hauptintention ist Entwicklungszeit und Entwicklungskosten zu senken, da durch die Berechnungsergebnisse eine Vorauswahl der Komponenten des Kühlsystems getroffen werden kann und somit die Anzahl der Hardwaretest erheblich reduziert wird.
Um das Thermomanagementmodell für die Kühlsystemsimulation unter Heißbedingungen nutzen zu können, muss das Model mit einigen zusätzlichen Komponenten wie zum Beispiel Kondensator der Klimaanlage und/oder Ladeluftkühler im Luftpfad des Hauptkühlers oder Getriebeölkühler ausgestattetet werden. Ein weiterer wichtiger Einflussfaktor für die Qualität der Berechnungsergebnisse ist die richtige 1–dimensionale Abbildung des Luftpfades durch das Kühlerpaket und den Motorraum. Informationen hierzu kommen aus der 3D Under Hood Flow Berechnung oder von Fahrzeugmessungen z. B. aus der FEV Datenbank, die als Startwerte benutzt werden. Mit fortschreitendem Projekt wird die Informationsdichte größer und der Detailierungsgrad des Models steigt, somit auch die Genauigkeit der Ergebnisse.

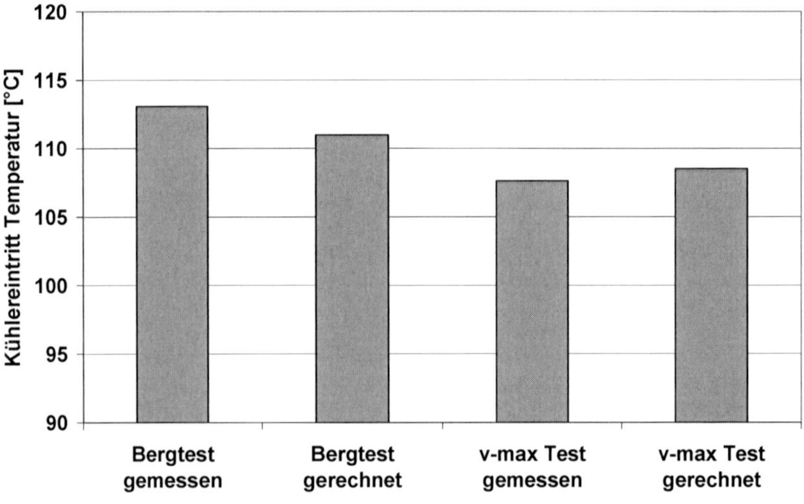

Bild 14: Vergleich gemessener und berechneter Temperaturen am Kühlereintritt

Bild 14 zeigt den Vergleich von gemessenen und berechneten Temperaturen im Zulaufschlauch des Hauptkühlers für zwei verschiedene Tests. Die Ergebnisse stammen aus einem bei der FEV durchgeführten Projekt, welches mit der Berechnung der internen Strömungsverteilung startete und mit der Überprüfung des bei der FEV entwickelten Kühlsystems im Fahrzeug endete. Es zeigt eine sehr gute Übereinstimmung der berechneten und gemessenen Werte und dass das Modell gut geeignet ist ein Kühlsystem hinsichtlich seiner Leistungsfähigkeit zu beurteilen und Schwachpunkte zu entdecken. An existierenden Systemen können Optimierungsmaßnahmen wie beispielsweise

- Erhöhung des Luftmassenstroms durch Kühlerpaket und Motorraum
- Erhöhung des Kühlmittelmassenstroms
- Zusätzliche Wärmequellen
- Ölkühler mit unterschiedlicher Kühlleistung
- Einfluss der Lüfterschaltstrategie
- Thermostat –Zeit – Verhalten

hinsichtlich des Einflusses auf die Öl– und Kühlmitteltemperatur untersucht werden. Der Aufwand ist vergleichsweise gering, da die Simulationszeiten kurz sind und der Testaufwand entfällt.

Zusammenfassung

Das Kühlsystem zukünftiger Fahrzeuge wird zunehmend zu einem sehr komplexen System mit einer großen Anzahl von Parametern, die sich gegenseitig beeinflussen. Strenge Emissionsvorschriften lassen es nicht zu, Potenziale zur Reduktion des Kraftstoffverbrauchs und der Abgasemissionen in irgendeinem System eines Kraftfahrzeuges zu vernachlässigen. Dabei muss in jedem Fall die primäre Funktion des Kühlsystems, kritische Bauteiltemperaturen in jedem Betriebszustand zu verhindern, erfüllt werden. Für die Entwicklung zukünftiger und Optimierung vorhandener Kühlsysteme hat die FEV eine Entwicklungsmethodik für das Kühlsystem etabliert, das die Entwicklung vom internen Konzept bis zur Simulation von Fahrzeugkühlsystemtests begleitet. Maßgeblich am Erfolg beteiligt ist die enge interdisziplinäre Zusammenarbeit verschiedener Berechnungsabteilungen und den Abteilungen für Motor- und Fahrzeugtests.

9 Auswirkungen von verschiednen Motorraumkapsel-Konzepten auf Emissionen, Verbrauch und auf die thermische Betriebssicherheit im Motorraum eines PKWs

Hermann de Ciutiis, Thomas Bürgin, Luka Gorlato

Abstract

This experimental study has been initiated within the R&T department of Rieter Automotive Systems in order to investigate how thermo-acoustic parts in the engine compartment of a vehicle can be optimized for increasing the storage of heat in the power train. From several publications [1 - 5] it is known that starting temperature of the power train drives fuel consumption, emissions and also thermal comfort in the cabin. Storing heat in the power train can be achieved by encapsulating the warm engine components preventing fast cool-down. However this contradicts the need for maximum engine cooling during hard driving conditions such as hill climb and maximum speed conditions. In particular thermal safety in the engine compartment needs to be guaranteed.

This study compares 2 approaches for reducing heat loss from the engine compartment: the first uses material insulation around and on the power train, the second reduces the convective cooling in the engine bay.

Both approaches have been investigated and compared on a specific test vehicle. The maximum realistic heat storage potential when combining both approaches has also been quantified. Convective cooling proved to be the significant effect.

Zusammenfassung

Diese experimentelle Studie wurde in der R&T Abteilung von Rieter Automotive Systems durchgeführt, um den Beitrag von thermo-akustischen Bauteilen im Motorraum hinsichtlich der Speicherung von Wärme im Antriebsystem zu erhöhen. Aus verschiedenen Publikationen [1 - 5] ist bekannt, dass die Starttemperatur des Antriebs Kraftstoffverbrauch, Abgasemissionen und thermischen Komfort im Innenraum bedeutend beeinflusst. Ein Weg, um Wärme im Antrieb zu speichern, ist das Kapseln von warmen Motorkomponenten, um die Abkühlungszeit zu verlängern. Dies steht jedoch im Gegensatz zu der Notwendigkeit, maximale Motorkühlung während hohen Belastungszuständen des Fahrzeugs wie z.B. bei der Bergfahrt oder bei maximaler Geschwindigkeit zu gewährleisten. Insbesondere muss in solchen Fahrzuständen die Betriebssicherheit im Motorraum bzw. im Antriebssystems sichergestellt werden.

Basierend auf Fahrzeugerprobungen wurden zwei Ansätze untersucht und verglichen. Zum einen wurden Komponenten im Antriebssystem isoliert und zum anderen die Abkühlung durch Konvektion verringert. Dabei erwies sich letzteres als äusserst wirkungsvoll. Bei der Kombination beider Ansätze konnte das maximale, realistische Potential ermittelt werden.

1. Einleitung

Seit Jahren beschäftigt sich die Automobilindustrie mit der Reduktion von Abgasemissionen von Verbrennungsmotoren und deren Verbrauch. Für die Erreichung dieser Ziele hat man sich in der Vergangenheit mehrheitlich auf innermotorische Maßnahmen und auf Optimierungen an Nebenaggregaten beschränkt. Insbesondere spielt der Kaltstart mit den damit verbundenen suboptimalen Verbrennungsverhältnissen eine bedeutende Rolle. In dieser Phase entstehen die unerwünschten Emissionen und der Verbrauchanstieg. Hinzu kommt, dass beim Kaltstart – ganz besonders bei Dieselmotoren – zu wenig Wärme für den Innenraumkomfort bereit steht, und dies mit teuren Zusatzheizern kompensiert wird. Um weitere Potentiale auszuschöpfen wird deshalb der Wunsch nach einer Kapselung des Antriebs immer grösser, um Wärmeenergie möglichst lang im Antrieb zu erhalten und den Neustart bei einer höheren Antriebstemperatur stattfinden zu lassen. Durch eine thermische Kapselung entsteht die Möglichkeit, verschiedene Funktionen zu integrieren. Die Kapselung kann demnach den Antrieb effizienter als bisher akustisch abschirmen [6], integrierte Luftführungen aufweisen, sowie zusätzliche Maßnahmen für den Fußgängerschutz beinhalten.

2. Thermische Zielsetzungen

Die Studie hat sich auf zwei Bereiche konzentriert:

Verlängerung der Abkühlzeit des Antriebssystems.
Reduktion von Durchschnittstemperaturen an Verkleidungen im Motorraum und Nebenaggregate des Antriebs während der Fahrt.

Hauptziel der Verlängerung der Abkühlzeit des Antriebssystems ist die Reduktion von Verbrauch und Emissionen beim Kaltstart. Dabei sollen hauptsächlich die Bedingungen beim Neustart verbessert werden (Speicherung von Wärme nach einem schon stattgefundenen Warmlauf). Ein weiterer, bedeutender Vorteil ist die rasche Bereitstellung von Wärme im Innenraum. Ein Sekundärer Grund ist die Reduktion von Verschleiß am Antrieb.

Während dem Betriebszustand muss hingegen dafür gesorgt werden, dass keine Überhitzungen und somit keine Einschränkungen der Betriebssicherheit durch die thermische Kapselung entstehen. Deshalb wird eine Absenkung der herrschenden Temperaturen im Motorraum angestrebt. Dies ergibt gleichzeitig die Möglichkeit die Vielfalt der heute eingesetzten Materialien für Akustikdämmungen und Verkleidungen zu reduzieren und hinsichtlich der Kosten zu optimieren (tiefere Temperaturlimiten der eingesetzten Materialien).

3. Umsetzung der Ziele

Um die genannten Ziele zu erreichen, wurden folgende Funktionen im Motorraum verbessert: Thermische Isolation des Motorraums bzw. Antriebs und gezielte Luftführung im Motorraum.

3.1 Verbesserung der thermischen Isolation des Motorraumes und Antriebs

Bei der Verbesserung der thermischen Isolation des Antriebs können grundsätzlich zwei Ansätze verfolgt werden: eine motornahe oder eine motorferne Kapselung. Beide Ansätze haben Vor- und Nachteile. Während die motornahe Kapselung mit möglichst wenig Isolationsfläche und somit Material auskommt, müssen bei einer motorfernen Kapselung größere Bauteile vorgesehen werden. Dennoch ist die Montierbarkeit der Kapselung direkt am Antrieb eine Herausforderung. Auch würden dadurch gewisse Komponenten des Antriebs wie Keilriemen, Generator und elektronische Komponenten thermisch stark belastet. Da heutzutage bereits eine Vielzahl von akustischen Komponenten den Motorraum belegen, liegt es auf der Hand, die Funktion dieser Teile auszuweiten, um eine motorferne thermische Kapselung zu realisieren. Dennoch lohnt es sich dort wo es einfach zu realisieren ist, die Isolation direkt am Antrieb anzubringen (Getriebe, Ölwanne, Katalysator).

Für das untersuchte Fahrzeug wurde an folgenden Stellen eine motornahe Isolation eingesetzt: Ölwanne, Unterseite des Getriebegehäuses, Zylinderkopf, Vorkatalysator.
Die motorferne Isolation wurde an folgenden Stellen angebracht: Motorhaube, Kotflügel, Motorunterschild, Stirnwand außen.
In diesem Zusammenhang von Bedeutung ist auch die thermische Isolation an den Fugen und Spalten zwischen Motorhaube und Kotflügeln.

3.2 Luftführung im Motorraum während der Fahrt und Nachheizphase

Während der Fahrt muss dafür gesorgt werden, dass keine Überhitzung des Antriebs stattfindet. Auch eine punktuelle Erhitzung von Komponenten im Motorraum soll verhindert werden. Insbesondere während der Bergfahrt ist wenig Fahrtwind vorhanden, um die heißen Luftmassen im Motorraum effizient zu bewegen. In einigen Bereichen des Motorraumes befinden sich sogar unbewegte Luftmassen. Um dem entgegen zu wirken empfiehlt sich eine Frischluftzufuhr in den Motorraum zu konstruieren. Auch können mit Hilfe eines Frischluftkanalsystems Komponenten, die unter Einwirkung von Wärme leiden, gezielt gekühlt werden (Batterie, Generator, Elektronikkomponenten, etc.). Die Frischluft soll dabei nicht auf die Bauteile gerichtet werden, die beim Kaltstart möglichst schnell warm werden sollen (z.B. Vorkatalysator).
Als weitere Maßnahme, um die Lufttemperaturen im Motorraum tief zu halten, wird die Separation von kalter und heißer Luft angestrebt. Heiße Luft entsteht entlang von Abgasrohren und wird in den meisten Fällen mit der übrigen Motorraumluft vermischt. Ein Heißluftkanal entlang der Abgasanlage führt die Heißluft bis zum Ausgang des Motorraumes.

Bei Fahrzeugstillstand sieht die Aufgabe für die Luftführung ganz anders aus: Nicht mehr die Betriebssicherheit allein ist entscheidend, sondern die Kamineffekte, die aufgrund steigender warmer Luft in den Motorraum entstehen und zum beschleunigten Abkühlen des Antriebs führen. Besonders kritisch ist die Lufteintrittsfläche vor dem Kühler. So entscheidend wie sie für die Erhaltung der Kühlleistung des Radiators bei Fahrt ist, so verehrend ist sie bei Stillstand. Dann kann die Warmluft den Motorraum praktisch ungehindert verlassen. Nicht jedoch mit dem Einsatz von Jalousien hinter dem Kühler; diese sind bei Fahrt offen und bei Stillstand geschlossen. Solche Systeme werden bereits eingesetzt, u.a. um die akustische Dämmung des Antriebs zu erhöhen, stellen jedoch eine wichtige Maßnahme für die Erhaltung von Wärme im Antrieb dar. Der Motorraum sollte idealerweise bei Stillstand möglichst luftdicht abgeschlossen sein, was wiederum eine Abdichtung im Bereich von Antriebswellen und Lenkung erfordert. Auch sollte der Luftaustritt des Motorraums bei Stillstand abgedichtet werden, was in der Praxis nicht einfach zu realisieren ist.

4. Beschreibung der bewerteten Kapselungen

Beim Testfahrzeug handelte es sich um einen Alfa Romeo 147, 1.9 JTD mit Dieselmotor, 86 kW, 8 Ventile, ohne Partikelfilter. Die Wahl fiel auf einen Diesel aufgrund der geringen Wärmeentwicklung und der intensiveren Schallkulisse. Vier Varianten wurden bewertet:

1. << Original >>: Originalzustand
2. << Isoliert >>: Antrieb Isoliert (motorfern und motornah kombiniert)
3. << Kein Kamin >>: Motorraum ohne Kamineffekte in Nachheizphase
4. << Kein Kamin isoliert >>: Kombination von 2 und 3
5. << Frischluft >>: Originalzustand mit zusätzlichem Frischluftsystem

Variante 5 stellt an sich keine Kapselung dar, kann aber mit allen anderen Varianten kombiniert werden.

4.1. Antrieb Isoliert (Variante 2)

Folgende Antriebskomponenten wurden mit 25 mm Glasfaservlies isoliert:

- Ölwanne
- Untere Hälfte des Getriebegehäuses
- Zylinderkopf (obere Motorabdeckung aus Kunststoff wurde entfernt)
- Vorkatalysator

Folgende Motorraumoberflächen wurden zusätzlich zum Originalzustand Isoliert:

- Innenseite der Kotflügel mit 25 mm Isolation
- Motorunterschild mit minimierten Öffnungen

Alle verwendeten Isolationen hatten eine Wärmeleitfähigkeitszahl von ca. 0.040 W/mK bei 20°C und eine Wärmekapazität von ca. 900 J/KgK.

4.2. Motorraum ohne Kamineffekte (Variante 3)

Im Gegensatz zum Originalzustand wurde bei dieser Variante ein Motorraumunterschild eingesetzt, welcher möglichst keine Öffnungen aufwies. Auch wurden die Fugen zwischen Motorhaube und Kotflügeln, sowie andere Undichtheiten abgedichtet. Zudem wurde in der Nachheizphase bzw. Abkühlphase eine Abdeckung am äußeren Teil des Kühlergrills sowie bei sonstigen Lufteintritten angebracht, um die Kamineffekte zu unterbinden (Simulation einer Jalousie).

4.3. Antrieb isoliert und Motorraum ohne Kamineffekte (Variante 4)

Die Maßnahmen aus 4.1. und 4.2. wurden kumuliert, um das maximale, realistische Potential zu messen.

4.4. Originalzustand mit zusätzlichem Frischluftsystem (Variante 5)

Eine Lufteintrittsöffnung über dem Kühlergrill wurde eingesetzt für die Frischluftzufuhr in den Motorraum. Die Luft wurde bis zur Batterie kanalisiert, um deren Temperatur niedrig zu halten, aber gleichzeitig auch um die durchschnittlichen Lufttemperaturen im Motorraum zu senken.

5. Betriebsicherheit

Das Testfahrzeug durchlief nach einer Aufheizphase eine Bergfahrt bei langsamer Fahrt. Danach wurde die Nachheizphase bzw. das Abkühlverhalten aufgezeichnet. Am Ende der Bergfahrt wurden die Temperaturen bewertet.

Bei der Bewertung der Betriebssicherheit wurden folgende Aspekte untersucht:

- Abgastemperaturen
- Oberflächentemperaturen der Abgasanlage
- Temperaturen im Motorraum (Aggregate und Luft)
- Einfluss auf Motoröl- und Getriebeöltemperaturen
- Motorkühlung

5.1. Abgastemperaturen und Temperaturen an Abgasanlage

Alle getesteten Varianten haben wenig Einfluss auf die Abgastemperaturen. Die Oberflächentemperaturen der Abgasanlage zeigen dennoch Unterschiede: Insbesondere der isolierte Vorkatalysator bleibt wärmer. Die Varianten 3 und 4 weisen an Position 1300-2300 mm deutlich tiefere Temperaturen an der Abgasanlage auf als im Originalzustand: Ein Zeichen, dass die Unterbodenströmung verändert wurde, vermutlich aufgrund des geschlossenen Motorunterschildes. Unerbodenströmungen sind sehr empfindlich auf Geometrieänderungen im vorderen Bereich des Fahrzeugs [7].

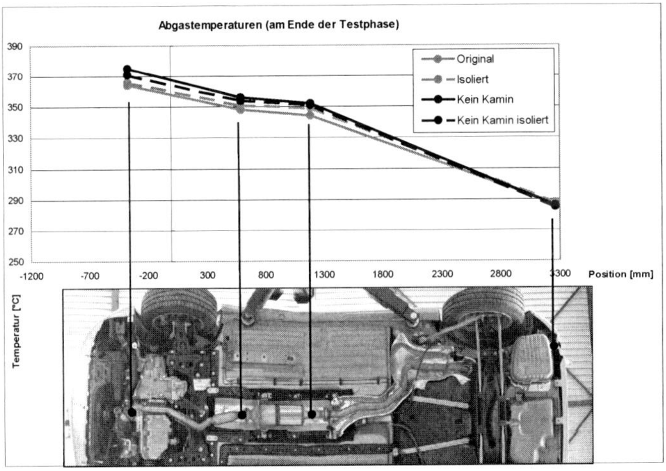

Bild 1: Abgastemperaturen bei einer simulierten Bergfahrt

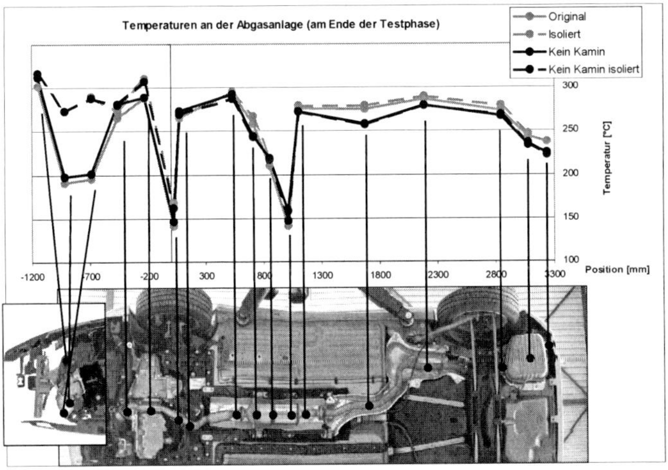

Bild 2: Temperaturen an Abgasanlage während einer simulierten Bergfahrt

5.2. Motorraum, Aggregate und Luft

Die heißesten Temperaturen wurden im Zustand ohne Kamineffekte erreicht (Variante 3). Der Zustand ohne Kamineffekte + Isolation ist allgemein kälter (Variante 4), insbesondere wegen der Isolation auf dem Zylinderkopf. Diese ist auch dafür verantwortlich, dass die Werte bei Ansaugkrümmer und Nockenwellengehäuse steigen.

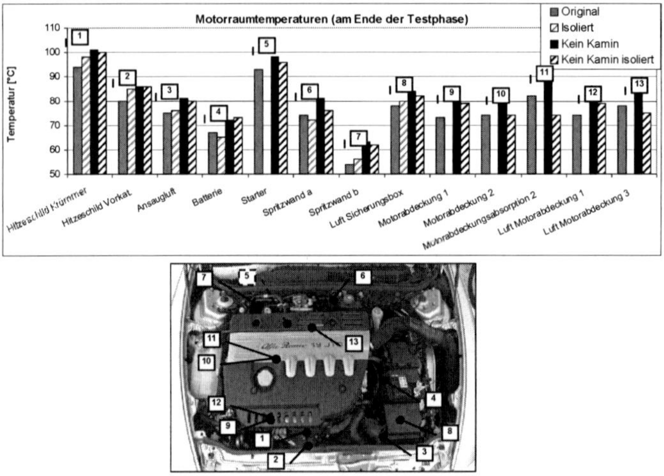

Bild 3: Temperaturen im Motorraum bei Bergfahrt #1

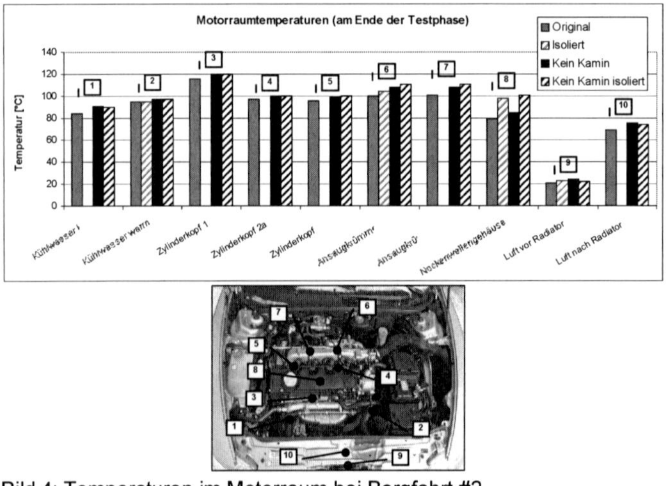

Bild 4: Temperaturen im Motorraum bei Bergfahrt #2

5.3. Motoröl und Getriebeöl

Unterhalb des Antriebs ist der Anstieg der Temperaturen auf die Zonen beschränkt, die mit einer motornahen Isolation bedeckt sind. Die Schmiermitteltemperaturen sind nicht bedeutend wärmer; ein Zeichen dafür, dass die Wärme hauptsächlich durch die Motorkühlung abgeführt werden kann.

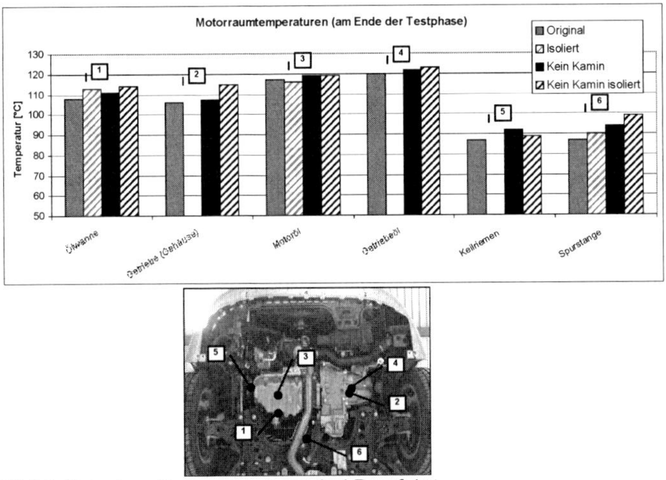

Bild 5: Schmiermitteltemperaturen bei Bergfahrt

5.4. Motorkühlung

Nebst örtlichen Überhitzungen an Komponenten und Verkleidungen des Antriebs muss genügend Kühlung für den Antrieb selbst sichergestellt werden. Obwohl die Sicherheitsrelevanten Antriebsteile und Flüssigkeiten nicht viel heißer werden als im Originalzustand, wurde eine um bis zu 5% höhere Lüfteraktivität festgestellt. Somit kann bei Anwendung einer Kapselung davon ausgegangen werden, dass der Antrieb mit einer höheren Kühlleistung versorgt werden muss.

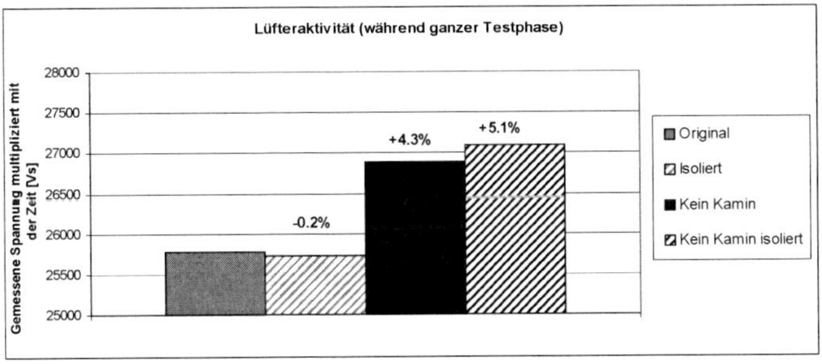

Bild 6: Aktivität des Lüfters

5.5. Zufuhr von Frischluft

Die Zufuhr von Frischluft wurde auf der linken Motorraumseite konstruiert, insbesondere, um die Batterie zu kühlen und um die Lufttemperaturen im Motorraum abzusenken. Es ist zu sehen, dass die Öffnung oberhalb des Kühlergrills auch bei tiefen Geschwindigkeiten ihre Wirkung zeigt. Für die thermische Bewertung wurden wiederum simulierte Bergfahrten auf dem Prüfstand gefahren. Die Lufttemperaturen im hinteren Teil des Antriebs in Richtung Stirnwand sind um bis zu 5°C tiefer. Die Batterie kann dank dem Frischluftkanal effizient gekühlt werden.

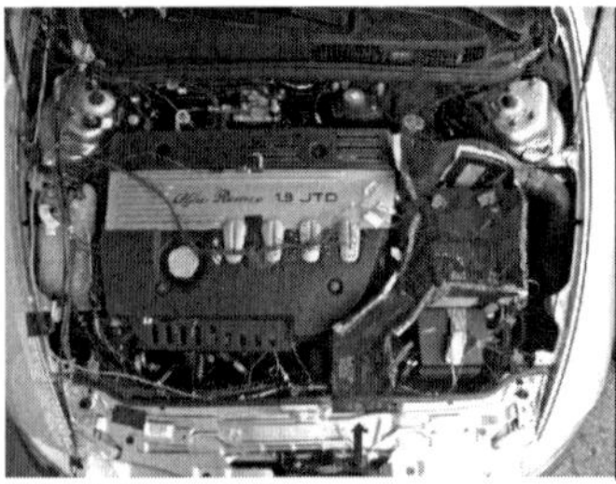

Bild 7: Frischluftkanal

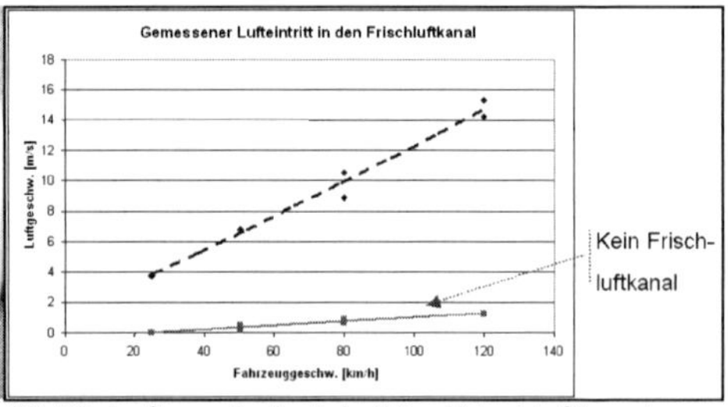

Bild 8: Luftgeschwindigkeit im Frischluftkanal

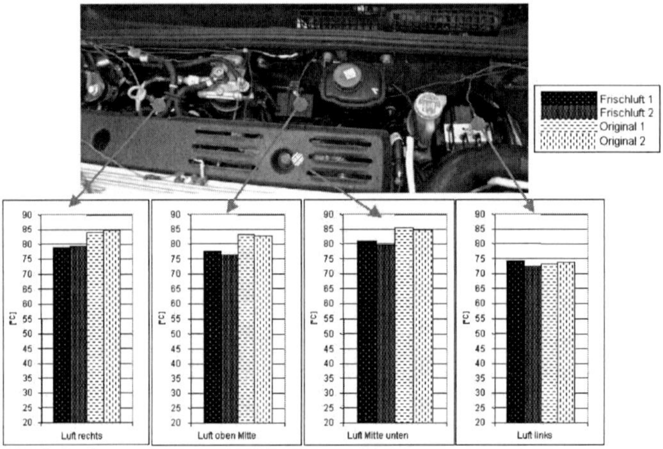

Bild 9: Lufttemperaturen im Motorraum hinten

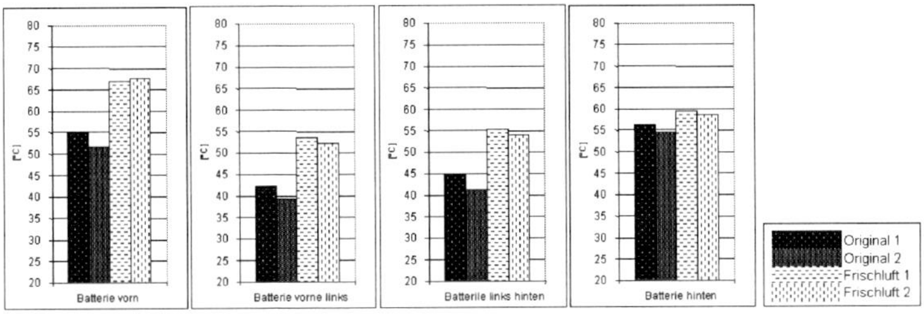

Bild 10: Batterietemperaturen bei Bergfahrt

6. Verlängerung der Abkühlzeit

6.1. Vorkatalysator, Motoröl und Getriebeöl

Die Abkühlkurven wurden am Ende einer simulierten Bergfahrt in einem Raum vorgenommen, dessen Umgebungstemperatur auf 23°C geregelt wurde. Während der Abkühlzeit waren weder Belüftung noch Temperatursteuerung eingeschaltet.
Die Aufzeichnung von relevanten Temperaturen des Antriebs nach 4 Std. zeigt, dass die Variante ohne Kamineffekte 5-8°C höhere Temperaturen aufweist als die Originalversion. Die Version 4 weist eine Temperaturerhöhung von 7-12°C auf. Die Resultate der isolierten Variante weisen hingegen nur eine geringfügige Verbesserung auf.

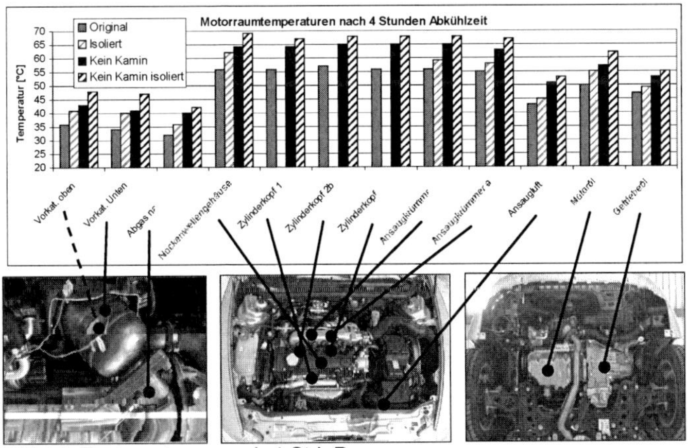

Bild 11: Temperaturen nach 4 Std. Pause

6.2. Innenraumheizung

Der Einfluss der Kapselungen auf die erzeugte Warmluft des Heizsystems im Innenraum, wurde bei einer Umgebungstemperatur von –7°C bewertet. Das Fahrzeug durchlief jeweils 3 NEFZ-Zyklen, wobei zwischen dem ersten und zweiten eine 35 Minuten Pause und zwischen dem zweiten und dritten eine 90 Minuten Pause eingelegt wurde. Bei einem reinen Kaltstart kann kein Kapselungskonzept Abhilfe bringen, dennoch ist der Einfluss der Kapselungen umso vorteilhafter je länger die Pause dauert. Dabei ist ersichtlich, dass allein die Verhinderung der Kamineffekte das größte Verbesserungspotential zeigt.

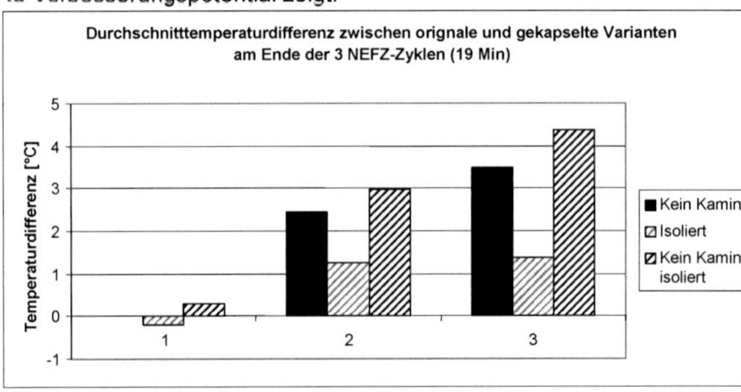

Bild 12: Temperaturdifferenz der Innenraumheizung

7. Abgasemissionen

Die Abgasemissionen wurden in einem Klimaprüfstand bei –7°C gemessen. Auch hier wurden 3 NEFZ-Zyklen gemessen mit einer Pause von jeweils 35 bzw. 90 Min. Beim reinen Kaltstart ist keine Verbesserung zu messen. Bei den Neustarts (ECE 2, NEFZ 2 bzw. ECE 3, NEFZ 3) ist der Einfluss der erhaltenen Wärmeenergie zum Teil vielversprechend. Gut zu sehen ist, dass insbesondere beim ersten Teil des NEFZ-Zyklus - dem ECE - die größte Verbesserung erreicht wurde. Hier ist die Verbesserung der Emissionen bei der kurzen Pause größer. Dies hängt mit den Neustarttemperaturen des Vorkatalysators zusammen. Die CO_2-Emissionen hingegen sind nach der 90-minütigen Pause geringer. Keine Verbesserung war bei NOx bzw. bei den Russpartikeln zu messen.

Verbesserung der Emissionen im Vergleich zum Originalzustand [%]

CO_2	ECE 2	ECE 3	**NEFZ 2**	**NEFZ 3**
Kein Kamin	-1.6	-3.6	**-0.9**	**-2.2**
Isoliert	-2.0	-2.6	**-1.3**	**-1.1**
Kein Kamin isoliert	-2.6	-4.4	**-1.5**	**-2.6**

CO	ECE 2	ECE 3	**NEFZ 2**	**NEFZ 3**
Kein Kamin	-23.6	-10.5	**-23.8**	**-11.4**
Isoliert	-18.5	-9.2	**-19.3**	**-10.1**
Kein Kamin isoliert	-39.6	-21.2	**-40.3**	**-23.0**

HC	ECE 2	ECE 3	**NEFZ 2**	**NEFZ 3**
Kein Kamin	-25.1	-14.8	**-26.9**	**-16.9**
Isoliert	-24.3	-19.6	**-25.7**	**-20.6**
Kein Kamin isoliert	-46.9	-34.4	**-47.4**	**-37.6**

NOx	ECE 2	ECE 3	**NEFZ 2**	**NEFZ 3**
Kein Kamin				
Isoliert	Keine Verbesserung			
Kein Kamin isoliert				

Russpartikeln	ECE 2	ECE 3	**NEFZ 2**	**NEFZ 3**
Kein Kamin				
Isoliert	Keine Verbesserung			
Kein Kamin isoliert				

Tabelle 1

8. Schlussfolgerungen

Die drei getesteten Kapselungs-Varianten haben alle eine Verlängerung der Abkühlzeit zur Folge. Die effizienteste Maßnahme, um Wärmeenergie im Antrieb zu speichern ist, die Kamineffekte zu verhindern. Danach kann nur mit konsequenter thermischer Isolation mit Materialien die Energieerhaltung erhöht werden.
Alle Kapselungs-Varianten zeigen hingegen ein Ansteigen der Durchschnittstemperaturen im Motorraum während der simulierten Bergfahrt auf. Dem kann jedoch mit der Einführung eines Frischluftkanalsystems entgegengewirkt werden.
Die Kapselung bewirkt zudem eine höhere Beanspruchung der Motorkühlung. Dies muss bei der Auslegung des Kühlsystems berücksichtigt werden.
Die gespeicherte Wärme wirkt sich positiv auf die Emissionen aus. Beim reinen Kaltstart ist keine messbare Verbesserung zu sehen, nach einer Pause von 35 Min ist jedoch der CO-Ausstoß je nach Variante zwischen 20-40% geringer, der HC-Ausstoß sogar 25-45%. Nach einer Pause von 90 min schwinden die Verbesserungen, sie bewegen sich dennoch zwischen 10-35%. Die Reduktion des CO_2-Ausstoßes - und somit des Verbrauchs - ist nach einer Pause von 90 min am größten und bewegt sich zwischen 1-2.5%.

9. Ausblick

Rieter Automotive hat bereits an der Umsetzung der beschriebenen Funktionen in Form von Systembauteilen gearbeitet. Diese seriennahe Lösung enthält das beschriebene thermische Verhalten, eine optimierte Akustik im Leerlauf und bei der Vorbeifahrt, erhöhter Fußgängerschutz für den Kopfaufschlag und Beinaufschlag, sowie neue Styling Elemente im Motorraum.
Diese Lösung soll in den nächsten Monaten den OEM's vorgestellt und mit ihnen diskutiert werden.

Danksagung

Die Autoren danken allen Teammitgliedern des Rie-BAY Projektes sowie den Korrektoren für die zahlreichen und konstruktiven Diskussionen.

Literatur

[1] Himmelsbach J., Dilgen P., Limbach S.:
Zum Kraftstoffeinsparpotential bei Minimierung der Wärmeverluste des Motors an die Umgebung
Wärmemanagement des Kraftfahrzeugs, Exepert Verlag, 1998

[2] Hofmann P., Indra F.:
Neues Wärmespeichersystem zur Verminderung der Kaltstartemissionen und Erhöhung des Komforts
Wärmemanagement des Kraftfahrzeugs, Exepert Verlag, 1998

[3] Holzer H., Lenz. H.P.:
Wärmemanagement im Antriebstrang – Entwicklung einer Warmlaufstrategie für Motor und Automatikgetriebe
Wärmemanagement des Kraftfahrzeugs II, Exepert Verlag, 2000

[4] Lindl B.:
Einfluss von kraftstoffbetriebenen Heizern auf Rohemission und Heizkomfort bei Kaltstart und Warmlauf von Dieselmotoren
Wärmemanagement des Kraftfahrzeugs III, Exepert Verlag, 2002

[5] Geels, P-Y., Gessier B., Chanfreau M., Tarquis M.
Advance control strategy for modern engine cooling thermal system, and effect on CO2 and pollutant reduction
Paper C599/011/2003, VTMS6 (2003 Vehicle Thermal Management Systems Conference)

[6] Danckert H., Ebbinghaus W.:
Noise reduction by engine encapsulation
SAE technical papers 820754

[7] de Ciutiis, H.:
Effect of an Optimized Heatshield Design and an Aerodynamic Exhaust Tunnel Cover on Convective Heating of the Floor Pan
SAE paper 2005-01-2016, VTMS7 (2005 Vehicle Thermal Management Systems Conference)

10 Einfluss der Starttemperatur auf den Kraftstoffverbrauch

Norbert Deußen

1. Abstract

Powertrain warm-up has due to friction and fuel-mixture generation effects huge impacts on fuel economy [1 - 5, 7 - 9]. In this paper a general approach to these processes is performed to improve the understanding of heat-management. To give a survey over the actual situation in common car traffic, the software-tool ***WarmUp***[1] [4] was deployed to analyse different standard driving cycles for private (P1, P2) and commercial (G) car usage which should represent widespread traffic patterns. The investigation showed that start temperature during the courses P1 and P2 with a reasonable share of short distance rides nearly correspond to ambient temperature. Therefore fuel efficiency is poor in general and there is a great influence of season. During commercial operation the time between two journeys is small and hence a significant rise in start temperature can be determined. For this reason fuel efficiency during profile G is above-average.

A thermal powertrain-enclosure TMK built of a 15 mm thick isolating hard foam layer has a distinctively great influence on fuel economy. Fuel consumption decreases between 5.1 % ... 12.5 %. This improvement in fuel economy is an advantage for the car user, but does not occur in performing the federal test procedure 91/ 441/ EWG. The reason here are the test regulations. Instead of defining fixed start temperatures for the test the author suggests a defined preparation time of around 24 h which should be determined in detail by further studies [2].

2. Prozesse im Motorwarmlauf

Die Temperatur des Antriebs beim Start hat, wie aus verschiedenen Analysen bekannt ist, einen wesentlichen Einfluss auf den Kraftstoffverbrauch des Fahrzeugs [1 - 5, 7 - 9]. Den Kunden ist dieser Zusammenhang in den Grundzügen geläufig, da der Verbrauch üblicherweise im Winterhalbjahr erkennbar höher als im Sommer ist. Bei näherer Betrachtung kann festgestellt werden, dass für den Verbrauchseinfluss verschiedene Prozesse im Motorwarmlauf verantwortlich sind. Diese sollen zunächst etwas detaillierter untersucht werden.

Für den Wirkungsgrad des Motors ist vor allem der thermodynamische Arbeitsprozess maßgeblich, der festlegt, welcher Anteil des Kraftstoffenthalpiestroms in mechanische Leistung umgewandelt werden kann. Dieser Prozess ändert sich im Warmlauf mit Konsequenzen für den Verbrauch. Die Reibung im Motor ist ebenfalls von der Motortemperatur abhängig [7], auch hier besteht also ein Warmlaufeinfluss. Zunächst soll der Einfluss der Temperatur auf die Reibung untersucht werden. Motoröl ist ein synthetischer oder durch Raffinierung aus Erdöl hergestellter Stoff, der sich durch eine ausgeprägte Zähigkeitsänderung mit der Temperatur auszeichnet.

[1] Release of FGM Engineering, Cologne, Germany

Beispielsweise ist die kinematische Zähigkeit eines Motoröls der Klasse 10W50 durch den Verlauf in *Bild 2-1* gekennzeichnet. Die Zähigkeit ändert sich also im Betriebstemperaturbereich um mehrere Zehnerpotenzen. Bei 150 °C ist das Öl dünnflüssig wie Wasser, an der unteren Temperaturgrenze dagegen ausgesprochen zähflüssig.

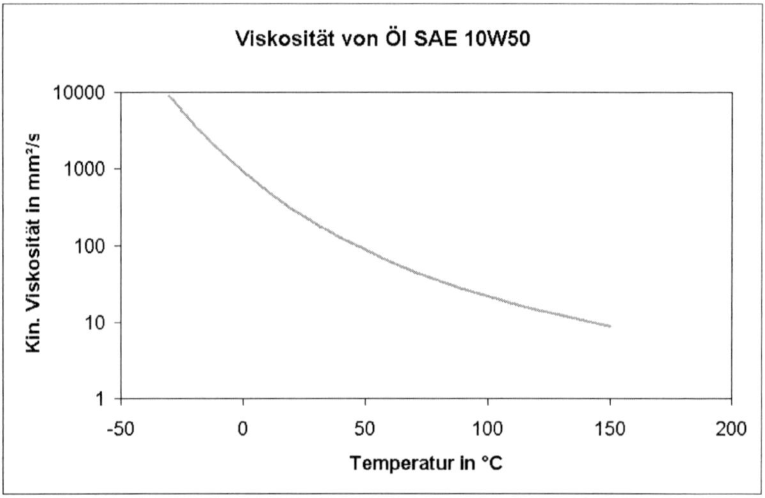

Bild 2-1: Kinematische Viskosität ν von Motoröl SAE 10W50

Um zu verstehen, welchen Einfluss die Zähigkeit auf die Reibung hat, soll kurz auf die Funktion eines Gleitlagers eingegangen werden. Gleitlager und Gleitpaarungen werden an vielen Lagerstellen des Motors eingesetzt, z.B. an den Grund- und Nockenwellenlagern sowie an der Kolbengruppe. In einem klassischen Gleitlager befindet sich in einer Lagerschale ein drehender Wellenzapfen. Das Lagerspiel beträgt üblicherweise etwa 1 ‰ des Lagerdurchmessers, der Schmierspalt ist weitgehend mit Öl gefüllt. Infolge der Lagerbelastung baut sich im Ölspalt ein erheblicher Druck auf, der einen Teil des Öls zu den Seiten des Lagers hin verdrängt. Dadurch ändert sich die Dicke des Ölfilms bis zum Ort der größten Exzentrizität *(Bild 2-2)*. Durch Reibung wird ständig neues Öl in den Lagerspalt gefördert, so dass sich ein quasistatischer Zustand einstellt. Je größer die Wellendrehzahl ist, umso mehr Öl wird gefördert und umso geringer ist die Exzentrizität des Lagers bei gegebener Last. Das gleiche gilt bei zunehmender Viskosität: Je dickflüssiger das Öl ist, desto geringer ist die Exzentrizität.

Die Reibung ist in erster Linie der Viskosität des Öls proportional, die Exzentrizität hat dagegen kaum Auswirkungen, solange sich die Reibpartner nicht berühren. Grundsätzlich werden drei Betriebszustände des Gleitlagers beschrieben: Bei geringster Drehzahl kann sich kein Öldruck aufbauen, weshalb die Bauteile ohne trennenden Ölfilm aufeinander abgleiten. Dieser Betriebszustand wird als Festkörperreibung bezeichnet. In Verbrennungsmotoren kommt er nur ganz kurzzeitig beim Start vor. Wird dagegen bereits eine geringfügige Tragfähigkeit durch das Öl im Lagerspalt erreicht, berühren sich zwar die Rauhigkeitsspitzen der Gleitpaarung und es kommt überwiegend zu elastischer Verformung. Dieser Zustand wird als Mischreibung bezeichnet. An vielen geschmierten Bauteilen im Motor wird zumindest zeitweise Mischreibung beobachtet. Bei Mischreibung wird zwar eine deutlich erhöhte Reibleistung festgestellt, der Lagerverschleiß ist aber im Allgemeinen tolerierbar. Der angestrebte Dauerzustand eines Gleitlagers ist der hydrodynamische Gleitzustand, bei dem es zu einer vollständigen Trennung der Gleitpaarung kommt. Hier verschleißt nur das Schmieröl, nicht aber die Welle oder das Lager.

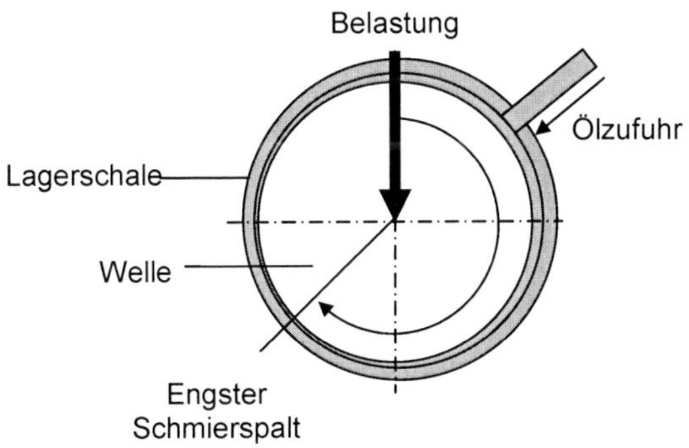

Bild 2-2: Betriebsgrößen eines Gleitlagers (schematisch)

Die Reibleistung eines Gleitlagers ist also erheblich vom Betriebzustand abhängig. Grundsätzlich ergibt sich bei konstanter Belastung und veränderlicher Drehzahl der in *Bild 2-3* dargestellte Verlauf. Unterhalb der Mindestdrehzahl liegt Mischreibung mit erhöhter Reibleistung und Verschleiß vor. Die Mindestdrehzahl ist bei gegebener Belastung von der Ölviskosität und damit von der Öltemperatur abhängig. An diesem Punkt liegt gerade hydrodynamisches Gleiten vor. Die Reibleistung erreicht hier ihren Minimalwert. Bei weiter steigender Drehzahl erhöht sich auch die Reibleistung wieder. Die Frage, in welchem Betriebszustand das Lager betrieben wird, ist unmittelbar von der Lagergeometrie (Durchmesser, Lagerbreite), der Ölviskosität und der Belastung abhängig. Darüber hinaus ist zu berücksichtigen, dass bei Lagern von Verbrennungsmotoren die Belastung zeitlich stark veränderlich ist, weshalb insgesamt komplexere Verhältnisse vorliegen. Am grundsätzlichen Einfluss der Hauptparameter ändert das aber nichts.

Zusammenfassend kann festgestellt werden, dass die Reibleistung in den Lagerstellen des Motors deutlich von der Temperatur abhängig ist. Allerdings unterscheiden sich die Lagerstellen bezüglich des temperatur- und drehzahlabhängigen Gleitzustands *(Tabelle 2-1)*.

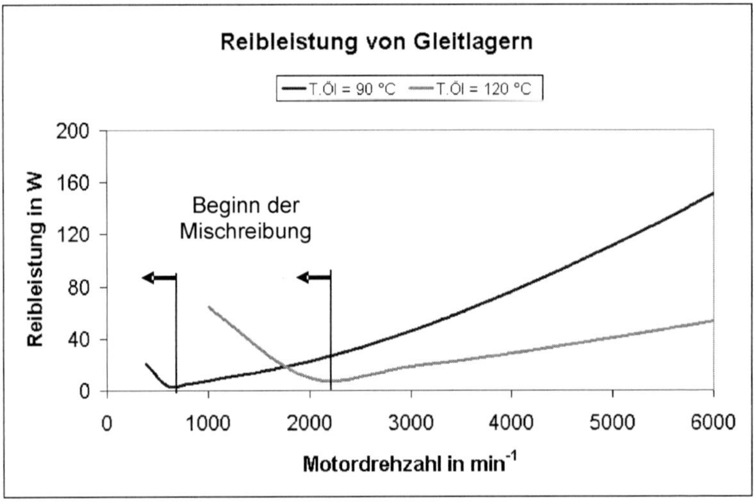

Bild 2-3: Gleitlager-Reibleistung als Funktion von Drehzahl und Öltemperatur[2]

Drehzahl	niedrig	niedrig	hoch	hoch
Motor-temperatur	Warmlauf	Betriebs-temperatur	Warmlauf	Betriebs-temperatur
Lagerstelle				
Kurbelwelle	Gleitreibung	überwiegend Gleitreibung	Gleitreibung	Gleitreibung
Nockenwelle	überwiegend Gleitreibung	Mischreibung	Gleitreibung	Gleitreibung
Tassenstößel/ Nocken	überwiegend Gleitreibung	Mischreibung	Gleitreibung	Mischreibung
Kolbenring/ Zylinderwand	überwiegend Gleitreibung	Misch- und Gleitreibung	überwiegend Gleitreibung	überwiegend Gleitreibung

Tab. 2-1: Eingruppierung der Motorlagerstellen bezüglich des Betriebszustandes

2 Öltemperatur am Lagereintritt. Im Lager erhöht sich die Öltemperatur durch die Reibung erheblich.

Traditionell wird der Reibungsoptimierung in Verbrennungsmotoren eine hohe Priorität bei den Wärmemanagement-Maßnahmen eingeräumt. Tatsächlich ist jedoch bei Ottomotoren der Einfluss der Gemischbildung und Verbrennung auf Kraftstoffverbrauch und Emissionen im Warmlauf noch größer [4]. *Bild 2-4* zeigt beispielsweise den Warmlaufverbrauch eines Ottomotors bei konstanter spezifischer Arbeit von w_e= 0,6 kJ/ dm³ und der Drehzahl n = 2000 min^{-1}. In der Grafik ist der Verbrauch über der Motortemperatur aufgetragen. Die Motormedientemperatur ϑ_{MOT} wird hier anteilig aus Kühlmittel- ϑ_{KM} und Öltemperatur ϑ_{Oel} nach *Gleichung 2-1* gebildet:

$$\vartheta_{MOT} = 0{,}65 \cdot \vartheta_{KM} + 0{,}35 \cdot \vartheta_{Oel} \qquad \textit{Gl. 2-1}$$

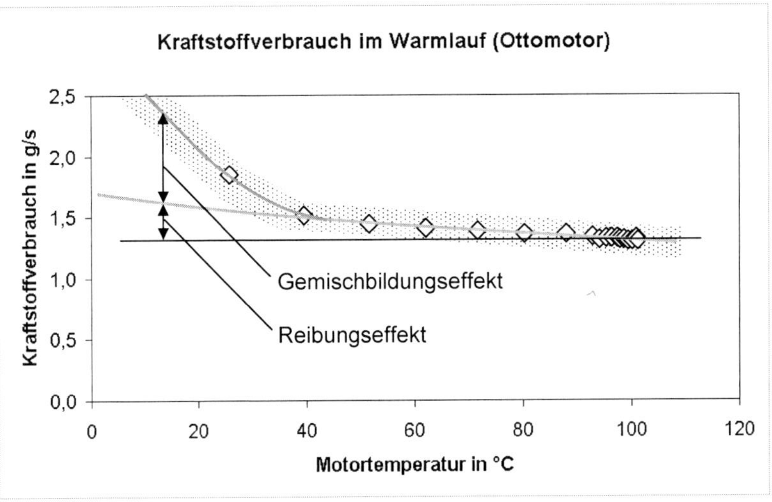

Bild 2-4: Warmlaufverbrauch eines Ottomotors (Beispiel)

Der Kraftstoffverbrauch zeigt einen charakteristischen Verlauf. Bei Betriebstemperatur wird im untersuchten Temperaturbereich der niedrigste Verbrauch erreicht. In Richtung fallender Motortemperatur steigt der Verbrauch zunächst kontinuierlich an. Bei einer definierten Temperatur schließlich steigt der Verbrauch dann wesentlich schneller. Der Grund für dieses Verhalten liegt darin, dass bei höherer Temperatur kein nachteiliger Gemischbildungseffekt vorliegt und allein die Temperaturabhängigkeit der Reibung zu Mehrverbrauch führt. Im vorliegenden Beispiel verschlechtern sich die Gemischbildung und die Verbrennung unterhalb von ca. 40 °C deutlich. Durch mangelhafte Aufbereitung der Ladung kommt es zu einer zunehmend unvollständigen Verbrennung, was darüber hinaus auch eine verstärkte HC-Rohemission des Motors zur Folge hat. Gleichzeitig leidet die Verbrennungsgeschwindigkeit, was

Nachteile für den Gleichraumgrad des Prozesses hat. Beide Effekte verschlechtern den Wirkungsgrad. Bei einigen Motoren wird zur Beschleunigung des Kat-Anspringens im Warmlauf der Zündwinkel Richtung spät gezogen, auch diese Maßnahme hat Prozessnachteile und damit Mehrverbrauch zur Folge.

Ein weiterer Effekt der Gemischbildung resultiert aus der Wandfilmbildung bei Ottomotoren mit Saugrohreinspritzung (MPI[3]) oder Zentraleinspritzung. Der im Saugrohr vorliegende Kraftstoff befindet sich im Stationärbetrieb in einem Gleichgewicht aus Anlagerung und Verdunstung. Bei niedriger Wandfilmtemperatur, also im Motorwarmlauf, befindet sich in einem gegebenen Betriebspunkt mehr Kraftstoff im Wandfilm, weil der Dampfdruck des kalten Kraftstoffes deutlich niedriger ist. Bei Lastwechseln des Motors kommt es kurzzeitig immer zu so genannten Gemisch-Fehlanpassungen. Bei Reduzierung der Last beispielsweise wird das Gemisch ungewollt angefettet, da für den neuen Betriebspunkt zu viel Kraftstoff an der Wand lagert. Die Anfettung führt zu einer Verbrauchserhöhung. Dieser Effekt ist aus den genannten Gründen bei instationärem Motorbetrieb und niedriger Saugrohrtemperatur am stärksten ausgeprägt. *Bild 2-5* zeigt das Beispiel eines Ottomotors mit Saugrohreinspritzung bei betriebswarmem Zustand. Ausgehend vom Teillastbetriebspunkt mit einem Verbrennungsluftverhältnis von $\lambda \approx 1$ (stöchiometrischer Betrieb) wird bei der anschließenden Verzögerung des Fahrzeugs die Drosselklappe geschlossen, wodurch der Druck im Saugmodul absinkt und sich der beschriebene Anfettungseffekt einstellt.

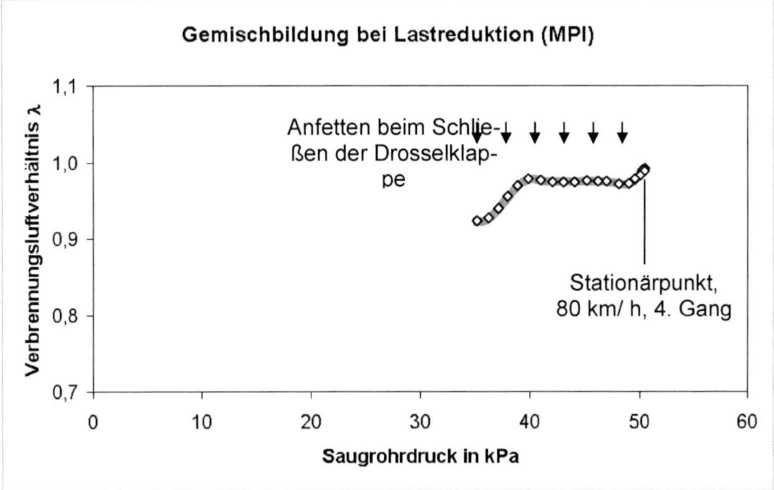

Bild 2-5: Motor-Instationärbetrieb mit Gemischfehlanpassung[4].

[3] Multipoint-Injection, je ein Einspritzventil je Saugrohr und Zylinder

[4] Berechnet mit ***TransEngine 3.1***, λ-Regelung ist deaktiviert

Bei Ottomotoren mit Drosselklappe spielt auch der Einfluss der Bauteiltemperatur auf die Ladungswechselarbeit eine spürbare Rolle. Als Ladungswechselarbeit wird die Energie bezeichnet, die erforderlich ist, um die Zylinderladung vom Saugmodul in den Brennraum zu fördern und um dieselbe Ladung nach der Verbrennung von dort in die Abgasanlage auszuschieben. Je höher die Bauteiltemperatur im Brennraum ist, umso mehr heizt sich die Füllung beim Einströmen in den Brennraum auf[5]. Im Teillastbereich wird bei Motoren mit Drosselklappe die Füllung über die Drosselung der Ladung eingestellt. Wird die Zylinderladung im Saugmodul bzw. im Brennraum aufgeheizt, dehnt sie sich aus. Dadurch kann die Drosselklappe dann weiter geöffnet werden: Der Druck im Zylinder steigt während des Ansaugens, was eine geringere Ladungswechselarbeit zur Folge hat. Aus diesem Grund wirkt sich eine Erhöhung der Kühlmitteltemperatur grundsätzlich positiv auf die Ladungswechselarbeit bei Motorteillast aus, der Verbrauch sinkt.

Bei Ottomotoren liegt ein weiterer Effekt bei Erhöhung der Zylinderwandtemperatur im leerlaufnahen Betrieb darin, dass sich dadurch die Brenngeschwindigkeit erhöht. Dies wirkt sich tendenziell auf den Gleichraumgrad der Verbrennung aus und führt zu Verbrauchsverbesserungen bei gleichzeitig reduzierter HC-Motorrohemission. Allerdings lässt sich die Brenngeschwindigkeit auch durch Veränderung der Restgasbeimengung und durch Turbulenzmaßnahmen beeinflussen.

Bei Dieselmotoren spielt die Temperatur der Zylinderladung für die Gemischaufbereitung eine geringere Rolle als bei Ottomotoren. Da aber Dieselmotoren konzeptbedingt eine höhere Reibleistung als Ottomotoren haben, sind die Verbrauchspotenziale der Warmlaufmaßnahmen häufig in der gleichen Größenordnung.

Bei den Aggregaten ist vor allem die Leistungsaufnahme der Ölpumpe im Warmlauf deutlich höher, als es der Ölbedarf erfordern würde. Die Schluckmenge des Motors liegt hier im einstelligen Prozentbereich der maximalen Fördermenge. Bei ungeregelten Ölpumpen wird ein drehzahlproportionaler Volumenstrom gefördert, weshalb ein Großteil des Öls im Druckregler abgesteuert wird (vgl. *Bild 2-6*). Gleichzeitig ist die Förderdruckdifferenz an der Pumpe durch die große Ölviskosität besonders hoch. Beides lässt sich durch eine bevorzugt stufenlos Regelung der Förderleistung erheblich vermindern. Zusammenfassend kann festgestellt werden, dass die Motortemperatur im Warmlauf bzw. die Starttemperatur den wesentlichen Parameter des Mehrverbrauchs darstellt.

---

[5] Eine weitere Möglichkeit, die Füllung aufzuheizen, besteht in der Beimengung von Restgas durch gezielte Rücksaugung durch Vergrößerung der Ventilüberschneidung mittels Nockenwellen-Phasensteller.

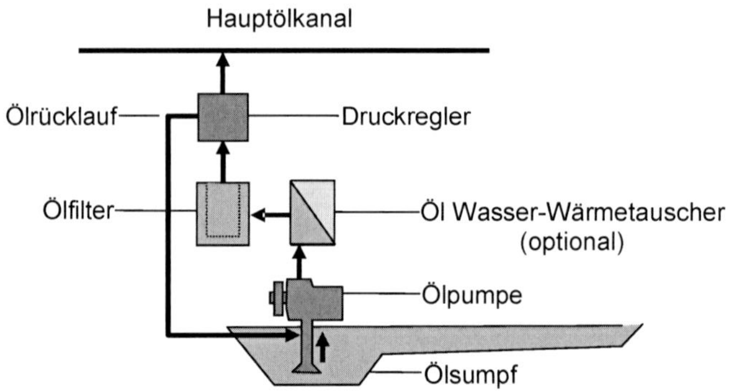

Bild 2-6: Schematischer Aufbau des Motorölkreislaufs

3. Starttemperatur bei kundentypischem Betrieb

In der Praxis ist die Starttemperatur sehr stark vom jeweiligen Nutzungsprofil des Kunden abhängig. Ein Ziel der vorliegenden Arbeit war es, durch eine rechnerische Analyse den Einfluss der Nutzungsprofile auf die Starttemperatur zu untersuchen. Dazu wurden zunächst drei charakteristische Nutzungsprofile definiert, die sich an verbreiteten Betriebsszenarien orientieren. Basis der Nutzungsprofile sind dabei Module, die aus dem NEFZ-Zyklus bzw. einem Autobahnzyklus abgeleitet sind. *Tabelle Tab 3-1* gibt einen Überblick über die einzelnen Module der Fahrzyklen.

Typ	Basiszyklus	Dauer	Strecke	Durchschnitts-geschwindigkeit
		Minuten	km	km/ h
A1	NEFZ	10	3,3	19,8
B1	NEFZ	20	11,4	34,2
A3	Autobahn	10	21,8	130,8
B3	Autobahn	20	43,8	131,4
C3	Autobahn	30	65,9	131,9

Tab. 3-1: Module der Fahrprofile

Die unter Verwendung der Module erstellten drei Nutzungsprofile unterscheiden sich in der Nutzungshäufigkeit, der tageszeitlichen Zuordnung der Nutzung und schließlich in der resultierenden Streckenleistung. Das Nutzungsprofil P1 entspricht dabei dem privaten Fahrzeugeinsatz mit der von Montag bis Freitag durchgeführten Fahrt zur Arbeitstelle und weiteren am Abend und am Wochenende liegenden Fahrten. Ein Profil P1 dauert zusammen mit den zwischen den Fahrten liegenden Abkühlphasen insgesamt zwei Wochen, übertragen auf ein Jahr liegt die Fahrleistung bei rund 13400 km. Diese Fahrleistung entspricht ziemlich genau dem europäischen Mittelwert.

Im Profil P2 wird eine Kurzstreckennutzung des Fahrzeugs abgebildet, die durch im Vergleich zu P1 längere Abstellphasen und kürzere Einzelstrecken gekennzeichnet ist. Es dauert ebenfalls zwei Wochen und weist eine Jahresfahrleistung von rund 4000 km auf.

Das Profil G ist durch eine Vielzahl von am Tag durchgeführten Fahrten, verteilt über den Zeitraum Montag bis Freitag, gekennzeichnet. Dieses Profil zeigt eine intensive Nutzung mit kurzen Abstellzeiten, nur am Wochenende wird das Fahrzeug nicht bewegt. Damit repräsentiert das Profil G eine gewerbliche Nutzung des Fahrzeugs für Vertrieb oder Kundenfahrten. Die Dauer beträgt wieder zwei Wochen, die jährliche Fahrleistung entspricht hier 18600 km.

Für diese drei Fahrzyklen wurden mit der Software ***WarmUp 2.4*** [4] die Betriebsgrößen eines Testfahrzeugs ermittelt. Das Fahrzeug ist durch folgende Eigenschaften gekennzeichnet *(Tabelle 3-2)*:

Fahrzeug		
Masse	kg	1280
$c_W \cdot A$	m²	0,544
Antrieb		
Prinzip	-	Otto
Getriebe	-	mech. 5-Gang
Hubvolumen	dm³	1,8
Leerlaufdrehzahl	min^{-1}	700
Nenndrehzahl	min^{-1}	6500
Nennmoment	Nm	182 bei 3900 min^{-1}
Nennleistung	kW	100 bei 5800 min^{-1}

Tab. 3-2: Eigenschaften von Testfahrzeug und Antrieb

Um eine Einordnung des vorliegenden Fahrzeugs vorzunehmen, wurde der Temperatureinfluss auf den Verbrauch mit Daten aus der Literatur [5] und weiteren, nicht veröffentlichten Ergebnissen des Verfassers verglichen. Das Streuband umfasst Otto- und Dieselmotoren. Im vorliegenden Fall handelt es sich um einen eher kleineren Ottomotor, der einen schnellen Warmlauf im Betrieb verspricht. Im Gegensatz zu automatischen Getrieben ist die Reibung des vorliegenden mechanisch geschalteten Getriebes im Kaltbetrieb eher gering. Daher ist hier ein moderater Temperatureinfluss zu erwarten. Der Verbrauch wird nach dem NEFZ-Fahrzyklus bewertet, im Unterschied zur Definition in der Prüfprozedur 91/ 441/ EWG[6] wird hier allerdings die Starttemperatur variiert. Als Bezug dient der betriebswarme Start, bei dem die Medien Kühlmittel, Motor- und Getriebeöl einen Wert von 100 °C aufweisen. Je niedriger die Starttemperatur ist, umso höher steigt der mittlere Verbrauch im Test. **Bild 3-1** zeigt die Einordnung des vorliegenden Testfahrzeugs in das vorliegende Streuband, die Vermutung bezüglich des günstigen Warmlaufverbrauchs bestätigt sich.

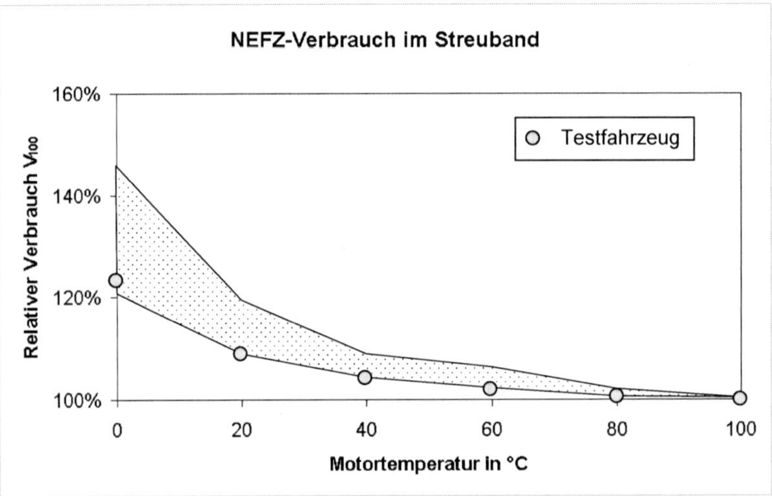

Bild 3-1: Streuband des Warmlaufverbrauchs/ Werte für die vorliegende Applikation

Die Software ***WarmUp*** ist in der Lage, das gesamte Wärmemanagement des Testfahrzeugs im Warmlauf, betriebswarmen Zustand und im Abkühlstadium abzubilden. Zusätzlich enthält es ein leistungsfähiges Modul zur Berechnung des Kraftstoffverbrauchs unter Berücksichtigung des Reibungs- und Gemischbildungseffekts, wobei die Kühlmittel- und Öltemperatur und der Motorbetriebspunkt einfließen. Die Umgebungstemperatur wird in Abhängigkeit der Jahres- und Tageszeit berechnet und fließt in die Abkühlzyklen mit ein. In der vorliegenden Version 2.4 von ***WarmUp*** werden die vier Jahreszeiten Frühling, Sommer, Herbst und Winter bezüglich der mittleren statistischen Minimal- und Maximaltemperatur charakterisiert, außerdem wird die Tageszeit für die Extremwerte spezifiziert. Als Klimamodell wurde im vorliegenden Fall das Berliner Klima zugrunde gelegt. Die Betriebsphasen des Fahrzeugs werden mit einer zeitlichen Auflösung von 1 s berechnet, die Abkühlphasen mit einer Diskretisierung von 60 s. *Bild 3-2* zeigt die Berechnungsergebnisse für das Profil P1.

---

[6] Richtlinie 91/ 441/ EWG, Amtsblatt L 242 vom 30.08.91; In der Praxis auch als KV 01 (Kraftstoffverbrauchszyklus 01), MVEG (Motor Vehicle Emission Group) oder NEFZ (Neuer Europäischer Fahrzyklus) bezeichnet.

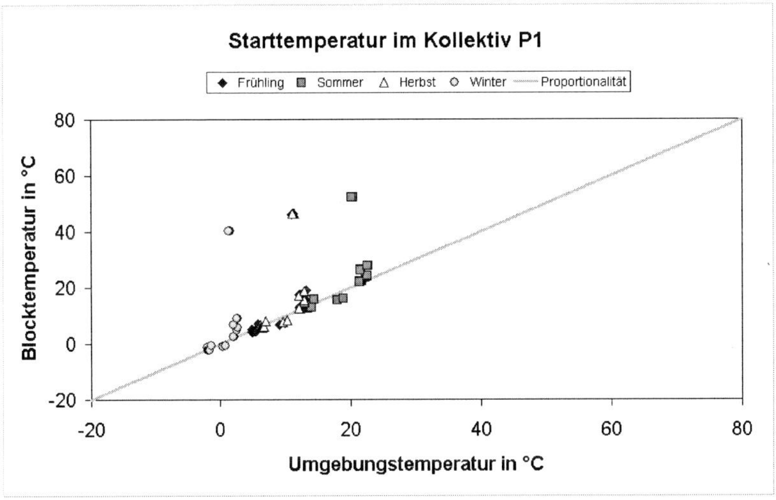

Bild 3-2: Starttemperaturen im Kollektiv P1

In der Grafik wurde die mittlere Motortemperatur (Blocktemperatur) beim Start über der aktuell herrschenden Umgebungstemperatur dargestellt. Zur Orientierung wurde die Proportionalität zwischen den beiden Temperaturen als Linie in das Diagramm aufgenommen. Insgesamt umfasst ein Profil P1 je 37 Fahrten, die sich auf einen Zeitraum von zwei Wochen erstrecken. Das Profil P1 wurde während der Berechnung in jeder der vier Jahreszeiten einmal durchlaufen. Diese Vorgehensweise wurde in allen weiteren Berechnungen in gleicher Weise praktiziert.

Einige Zyklen stechen in der Grafik durch eine vergleichsweise hohe Starttemperatur hervor. Diese Zyklen werden in kurzem zeitlichen Abstand zu einer vorangegangenen Betriebsphase durchlaufen. Das Gros der Zyklen im Profil P1 zeigt aber, dass sich die Starttemperatur im statistischen Mittel nur unwesentlich von der Umgebungstemperatur unterscheidet. Bei einigen Zyklen fällt darüber hinaus auf, dass die Starttemperatur sogar geringer als die Umgebungstemperatur ist. Diese Fälle treten vor allem am Morgen auf, weil das Fahrzeug über Nacht vollkommen auskühlt. Die Temperatur steigt am Morgen wieder, wobei die Blocktemperatur der Umgebungstemperatur folgt. Erwartungsgemäß ist die Starttemperatur im Winter deutlich geringer als im Sommer, die Übergangsjahreszeiten liegen mit geringfügigen Unterschieden zueinander dazwischen. Die mittlere Umgebungstemperatur beträgt 9,8 °C, die mittlere Starttemperatur liegt mit 13,8 °C um 4 °C höher. Die jahreszeitlichen Temperaturunterschiede führen zu entsprechenden Verbrauchsdifferenzen, was in *Bild 3-3* dargestellt ist:

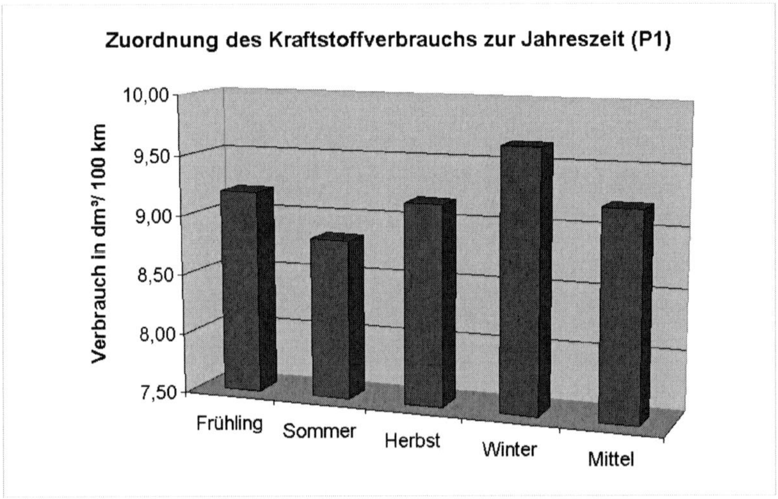

Bild 3-3: Durchschnittlicher Kraftstoffverbrauch im Kollektiv P1

Im Jahresmittel beträgt der Verbrauch im P1-Profil 9,21 dm³/ 100 km und entspricht weitgehend den Werten bei den Übergangsjahreszeiten Frühling und Herbst. Im Winter dagegen ist der Verbrauch mit 9,66 dm³/ 100 km um durchschnittlich 4,9 % höher, im Sommer mit 8,83 dm³/ 100 km dagegen um 4,2 % niedriger als der Jahresdurchschnittswert.

Wenn die Nutzungsintensität gegenüber dem Profil P1 abnimmt, kann erwartet werden, dass der Unterschied zwischen Umgebungstemperatur und Starttemperatur weiter abnimmt. *Bild 3-4* zeigt die Starttemperatur für das Kurzstreckenprofil P2. Das Profil P2 umfasst gegenüber P1 nur 26 Einzelfahrten, außerdem sind die Fahrstrecken kürzer. Dadurch ist der Unterschied zur Umgebungstemperatur beim Start noch einmal geringer als bei P1. Die mittlere Umgebungstemperatur beträgt hier 9,5 °C, während die Starttemperatur im Mittel einen Wert von 10,8 °C aufweist. Die Differenz der beiden Temperaturen beträgt hier nur noch 1,3 °C. In Bezug auf den Kraftstoffverbrauch sind die jahreszeitlichen Veränderungen beim Profil P2 am größten. *Bild 3-5* zeigt den Zusammenhang. Beim Kurzstreckenprofil beträgt der mittlere Kraftstoffverbrauch 9,83 dm³/ 100 km. Im Sommer ist der Verbrauch mit 9,11 dm³/ 100 km um 7,3 % geringer, während im Winter mit 10,70 dm³/ 100 km 8,8 % mehr Kraftstoff als im Mittel verbraucht werden. Der Verbrauch in den Übergangsjahreszeiten ist etwas geringer als der Mittelwert.

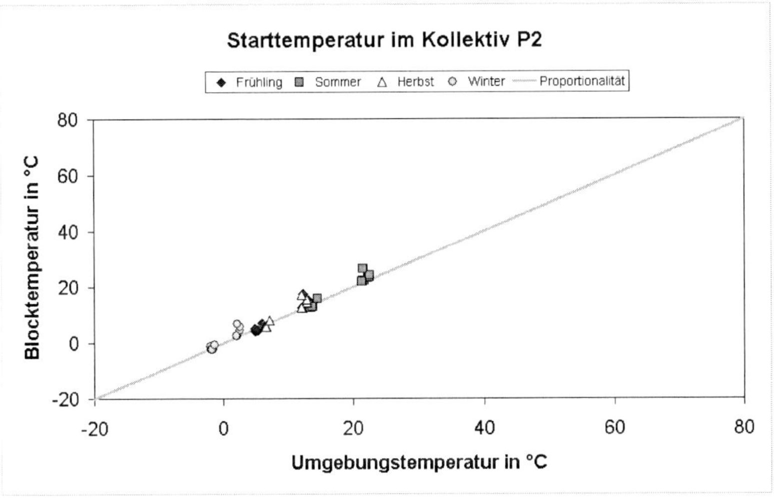

Bild 3-4: Starttemperatur im Kollektiv P2

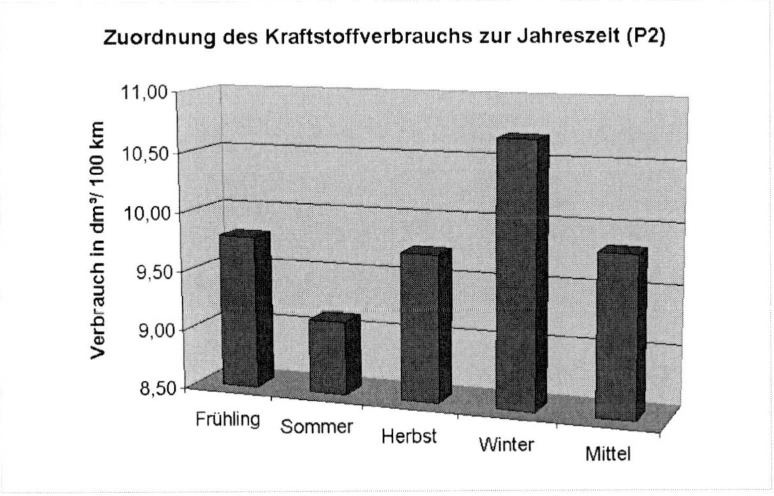

Bild 3-5: Durchschnittlicher Kraftstoffverbrauch im Kollektiv P2

Die Definition des Profils G lässt gegenüber den anderen Fahrprofilen eine deutlich günstigere Starttemperatur erwarten. Einerseits ist der zeitliche Abstand der Fahrten gering, andererseits finden die Fahrten nur tagsüber mit höherer Umgebungstemperatur statt. Ein über zwei Wochen laufendes Profil umfasst hier 50 Fahrten. *Bild 3-6* zeigt die entsprechende Grafik. Im vorliegenden Beispiel werden tatsächlich erheblich höhere Starttemperaturen festgestellt, was vor allem auf die kurzen zeitlichen Abstände zwischen den Fahrten zurückzuführen ist. Die mittlere Umgebungstemperatur beträgt 10,5 °C und die mittlere Starttemperatur entspricht 36,7 °C. Wegen der höheren mittleren Starttemperatur ist der Einfluss der Jahreszeiten auf den Kraftstoffverbrauch insgesamt kleiner. *Bild 3-7* zeigt diesen Zusammenhang. Im Mittel verbraucht das Fahrzeug mit 9,09 dm³/ 100 km wesentlich weniger als im Profil P1. Im Winter ist der Verbrauch mit 9,40 dm³/ 100 km um 3,4 % erhöht, um im Sommer mit 8,82 dm³/ 100 km um 3,0 % unter dem Mittelwert zu liegen.

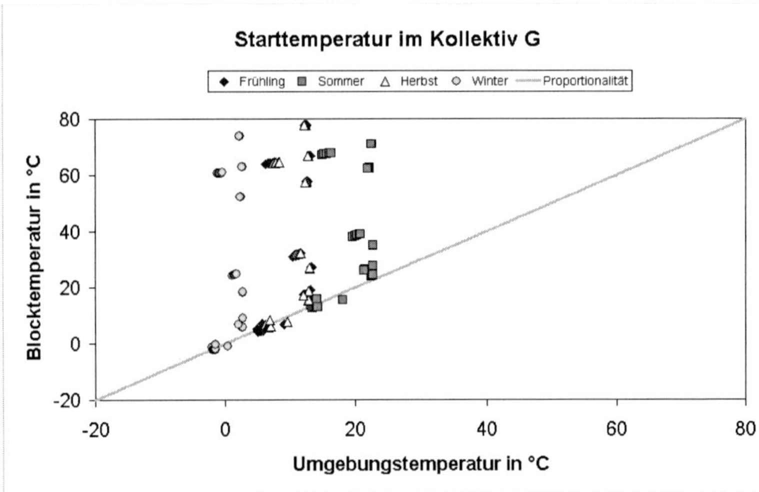

Bild 3-6: Starttemperatur im Kollektiv G

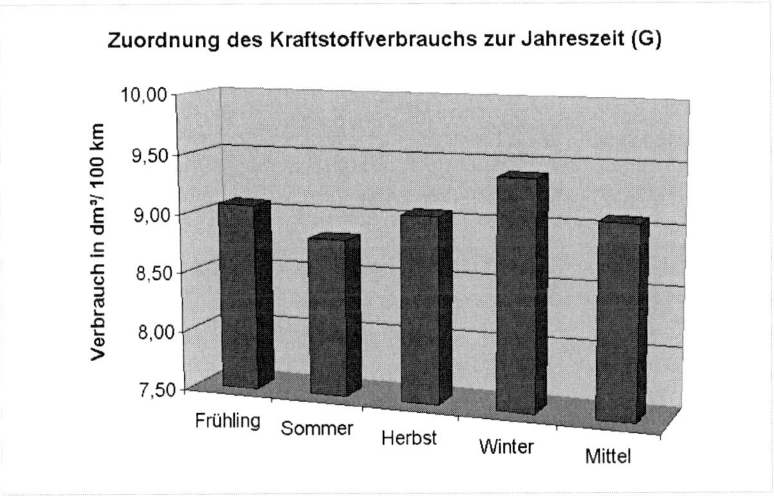

Bild 3-7: Durchschnittlicher Kraftstoffverbrauch im Kollektiv G

4. Einfluss einer Thermischen Motorkapsel auf die Starttemperatur

Unter den möglichen Wärmemanagement-Maßnahmen ist die Thermische Motorkapsel, kurz TMK, die Wirkungsvollste [9]. Dabei dient der Motor mit Getriebe selbst als Wärmespeicher, durch Minimierung der Wärmeverluste in der Stillstandsphase des Fahrzeugs wird im statistischen Mittel eine Anhebung der Starttemperatur erzielt. Zur Technik der TMK wurde bereits in [1, 3] berichtet, deshalb soll im vorliegenden Paper vor allem auf den Einfluss der Wärmeisolation auf die Starttemperatur und die Folgen für den Kraftstoffverbrauch eingegangen werden. Im Allgemeinen ist der Raum, der im Fahrzeugvorderwagen für den Einbau des Antriebs vorgesehen ist, erheblichen Restriktionen ausgesetzt. Auf den ersten Blick scheint daher eine solche Isolationsmaßnahme schwer zu realisieren. Tatsächlich ist aber nach neueren Untersuchungen[7] bereits bei einer relativ geringen Wandstärke eine deutliche Wirkung auf den Wärmehaushalt zu erzielen. Im vorliegenden Beispiel wird eine TMK mit einer mittleren Wandstärke von 15 mm zugrunde gelegt, die den gesamten Motor[8] und das Getriebe umhüllt. Als Isolator dient ein besonders temperaturstabiler PU-Hartschaum [3], der eine Wärmeleitfähigkeit von etwa 30 mW/(m·K) aufweist. Zur Vermeidung unzulässig hoher Motor- und Getriebeöltemperaturen muss der Antrieb über einen Motoröl Wasser-Wärmetauscher und einen entsprechenden Getriebeöl

---

[7] Forschungsbericht, nicht öffentlich

[8] Der Hochtemperaturbereich des Motors in der Nähe der abgasführenden Bauteile wird mit einer speziellen Hochtemperaturisolation auf mineralischer Basis eingefasst, die aber bezüglich der Wärmeleitung eine vergleichbare Güte wie die Hartschaumisolation aufweist.

Wasser-Wärmetauscher verfügen, was bei mechanisch geschalteten Getrieben und konventionellen Antrieben sonst nicht erforderlich ist.

Mit diesen Vorgaben wird über das Programm ***WarmUp*** der veränderte Wärmeverlust an der Motor- und Getriebeoberfläche berechnet. Unter diesen Vorgaben wurden für die schon erwähnten Fahrprofile P1, P2 und G Berechnungen durchgeführt. *Bild 4-1* zeigt die Starttemperatur im Profil P1 für den gekapselten Antrieb während der vier Jahreszeiten. Wie deutlich erkennbar ist, ist die Blocktemperatur beim Motorstart nun immer deutlich größer als die Umgebungstemperatur. Darüber hinaus fällt auf, dass die Starttemperatur nun weniger von der Jahreszeit abhängig ist. Bei wiederum einer mittleren Umgebungstemperatur von 9,8 °C ist hier mit TMK die mittlere Starttemperatur auf 52,0 °C angestiegen. *Bild 4-2* zeigt den Kraftstoffverbrauch mit dem jahreszeitlichen Bezug.

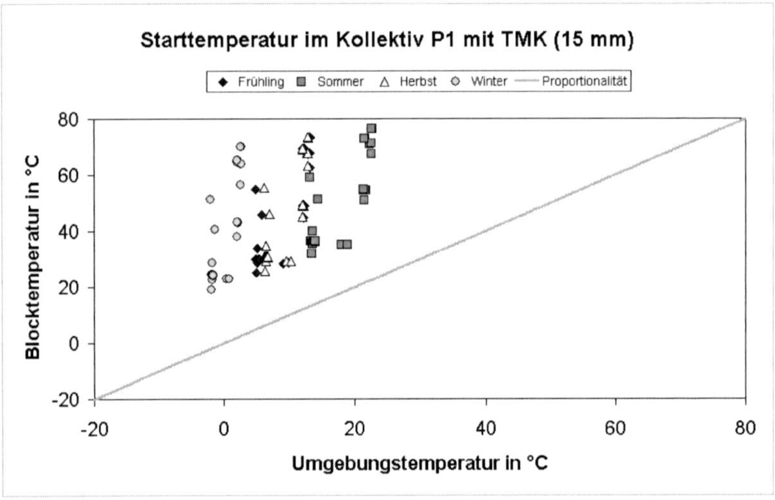

Bild 4-1: Starttemperatur im Kollektiv P1 mit TMK (15 mm)

Da der Verbrauch bei sinkender Motortemperatur progressiv zunimmt, bewirkt gerade die Vermeidung der Niedrigtemperaturen durch eine TMK eine deutliche Abnahme des Verbrauchs im statistischen Mittel. Im vorliegenden Beispiel sinkt der Verbrauch durch die Isolationsmaßnahme im Jahresmittel auf durchschnittlich 8,55 dm^3/ 100 km. Die jahreszeitliche Schwankung ist nun sehr gering. Im Winter steigt der Verbrauch um 1,8 % auf 8,70 dm^3/ 100 km, wohingegen im Sommer bei 8,41 dm^3/ 100 km ein Minderverbrauch von 1,6 % ansteht.

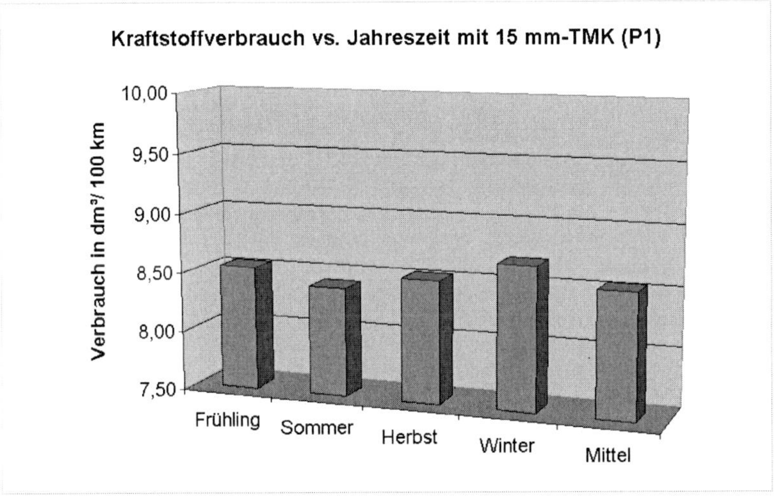

Bild 4-2: Durchschnittlicher Kraftstoffverbrauch im Kollektiv P1 mit TMK (15 mm)

Entsprechende Temperatur- und Verbrauchseffekte werden auch bei den beiden übrigen Fahrprofilen festgestellt. *Bild 4-3* zeigt den Verbrauch in allen untersuchten Fahrprofilen für den ungekapselten Antrieb und die TMK-Variante im Vergleich.

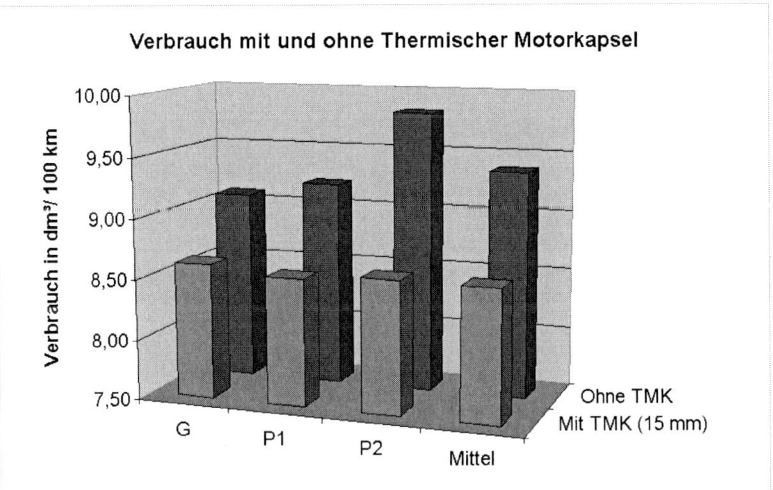

Bild 4-3: Übersicht über den Verbrauchseinfluss der TMK (15 mm)

Den größten Verbrauchseinfluss zeitigt die TMK bei dem im Kurzstreckenbetrieb gefahrenen Fahrzeug (P2). Der Kraftstoffverbrauch reduziert sich im Jahresmittel von 9,83 dm³/ 100 km auf 8,60 dm³/ 100 km, was einer Absenkung um 12,5 % entspricht. Die Starttemperatur wird dabei – jeweils als Jahresmittelwert – von 10,8 °C auf 44,8 °C angehoben. Im Profil P1 mit einer deutlich größeren Jahresfahrleistung wird die Starttemperatur von 13,8 °C auf 52,0 °C angehoben, was zu einer Verbrauchsabsenkung von 9,21 dm³/ 100 km auf 8,55 dm³/ 100 km führt (-7,2 %). Auch im Profil G mit kurzen Abstellphasen zwischen den Fahrten und einer Betriebsunterbrechung an den Wochenenden wird noch eine Verbrauchsreduktion von 5,1 % erzielt. Die entsprechenden Verbrauchswerte in dm³/ 100 km sind hier 9,09 und 8,62. Zusammengefasst bedeutet dies, dass in verbreiteten Kundenfahrprofilen auch durch eine vergleichsweise dünnwandige TMK aus dem Isolationsstoff PU-Schaum erhebliche Verbrauchseffekte zu erzielen sind. Zu den technischen Rahmenbedingungen einer TMK bei Serienfahrzeugen sei noch einmal auf [1] hingewiesen.

5. Berücksichtigung der Thermischen Motorkapsel bei Zertifizierungstests

Der Kraftstoffkonsum der Fahrzeuge wird üblicherweise in so genannten Zertifizierungstests ermittelt. Diese Tests werden von den Regierungsbehörden vorgeschrieben, in Europa ist dies zur Verbrauchsermittlung die Prüfprozedur 91/ 441/ EWG mit dem schon erwähnten NEFZ-Zyklus. In dieser Prozedur werden sowohl das Fahrprofil als auch die erforderlichen Maßnahmen zur Fahrzeugvorkonditionierung sowie die Testbedingungen definiert. Von besonderem Interesse bei diesem Test sind die Starttemperaturen der Medien, die im vorliegenden Test zwischen 20 °C und 25 °C liegen müssen. Dieser Temperaturbereich ist nach der hier vorgelegten Arbeit für deutsche Verhältnisse durchaus zutreffend. Wird nämlich aus den Starttemperaturen ohne TMK für die drei Fahrprofile P1, P2 und G ein Mittelwert gebildet, so liegt dieser bei 20,8 °C.

Im Detail wird in der o.g. Prüfprozedur gefordert, dass die Versuchsfahrzeuge so lange vorkonditioniert werden müssen, bis die Motoröl- und Kühlmitteltemperatur in dem vorgeschriebenen Wertebereich liegen. Bei konventionellen Fahrzeugen reicht dazu die Abstellung der Fahrzeuge am Abend vor dem Test in einer auf ca. 20 °C … 22 °C temperierte Halle. In der Verordnung wird nicht auf besondere Wärmemanagement-Maßnahmen abgehoben, insbesondere werden Latentwärmespeicher nicht erwähnt. Eine TMK hat bei Anwendung der vorliegenden Vorschrift 91/ 441/ EWG keine nennenswerten Verbrauchseffekte, da ja die in der Praxis vorliegende statistische Wirkung auf die Starttemperatur durch die Prüfprozedur verhindert wird. Die Verminderung der Wärmeverluste an der Oberfläche des Antriebs im Betrieb mit TMK hat nur tendenzielle Auswirkungen auf den Zeitbedarf bis zur Erreichung der Betriebstemperatur. Es wird davon ausgegangen, dass der Gesetzgeber die mögliche Entwicklung einer TMK nicht vorhergesehen hat. Jedenfalls kann es nicht im Sinne der gesetzgeberischen Bemühungen sein, dass eine Wärmemanagement-Maßnahme, die deutlich positive Auswirkungen auf den Kraftstoffverbrauch hat, durch die Prüfprozedur ausgeblendet wird [2]. Der vorliegende Zustand bei den Zertifizierungsverfahren hat verständlicher Weise negative Folgen für die Motivation der OEM, in die innovative Technologie der TMK zu investieren.

An gleicher Stelle soll auch die Frage erörtert werden, wie denn eine angemessene Berücksichtigung von Wärme speichernden Technologien in der Prüfprozedur möglich wäre. Der Verfasser schlägt hier in Anlehnung an die Verhältnisse im Straßenverkehr eine Zeitbindung der Prüfprozedur vor. Aus der vorliegenden Untersuchung lässt sich zwar noch kein konkreter Vorschlag ableiten, jedoch scheint eine Abstelldauer der Fahrzeuge vor dem Test von etwa 24 h sinnvoll zu sein. Die Temperaturvorgaben für die Medien sollten dafür ersatzlos gestrichen werden.

6. Zusammenfassung

Eine Reihe von Prozessen während des Motorwarmlaufs führen zu deutlich höherem Kraftstoffverbrauch. Im vorliegenden Artikel werden diese im Detail erläutert. Die Software ***WarmUp***, eine auf numerische Rechnung und Versuchsdaten gestützte Berechnungsmethode, berücksichtigt diese Verbrauchseffekte bei der Analyse von Wärmemanagement-Maßnahmen. Mit dieser Methode wurden für ein typisches Mittelklasse-Fahrzeug bei vorgegebenem Klimamodell für drei kundenspezifische Betriebsszenarien die Starttemperaturen des Antriebs berechnet. Bezüglich der Fahrprofile wurde zwischen einem Kurzstreckenprofil P2 bei privater Fahrzeugnutzung mit einer Jahresfahrleistung von rund 4000 km, einem Fahrprofil P1 bei ebenfalls privater Nutzung und einer Jahresfahrleistung von rund 13400 km sowie einer gewerblichen Fahrzeugnutzung G mit etwa 18600 Jahreskilometern differenziert. Es wird erwartet, dass mit diesen drei Szenarien ein repräsentatives Modell der üblichen Fahrzeugnutzung entwickelt wurde. Für diese Szenarien wurden Berechnungen für einen jeweils zweiwöchigen Zeitraum in den vier Jahreszeiten durchgeführt. Die Analyse lieferte den Bezug zwischen der Umgebungstemperatur und der Temperatur des Antriebs beim Start. Darüber hinaus wurde der Verbrauch in den verschiedenen Kollektiven bestimmt. In einer zweiten Berechnungsreihe wurde der Einfluss einer Thermischen Motorkapsel TMK auf die Starttemperatur und den Verbrauch ermittelt, die Isolation bestand aus PU-Schaum mit einer Wandstärke von 15 mm. Darüber hinaus wurde die Frage erörtert, wie Wärme speichernde Verfahren angemessen bei dem von der EU vorgeschriebenen Test zur Verbrauchsermittlung 91/ 441/ EWG berücksichtigt werden können. In Stichworten wurden folgende Schlüsse gezogen:

- Beim Kurzstrecken-Fahrprofil P2 entspricht die Starttemperatur des Antriebs in etwa der Umgebungstemperatur. Der Verbrauch ist vergleichsweise hoch und erheblich von der Jahreszeit abhängig.
- Beim Fahrprofil P1 mit mittlerer Fahrleistung ist der Unterschied zwischen Umgebungstemperatur und Starttemperatur mit 4,0 °C immer noch gering. Der Verbrauch ist trotzdem deutlich niedriger als bei P2, da die Warmlaufanteile am Fahrprofil wegen der größeren Streckenlänge geringer sind.
- Bei gewerblicher Nutzung (Profil G) und kurzen Abstellzeiten liegt die Starttemperatur im statistischen Mittel mit 36,7 °C deutlich über der Umgebungstemperatur, was sich im nochmals gesenkten Verbrauch niederschlägt.
- Durch eine TMK mit 15 mm Wandstärke lässt sich die Starttemperatur um im Durchschnitt 36,4 °C steigern. Der Verbrauch ist nur noch wenig von der Jahreszeit abhängig. Je größer der Kurzstreckenanteil ist, umso größer ist der Verbrauchseffekt, der bei den untersuchten Profilen zwischen 5,1 % und 12,5 % liegt.

- In der Prüfprozedur 91/ 441/ EWG werden durch die Definition der Rahmenbedingungen des Tests Wärme speichernde Verbrauchsmaßnahmen nicht berücksichtigt. Es wird daher vorgeschlagen, in Anlehnung an die praktischen Verhältnisse im Straßenverkehr die Vorgabe von Starttemperaturen entfallen zu lassen und stattdessen einen definierten Abstellzeitraum zu fordern. Als Abstelldauer wird ein Wert von etwa 24 h vorgeschlagen, der aber noch durch weitere Untersuchungen zu bestätigen ist.

7. Literatur

[1] Deußen, N.: Motoroptimierung durch Wärmemanagement. Thermische Motorkapsel zur Warmlaufverbesserung. In: Insider 1/ 2006. Köln: FH Köln

[2] Deußen, N.: Berücksichtigung von Wärmespeicherverfahren bei der Typprüfung. Proposal zur Vorlage beim UBA (nicht öffentlich). (2005) Köln: FH Köln

[3] Kaufmann, S.: Warme Pferdchen gegen kalte Füße: Mit einer raffinierten Kapsel aus Polyurethan revolutioniert ELASTOGRAN die Motorthermik. In: PUR Kundenmagazin 2/ 2003 Lemförde: Elastogran GmbH

[4] Yoldjou, C.-M.; Tuschinski, G.; Deußen, N.: WarmUp – ein neues Tool zur Bewertung des Kundennutzens von Wärmemanagement-Maßnahmen. In: Deußen, N. (Hrsg.): Wärmemanagement des Kraftfahrzeugs III. Entwicklungsmethoden und Innovationen der Kfz- und Nfz-Wärmetechnik. (2002) Renningen: Expert

[5] Holzer,H.; Lenz, H.P.: Wärmemanagement im Antriebsstrang – Entwicklung einer Warmlaufstrategie für Motor und Automatikgetriebe. In: Deußen, N. (Hrsg.): Wärmemanagement des Kraftfahrzeugs II. (2000) Renningen: expert

[6] Sebbeße, W.; Steinberg, P.; Deußen, N.; Schlenz, D.: Engine Cooling. In: Hucho, W.-H.(Hrsg): Aerodynamics of Road Vehicles. (1998) Detroit: Society of Automotive Engineers SAE

[7] Reulein, C.: Simulation des instationären Warmlaufverhaltens von Verbrennungsmotoren (1998) TU München, Dissertation

[8] Himmelsbach, J.; Dilgen, P.; Limbach, S.: Zum Kraftstoffeinsparpotential bei Minimierung der Wärmeverluste des Motors an die Umgebung. In: Deußen, N. (Hrsg.): Wärmemanagement des Kraftfahrzeugs I. (1998) Renningen: expert

[9] Deußen, N.; Müller, P.: Motortemperaturmanagement. Vortrag auf dem 17. Internationalen Wiener Motorensymposium 25.-26. April 1996

[10] Schwarzmeier, M.: Reibmitteldruck – Der Einfluss des Arbeitsprozessverlaufs auf den Reibmitteldruck, FVV-Bericht Nr. 421, TU München, 1988-1991

8. Anhang

Die verwendeten Fahrprofile könne auf Wunsch zur Verfügung gestellt werden.

Kontakt: Prof. Dr.-Ing. Norbert Deußen
Labor für Verbrennungsmotoren und Applikation
09 Fakultät für Anlagen-, Energie- und Maschinensysteme
Fachhochschule Köln
norbert.deussen@fh-koeln.de
Tel. ++49-221-8275 2366

11 Potentialstudie verschiedener Wärmerekupertionskonzepte im Fahrzeug

Arno H. Klose, Jens Kitte, Reinhold Bals, Daniel Jänsch

Abstract

Heat recuperation strategies to be used in IC engines' exhaust gas stream, as there are Thermo Generator (TEG) based on Seebeck-effect, gas-, steam- and Stirling-cycle, show differences in fuel saving potential.
The efficiency of current TEG-modules lies with 5 % and shows optimization potential. However, with even this low efficiency, an advantage in fuel consumption in relevant driving cycles can be detected. With increasing efficiency of TEG, the fuel economy potential is prospective.

The Open-Joule-Cycle, based on gaseous working media, though having tremendous advantage compared to Closed- Carnot-Cycle by simple structure, does not supply enough efficiency for covering reasonable heat recuperation strategies for current powertrain concepts, either.

Both, steam- and Stirling-Cycle have high potential for heat recuperation for the use with internal combustion engines. Due to low heat transfer coefficient, future use of liquid media with high heat capacity seems reasonable in the Stirling-Cycle, based on vapour phase at working piston and liquid phase at plunger, which results in even more compact components with increased efficiency. This modified Stirling concept allows the use of different working media. As a trend, the overall efficiency is better when compared to the Steam-Cycle. Using other working media, the components can be designed even more compact.

For all these concepts for heat recuperation a great effort has to be done for vehicle application, based on overall and conjunct modelling and analysis of all relevant systems dealing with energy. Only with the understanding of all influences and interactions, a method with significant efficiency can be realized.

Zusammenfassung

Die Potenziale der 4 Rekuperationsansätze Thermogenerator (TEG) und die Sekundärkreisläufe als Gas- und Dampfturbinenprozess und mit Stirlingmotor für ein Fahrzeug mit 1,6l-Ottomotor sind nicht deckungsgleich und lassen sich nur differenziert darstellen:

Die Ergebnisse zeigen, dass die aktuell verfügbaren TEG-Module mit einem Wirkungsgrad von ca. 5% einen geringen Kraftstoffverbrauchsvorteil in den betrachteten, stationären Fahrzyklen erzielen. Für zukünftige TEG-Generationen werden weitaus höhere Wirkungsgrade erwartet, wodurch sich entsprechend größere Vorteile ergeben.
Auch offene Joule-Prozesse basierend auf gasförmigen Energieträgermedien stellen keine angemessene Rekuperationsstrategie für derzeitige Motoren- bzw Antriebskonzepte dar. Obwohl dieses Konzept aufgrund der einfachen Struktur einen erheblichen Vorteil gegenüber geschlossenen Carnot-Prozessen aufweist.

Der Dampfprozess zeigt ebenso wie der Stirlingprozess ein gutes Potenzial zur Rekuperation der Wärme des Verbrennungsmotors. Aufgrund der geringen Wärmeübergangskoeffizienten erscheint es künftig sinnvoll, flüssige Medien mit hohen spezifischen Wärmekapazitäten einzusetzen, auf Basis dampfförmiger Phase am Arbeitskolben und flüssiger Phase am Plungerkolben. Dadurch sind kompaktere Komponenten bei besserem Wirkungsgrad möglich. Das modifizierte Stirlingkonzept lässt verschiedene Arbeitsmedien zu. Tendenziell ist der Wirkungsgrad des Stirlingmotors günstiger als der von Dampfprozessen. Bei Einsatz eines anderen Energieträgermediums können die Bauelemente weitaus kompakter gestaltet werden.

Der Aufwand zur Integration in das Fahrzeug bewegt sich bei allen Rekuperationskonzepten auf einem hohen Niveau. Zwischen den einzelnen Verfahren sind allerdings deutliche Unterschiede erkennbar.
Im Maximalfall ist für die Integration eine gesamthafte und verknüpfte Modellierung aller relevanten Energiesysteme des Fahrzeugs in Verbindung mit klaren Anforderungsprofilen erforderlich, um die Potenziale im Fahrzeug wirksam werden zu lassen.

1. Einleitung

Die Entwicklung heutiger Antriebskonzepte hat neben den Anforderungen zu Abgasemissionsstandards und Leistungsdichte im Wesentlichen eine bessere Primärenergienutzung im Fokus. Als Beispiele aktueller Entwicklungen seien hier die Optimierung des motorischen Verfahrens durch Direkteinspritzkonzepte bei Ottomotoren oder eine bessere Organisation des Energieflusses bei Hybridkonzepten genannt.
Alternative Lösungsansätze können aus Sicht der Gesamtfahrzeugentwicklung ergänzt werden, so eröffnen insbesondere Hybridkonzepte Ansätze zur Energierekuperation, die unter dem Aspekt Wärmerekuperation in diesem Beitrag diskutiert werden.

Die Verknüpfung von motorischen Konzepte mit Wärmerekuperation kann zudem noch in ausgewählten Fällen weiteres Potenzial erschließen, hier sind z.B. Überlegungen zur Reduzierung des motorischen Warmlaufs mit einer schnellen Umschaltung auf mageren Betrieb bei geeigneten Wärmeverteilungen naheliegend. Da hier die Potenzialermittlung jedoch in einem hohen Grad von der Charakteristik des gewählten Verbrennungsmotors abhängt, ist eine Aussage nicht allgemeingültig darstellbar.

2. Auswahl der Wärmerekuperationskonzepte

Das thermische Verhalten am und um den Verbrennungsmotor zeigt die Einsatzmöglichkeiten von Wärmerekuperationen auf. Dabei wird davon ausgegangen, dass für Rückgewinnung ein möglichst hohes Temperaturniveau mit hoher Energiedichte über eine möglichst lange Nutzungsdauer günstig ist.

In Bild 1 ist das Verhalten in Abhängigkeit

- des Anteil an der Gesamtprimärenergie
- des Temperaturniveaus
- und der durchschnittlichen Betriebsdauer

einzelner Baugruppen im Fahrzeug aufgezeigt.

Die Felder im Bild 1 weisen auf Komponenten, die eine günstige Nutzung unter den vorgenannten Kriterien für Rekuperationsansätze vermuten lassen. Im Besonderen sind die Wärmeenergien aus Abgasmassenstrom und Kühlungsfluid als Energieträger vielversprechend.

Die analysierten Konzepte sollen annähernd rückkopplungsfrei für den Verbrennungsmotor gewählt werden, so dass die Nutzung der thermischen Energie mit vernachlässigbarem Einfluss auf die Ladungswechselarbeit der Verbrennungskraftmaschine erfolgt.

Die Rekuperation soll als Zielgröße die Reduzierung des Kraftstoffverbrauchs aufweisen.
Als Zwischenschritt soll bei nennenswerten Energiemengen eine Einspeisung über elektrische Energie in einen Hybridantrieb erfolgen, kleinere gewonnene Energiemengen werden als elektrische Energie direkt in das Bordnetz eines konventionellen Antriebs eingespeist.

Für die Bewertung des Rekuperationssystems wird eine Bilanzierung der gewonnenen elektrischen Energie in Konstantfahrpunkten durchgeführt.

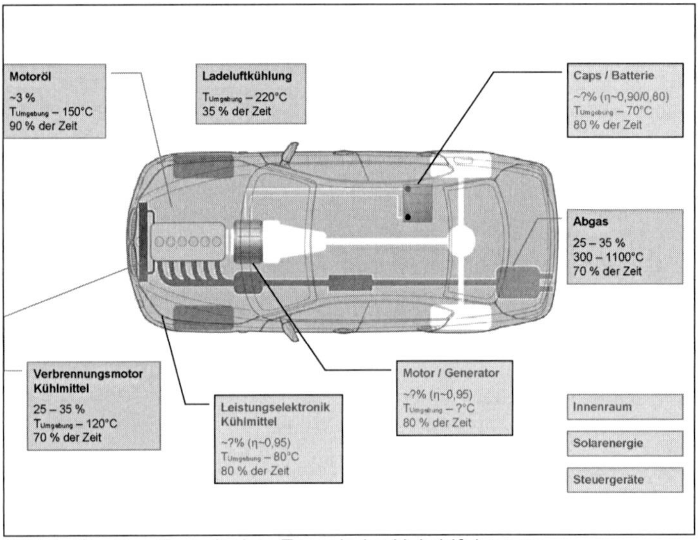

Bild 1: Quellen thermischer Energie im Hybridfahrzeug

Als Rekuperationssysteme werden vor dem Hintergrund mehrjähriger Erfahrung, Grundsatzuntersuchungen zu theoretischen Wirkungsgraden der Kreisprozesse und umfangreichen Recherchen zu verfügbaren Komponenten und deren Kennwerten die Ansätze

- Thermoelektrischer Generator (TEG)
- Sekundärkreislauf offener Joule-Prozess, Gasturbinenprozess
- Sekundärkreislauf Clausius-Rankine-Prozess, Dampfturbinenprozess
- Sekundärkreislauf Stirling-Prozess, Stirlingmotor

gewählt.

Aus den Grundsatzuntersuchungen der Kreisprozesse ist ermittelt worden, dass der Stirling-Prozess, gefolgt von Clausius-Rankine- und Joule-Prozessen den höchsten theoretischen Wirkungsgrad bei den im Fahrzeug gegebenen energetischen Zuständen aufweist.

3. Beschreibung und Berechnungsergebnisse der Konzepte

Das grundlegende Ziel der Modellierung und Simulation verschiedener Rekuperationsstrategien ist die Bilanzierung im Hinblick auf die mögliche nutzbare Energie in Abhängigkeit der verbrennungsmotorisch zur Verfügung stehenden

Verlustenergie. Anschließend erfolgt eine Bewertung und Klassifizierung der einzelnen Konzepte.
Ein thermisches Motormodell stellt die Energiequelle für die verschiedenen Konzepte dar. Um eine Vergleichbarkeit zu erhalten, wird für alle analysierten Prozesse ein 1,6l-Ottomotor gewählt. Die Modellierung und Simulation der Rekuperationssysteme wird mit dem multidisziplinär-orientierten und für diese Aufgabenstellung geeigneten Tool DYMOLA ausgeführt [1] [2] [3].

Die Bewertung der Konzepte erfolgt im Hinblick auf den stationären Betrieb des Verbrennungsmotors und hier insbesondere im Konstantfahrbereich zwischen 120 km/h und 180 km/h. Ein kennfeldbasiertes Gesamtfahrzeugmodell bildet die Basis für die Potenzialbewertung, der einzelnen Rekuperationssysteme. Die DYMOLA-Modelle sind in die Gesamtfahrzeugumgebung integriert worden.

Instationäre Fahrzustände und das Aufheizverhalten von Verbrennungsmotor und Rekuperationssystem werden stark von den gewählten Komponenten geprägt und sind nicht allgemeingültig zu formulieren. Somit wird eine Aussage zu Kraftstoffverbrauchsszenarien im NEFZ für Rekuperationssysteme nicht auf Basis der in diesem Beitrag genutzten Kennwerte angeboten.

3.1. Thermoelektrischer Generator (TEG)

Die Funktion thermoelektrischer Generatoren (TEG) (Bild2) beruht auf dem Seebeck-Effekt und ist verbunden mit einem charakteristischen Verlauf des Wirkungsgrads (Bild 3).

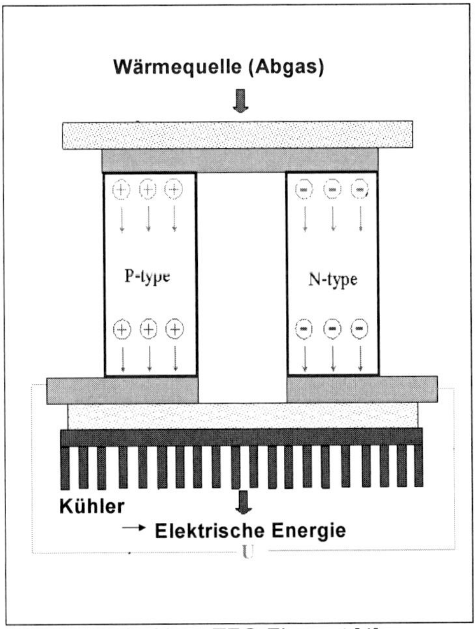

Bild 2: Prinzipskizze TEG-Element [4]

Wenn zwischen beiden Seiten des TEG-Elements ein Temperaturunterschied besteht, führt das zu einer Spannungsdifferenz im Element.

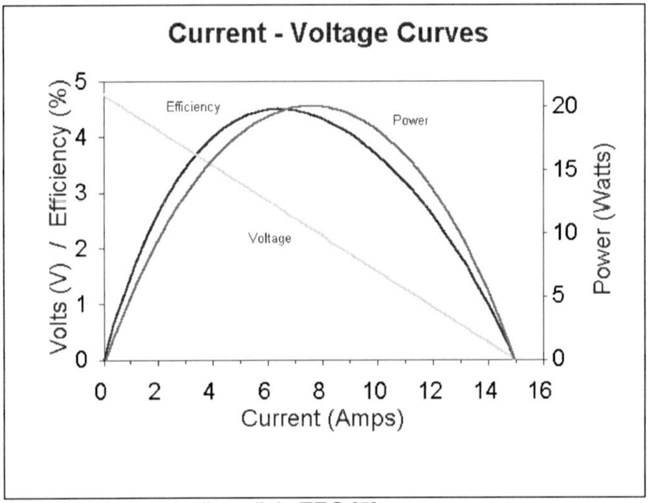

Bild 3: Wirkungsgradkennlinie TEG [5]

Aufgrund der nicht vorhandenen Rotations- und Verschleißteile, aber auch der kurzen Wirkungsgradkette bieten diese Module eine sehr interessante Möglichkeit thermische Energie direkt in nutzbare elektrische Energie zu wandeln.
Das primäre Ziel ist die Modellierung des durch die TEG-Module geführten Wärmestroms und die funktional abhängige thermische Energiewandlung im Element unter Berücksichtigung der zur Verfügung stehenden Enthalpieströme im Abgas.

Folgende Kriterien werden bei der Modellierung berücksichtigt:

- Berechnung der Wärmeübergangskoeffizienten in Abhängigkeit der Mediums- und Strömungscharakteristik [6]
- Optimierung der Wärmetauschergeometrie
- Umsetzung der Energiewandlung im TEG in einem realen Wirkungsgradkennfeld.

Unter Berücksichtigung der genannten Kriterien zeigt Bild 4 als Ergebnis die Rückgewinnung elektrischer Leistung. Die Darstellung bezieht sich auf die motorischen Kennwerte Drehzahl und Last, hier ist der effektive Mitteldruck p_{me} gewählt.
Für die Modellierung der TEG-Elemente sind geeignete am Markt verfügbare Module verwendet worden, die einen maximalen Wirkungsgrad von 4,5% aufweisen. Die Ergebnisse der Simulation in Bild 4 weisen eine maximale elektrische Leistung von 1050 W bei Einsatz von 48 TEG-Modulen mit dem entsprechenden Wirkungsgradverlauf auf. Im Vorfeld zur Auslegung ausgeführte Simulationsergebnisse zeigen, dass die Geometrie des Wärmetauschers wesentlich für den durch das TEG – Element geführten Wärmestrom ist. Eine bedeutende Rolle spielen hierbei die Strömungscharakteristik (laminar, turbulent) und die Wärmetauschergestalt wie z.B. Rippen (Anzahl, Volumen). Der simulierte

Wärmetauscher wurde für die Untersuchung am Prüfstand konzipiert, für die Variabilität und einfaches wirkungsvolles Design wichtiger sind als höchste Effizienz.

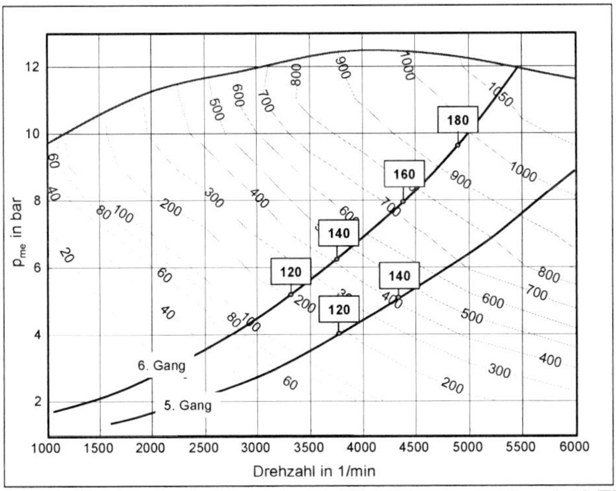

Bild 4: Elektrische Leistung bei 4,5% Wirkungsgrad und 48 TEG-Modulen

Eine Erhöhung des Wärmestromes durch das einzelne TEG-Modul führt infolge der Wirkungsgradkennlinie zu einer überproportionalen Steigerung der erzeugten elektrischen Leistung.
Für die hier verwendeten Module liegt das Wirkungsgradoptimum bei ΔT=200 K und T_{cold}=30 °C. Der Wärmetauscher sollte daher im Hinblick auf dieses Optimum für einen betriebspunkt- bzw. fahrzyklusrelevanten Bereich des Motorkennfeldes ausgelegt werden.
Zu beachten ist allerdings, dass die aktuell verwendeten Module bei Überschreiten einer Grenztemperatur von 400 °C am TEG-Element beschädigt werden können. Für hochlastige Betriebspunkte muss daher eine geeignete Begrenzung der Temperatur vorgesehen werden, z.B. durch Integration an einem unkritischen Ort in der Abgasstrecke. Die theoretischen Analysen wurden in diesem Fall auf Grundlage der Abgastemperaturen direkt nach Hauptkatalysator durchgeführt.
Vergleiche zwischen Luft- und Wasserkühlung der TEG-Elemente zeigen, dass bei Luftkühlung die Effizienz erheblich geringer ausfällt als bei wassergekühlten Thermogeneratoren. Für die heute verfügbaren TEG-Module sollte daher eine Flüssigkeitskühlung eingesetzt werden, auch wenn die Systemkomplexität dadurch steigt. Diese kann bei TEG-Elementen mit besserem Wirkungsgrad eventuell wieder entfallen.

3.2 Offener Joule-Prozess

Einen weiteren Rekuperationsansatz für Abgasenergie im Fahrzeug stellt der offene Joule-Prozess dar. Die Grundlage bildet, wie in Bild 5 skizziert, dabei ein Gasturbinenkonzept, wobei die thermische Energiezufuhr nicht durch eine Brennkammer sondern durch einen Wärmetauscher zwischen Abgas- und Sekundärmassenstrom erfolgt. Die Leistungsdifferenz zwischen Verdichter und

Turbine, die einem Generator zugeführt werden kann, bildet den freien mechanischen Energiestrom.

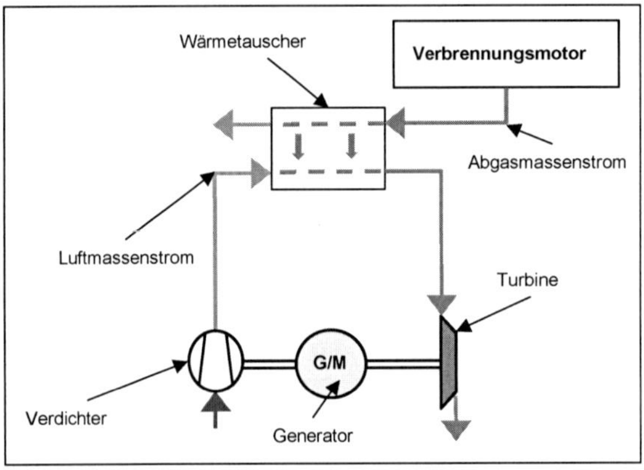

Bild 5: Prinzipskizze Gasturbinenkonzept

Der durch den Verdichter komprimierte Sekundärluftmassenstrom wird durch einen Wärmetauscher erhitzt. Der thermische Energietransport aus dem Abgasmassenstrom erfolgt annähernd rückwirkungsfrei hinsichtlich des Ladungswechsels. Der Luftmassenstrom wird anschließend über einem Expander (Turbine) entspannt.
Das grundlegende Ziel der Modellierung und Simulation des Konzeptes besteht in der Abbildung der Wirkungsgrade im Hinblick auf den theoretischen Vergleichsprozess und der einzelnen Komponenten, unter Berücksichtigung eines funktionalen Zusammenhangs zwischen Wirkungsgrad und thermischen Energieeintrag. Der Generatorwirkungsgrad ist als konstant angenommen worden.

Folgende Grafik verdeutlicht den Kreisprozess im h-s-Diagramm.

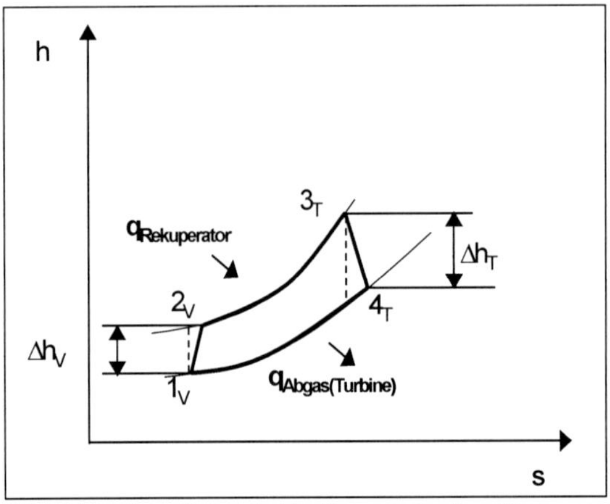

Bild 6: Realer offener Joule-Prozess im h-s-Diagramm

Der Gasturbinenprozess basiert auf dem offenen Joule-Prozess. Um einen signifikanten Wirkungsgrad zu erzielen, müssen Gasturbinen auf einem hohen Temperaturniveau betrieben werden. Dies ist begründet durch die nahezu parallelverlaufenden Isobaren und dem niedrigen Druckverhältnis für Mikrokonzepte. Daher werden hohe spezifische Enthalpien für deutliche Leistungsdifferenzen zwischen den beiden Komponenten Verdichter und Turbine benötigt.

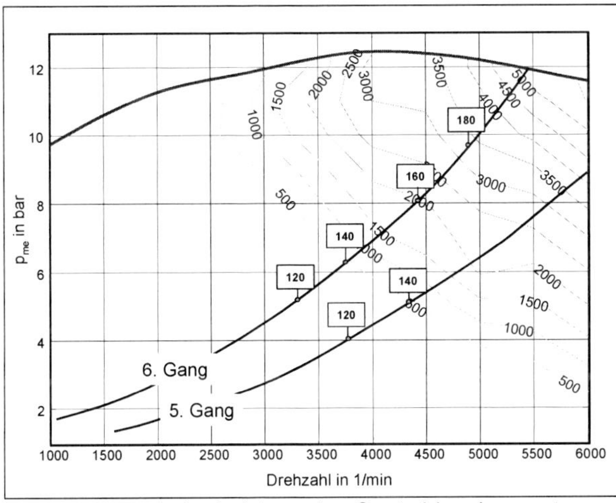

Bild 7: Mechanische Leistung des Gasturbinenkonzeptes

Die Bereitstellung eines attraktiven Temperatur-Niveaus im Abgasmassenstrom ist jedoch bei Verbrennungsmotoren nur im oberen Lastbereich möglich. Des weiteren weisen Turbinen und Verdichter im Teillastbereich sehr schlechte isentrope Wirkungsgrade auf, was auch in den Ergebnissen des Bildes 7 sichtbar wird. Die gewandelte Leistung fällt überproportional steil in Richtung Teillastbereich ab.

3.3. Sekundärkreislauf Dampfprozess mit Expander und Generator

Eine weitere attraktive Variante zur Rekuperation thermischer Energie im Fahrzeug stellt der Dampfprozess dar. Basierend auf einem geschlossenen Carnot-Prozess stellt sich hier vor dem Hintergrund eines niedrigen Temperaturniveaus ein angemessen hoher Wirkungsgrad ein [7].

Aufgrund der Rekuperation sowohl der Kühlwassenergie als auch der thermischen Energie des Abgasmassenstroms ergeben sich hier selbst für kleinvolumige Motoren attraktive Leistungspotenziale. Die Voruntersuchungen zur Auslegung des Dampfprozesses betreffen auch verschiedene Energieträgermedien.

Bild 8 verdeutlicht das Konzept integriert in den thermischen Energiestrang des Fahrzeuges.

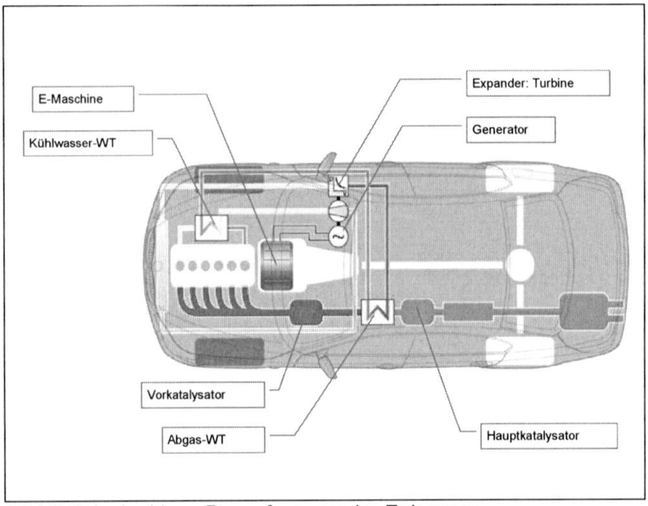

Bild 8: Prinzipskizze Dampfprozess im Fahrzeug

Der Kompressor bringt das flüssige Medium auf ein definiertes Druckniveau, anschließend erfolgt die isobare Wärmezufuhr über beide Wärmetauscher bis zum Siedepunkt. Das Medium erreicht den Zustand des trocken gesättigten Dampfes. In einem weiteren Schritt wird das Fluid über eine Turbine bis zum Naßdampfzustand x=0,85 entspannt, der nachgeschaltete Kondensator verflüssigt das Medium vollständig, wie in der Darstellung des Kreisprozesses im h-s-Diagramm in Bild 9 gezeigt.

Im Simulationsmodell findet keine Überhitzung des Dampfes statt, der thermodynamische Zustand des Mediums vor Turbine wird in Abhängigkeit des thermischen Energieeintrags konstant gehalten.

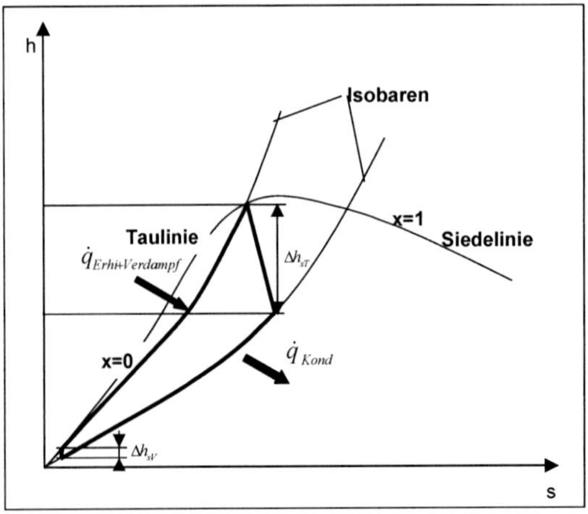

Bild 9: Clausius-Rankine-Prozess im h-s-Diagramm

Der Massenstrom stellt den Parameter des Energieeintrags des Verbrennungsmotors in seinen Betriebspunkten dar. Dieses Vorgehen hat mehrere Vorteile: Zum einen ergibt sich ein niedriges Temperaturniveau im Sekundärkreis, des weiteren stellt sich aufgrund der Naßdampfzustandsgrenze von x=0,85 ein höherer Massenstrom im Sekundärkreis ein. Da eine motorbetriebspunktabhängige Bereitstellung thermischer Energie vorhanden ist, existiert folglich auch eine entsprechende Anzahl an möglichen Stellschrauben im Simulationsprozess.

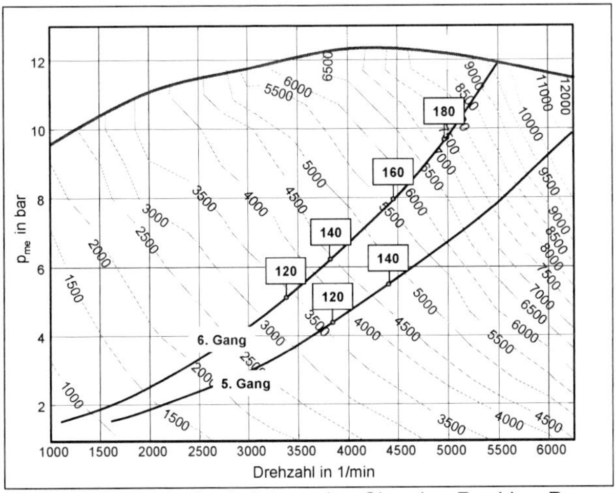

Bild 10: Mechanische Leistung des Clausius-Rankine-Prozesses

Das Ergebnis in Bild 10 zeigt eine mechanischer Leistung bis zu 12 kW am Expander, die aus der abgeführten Wärme von Kühlkreislauf und Abgassystem gewonnen wird.

Bei real ausgeführten Kreisprozess ist in unteren Teillastpunkten von einem niedrigeren Wirkungsgrad der Turbine auszugehen. Somit ist in diesem Kennfeldbereich auch die abgegebene Leistung niedriger anzunehmen als hier berechnet.

Das Medium für den Prozess ist das als Kältemittel noch verfügbare R134a.

3.4 Stirling-Prozess im Sekundärkreislauf

Die Stirling-Maschine stellt aufgrund des hohen thermischen Wirkungsgrades eine attraktive Möglichkeit zu Rekuperation thermischer Energie im Fahrzeug dar. Die entstehende mechanische Energie ist gleich der Differenz zwischen zugeführter Wärmeenergie und der an den Kühler abgegebenen Energie. Das hier beispielhaft gewählte Stirling-Aggregat bilden zwei Hubkolbenaggregate (Arbeitskolben, Plungerkolben), die durch eine Kurbelwelle miteinander gekoppelt sind. Der örtliche Versatz der Kolben auf der Kurbelwelle beträgt 90°. Bild 11 veranschaulicht dieses konventionelle Prinzip (Alpha-Typ). Als Arbeitsmedium wird bei dieser Anwendung Luft eingesetzt. Weitere Systemkomponenten sind eine thermische Energiequelle, ein Regenerator und ein Kühler. Der Regenerator hat die Aufgabe, nicht gewandelte

thermische Energie zwischen zu speichern, um diese im nächsten Takt dem Medium wieder zuzuführen.
Die Aufgabenstellung der Stirling-Maschine liegt in der Nutzung einer angemessen hohen Temperaturdifferenz zwischen heißer und kalter Seite.

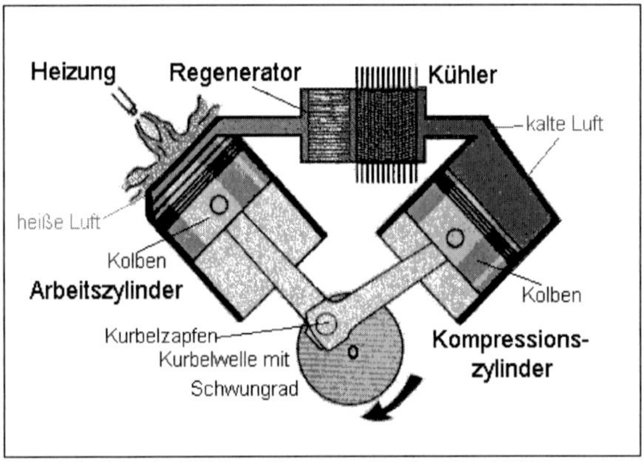

Bild 11: Prinzip Stirling-Prozess (Alpha-Typ) [7]

Für die Potenzialanalyse ist das Konzept durch entsprechende Modifikationen den Fahrzeuggegebenheiten angepasst worden. Im Fahrzeug steht mit dem Abgas sowohl eine thermische als auch eine kinetische Energiequelle zur Verfügung, die in einem verbesserten Konzept genutzt werden sollen.

Die Modifikation besteht in der Charakteristik der Zu- und Abfuhr der thermischen Energie zwischen Arbeits- und Plungerkolben. Um eine erhöhte Effektivität des Kreisprozesses zu erzielen ist eine hohe Temperaturdifferenz zwischen kalter und heißer Seite erforderlich. Der theoretische Wirkungsgrad wird aus dem Verhältnis der Temperaturen beider Seiten gebildet.

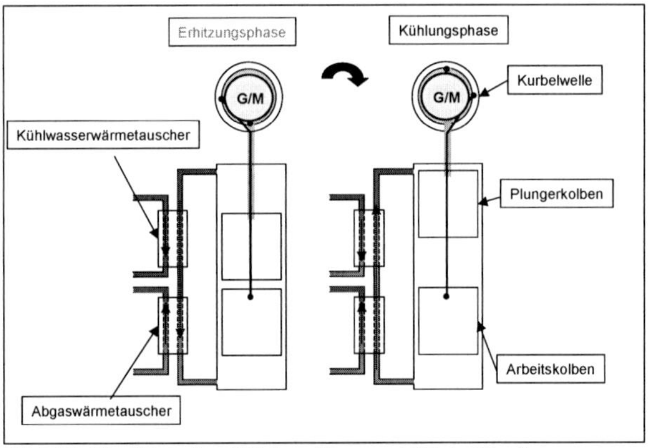

Bild 12. Modifiziertes Stirling-Konzept (Beta-Typ)

Ein Abgaswärmetauscher ersetzt den Brenner der konventionellen Anwendung. Die Gegenstromcharakteristik führt zu einem hohen Wirkungsgrad des Wärmetauschers und zu einer hohen Temperatur im Arbeitszylinder. Ein zweiter Wärmetauscher, der auch nach dem Gegenstromprinzip arbeitet, hat die Aufgabe aufgrund der endlichen Expansion einen möglichst hohen Anteil der vorhandenen Restenergie abzuführen. Ziel ist ein niedriges Temperaturniveau auf der kalten Seite. Als Kühlungsmedium wird ein Teilstrom des Kühlwassers im Fahrzeug eingesetzt.

Der Stirlingprozess besteht aus zwei Isothermen und zwei Isochoren, wobei das Arbeitsmedium periodisch expandiert und komprimiert wird. Von Zustand 1 nach 2 erfolgt eine isotherme Expansion des Mediums im Arbeitszylinder, dies stellt gleichzeitig den Arbeitstakt dar. Aufgrund des 90°-Versatzes beider Kolben expandiert das Gas im unteren Totpunkt des Arbeitszylinders nahezu isochor. In der anschließend Phase wird das Medium isotherm, unter Wärmeabgabe an den zweiten Wärmetauscher komprimiert, was gleichzeitig den Gaswechsel in den Plungerzylinder darstellt. Erreicht der Plungerkolben den unteren Totpunkt, verdichtet der Arbeitskolben das Medium nahezu isochor. Hier schließt sich der Kreisprozess.

Auf Grundlage des hier beschriebenen Konzeptes sind entsprechende Potenzialanalysen durchgeführt worden. Ziel ist es, den Wirkungsgrad in Abhängigkeit des thermischen Energieeintrages aus dem Abgasmassenstrom und der Abfuhr der Restenergie in das Kühlwasser zu ermitteln. Die Analysen belaufen sich auf eine stationäre, motorbetriebspunktabhängige Betrachtung mit dem Arbeitsmedium Luft.

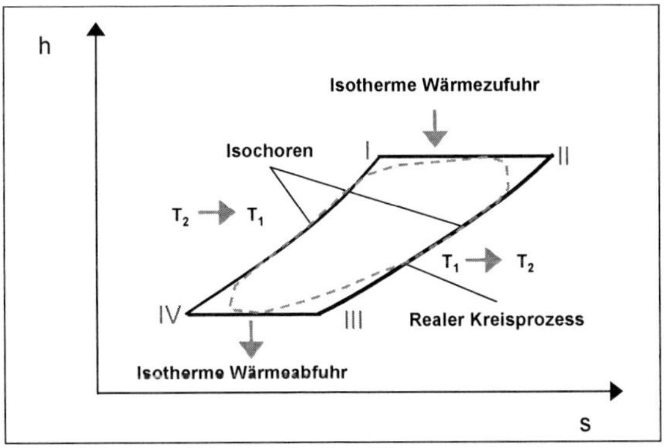

Bild 13: Stirling-Prozess im h-s-Diagramm

Die dominierenden Verluste im realen Prozess ergeben sich durch eine kontinuierliche Kolbensteuerung, wodurch sich nur annähernd isochore und isotherme Zustände einstellen. Turbinenkonzepte sind in der Lage einen idealen Kreisprozess infolge diskontinuierlicher Steuerung besser zu approximieren.

Der Stirlingmotor hat aber im Vergleich zu Dampf- und Gasturbinen ein sehr gutes Teillastverhalten. Turbinen weisen geringe isentrope Wirkungsgrade in Niedriglastbereichen auf, wodurch sie für Rekuperationskonzepte instationärer Prozesse weniger geeignet sind.

Unter Vernachlässigung dieses Aspekts sind für die Berechnungen der Konstantfahrpunkte jeweils konstante Wirkungsgrade für Turbine und Stirlingmotor angenommen worden.

Folgende Grafik veranschaulicht die ermittelten Ergebnisse

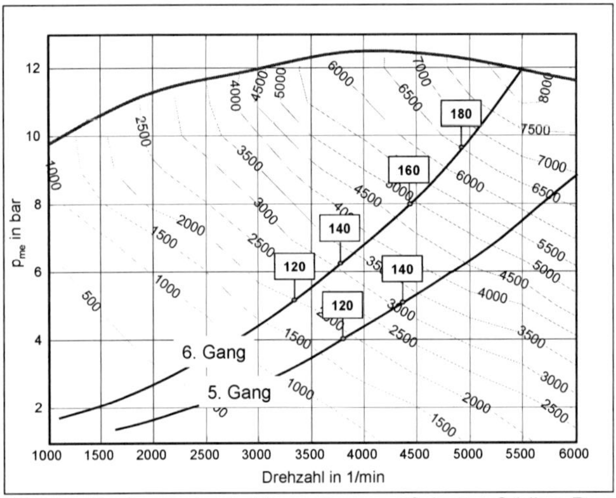

Bild 14: Mechanische Leistung des modifizierten Stirling-Prozesses

Wärmeverluste, wie sie bei Hubkolbenmotoren in unteren Lastbereichen dominieren, können beim Stirlingmotor als Wärmerückgewinnungskonzept durch Isolation minimiert werden. Der Stirling-Motor kommt ausserdem mit geringer Schmierung aufgrund niedriger Drehzahlen bei moderatem Reibungsverhalten aus. Weiterhin sind Hubkolbenmotoren in Kleinstbauweise im Konzeptvergleich wirkungsgradtechnisch günstiger als Turbinen.

Die mit dem modifizierten Stirling-Prozess gewonnene mechanische Leistung erreicht Werte bis zu 8 kW und weist ein relativ gleichmäßiges, der Abgastemperatur proportionales Leistungsverhalten auf.
Des weiteren ist hier entsprechendes Optimierungspotenzial im Hinblick auf den Wirkungsgrad vorhanden.
Darüber hinaus scheint eine bauliche Variante mit Linearmotor und -Generator eine interessante Weiterentwicklung zu sein.

3.5. Vergleich der Rekuperationskonzepte

Für den Vergleich der Konzepte werden die bisher ermittelten Werte auf elektrische Leistung in Konstantfahrpunkten bezogen. Hierbei wird die an den Sekundärprozessen gewonnene mechanische Leistung in einen Generator gespeist, dieser arbeitet zur besseren Vergleichbarkeit mit einem konstanten Wirkungsgrad.

Der Vergleich des elektrischen Energiegewinns (Bild 15) zeigt deutliche Vorteile für die geschlossenenen Kreisprozesse, wobei der Stirlingmotor nur die Abgaswärme nutzt und die Dampfturbine zusätzlich auch Teile der Kühlungswärme verarbeitet. Die hier verfügbare elektrische Energie im Bereich von 1,3 kW bis 4,5 kW ist sinnvoll in ein Hybridkonzept zu integrieren.

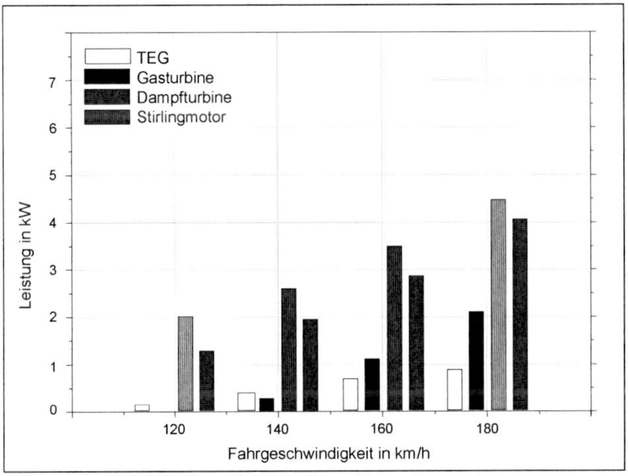

Bild 15: Vergleich des elektrischen Energiegewinns

Die weitere Berechnung mit der Umsetzung der zuvor gewonnenen elektrischen Energie der Sekundärprozesse im Hybridkonzept reduziert die Antriebsleistung, die thermischen Verhältnisse und den Kraftstoffverbrauch des Verbrennungsmotors in den Konstantfahrpunkten.
Das TEG-Rekuperationskonzept speist die gewonnene Energie direkt in ein konventionelles Antriebskonzept und entlastet hier die Nebentriebsleistung des Generators und somit auch den Kraftstoffverbrauch des Verbrennungsmotors.

Die abschließende Bewertung in Bild 16 vergleicht den Kraftstoffverbrauch in den Konstantfahrpunkten unter den genannten Berechnungsansätzen.

Die schon in Bild 15 gezeigten Tendenzen beim Leistungsgewinn der Einzelkonzepte werden auch im Kraftstoffverbrauchsszenario sichtbar.

Die im Bereich von bis zu 6% gezeigte Verbrauchsreduzierung für die Konstantfahrpunkte ist im Vergleich ähnlicher Untersuchungen als gering einzustufen und weist auf relativ konservative Randbedingungen für die Berechnung.

Die hier nicht bewerteten Eigenschaften der Rekuperationskonzepte für den Warmlauf und das Instationärverhalten sind nur nach erfolgter Auslegung und Abstimmung im Gesamtfahrzeug als belastbare Größen zu bewerten, aktuelle Entwicklungen bestätigen jedoch die hier dargestellten Tendenzen.

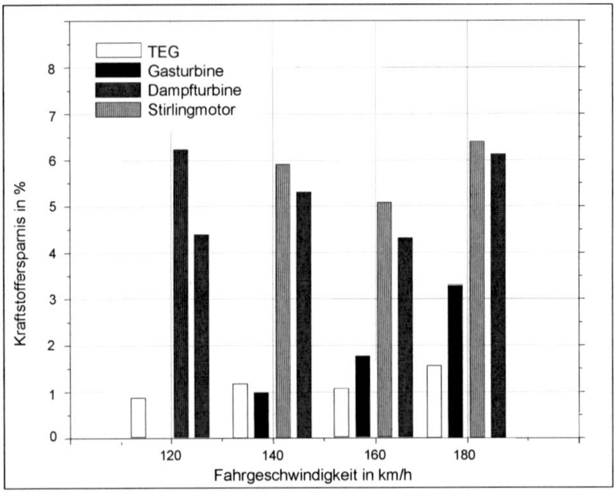

Bild 16: Kraftstoffverbrauchsreduzierung

Abschließend kann gesagt werden, dass von den untersuchten Konzepten die geschlossenen Kreisprozesse die attraktivste Variante für die Rekuperation thermischer Energie im Abgasstrang des Fahrzeuges darstellen, wobei der Stirling-Prozess mit relativ hohem Wirkungsgrad die Abgasenergie nutzt und der Dampfprozess die Wärme von Motorkühlung und Abgas verwertet.

Der durch das TEG-System in den Konstantfahrpunkten realisierte Minderverbrauch ist viel geringer als bei den geschlossenen Rekuperationsprozessen, wegen der geringeren Komplexität und bei Nutzung neuer, angekündigter TEG-Elemente mit deutlich höheren Wirkungsgrade erscheint das TEG-System im Ausblick als interessant und sinnvoll.

4. Integration der Konzepte

Der Aufwand die Rekuperationssysteme in Fahrzeugkonzepte zu integrieren ist neben den Entwicklungskriterien wie Bauraum und Gewicht selbstverständlich von der Komplexität des gewählten Rekuperationskonzepts und des Fahrzeugs abhängig. Je nach gewonnener Leistung hat jedoch diese Integration weitere Auswirkung auf das Grundkonzept: Durch eine nennenswerte Einspeisung von elektrischer Energie in ein Hybridantriebskonzept können Auswirkungen auf das Layout der Antriebsmotoren und ihre Betriebsartenstrategie zeigen. Daher wird in der Betrachtung zwischen leistungsstarken und –geringen Rekuperationen unterschieden.

Ein Konzept wie das TEG-System kann den Generator entlasten, auch bei aktuellen Wirkungsgraden. Vorhandene Prototypen mit verbessertem Wirkungsgrad (10% - 15%) und die Prognosen der Hersteller (15% - 25%) lassen den Schluss zu, dass bei Verfügbarkeit dieser besseren TEG-Elemente und entsprechender Auslegung (Anzahl TEG-Elemente, Lademanagement) des Systems und Anpassung der betroffenen Komponenten (Batterie) der Generator entfallen kann.

Die Rückgewinnungssysteme mit höherer Leistungsausbeute haben neben der konstruktiven Integration und der Einspeisung der Energie z.B. in ein Bordnetz eines Hybridkonzepts auch noch Rückwirkungen auf mindestens 2 Subsysteme:

Die Abgasnachbehandlung wird üblicherweise in der Phase des Katalysatorheizens bevorzugt mit thermischer und chemischer Energie versorgt und kann erst nach erfolgtem Light-Off Energieüberschüsse an ein nachgeschaltetes System übertragen. Eine Anbringung eines Wärmetauschers für ein Rekuperationssystem zwischen Vor- und Hauptkatalysator, wie in Bild 8 dargestellt, ist im Hinblick auf die geforderte Dauerhaltbarkeit der Abgasnachbehandlung und der Querempfindlichkeiten der On-Board-Diagnose für eine Serienanwendung nicht zu empfehlen. Der Wärmetauscher sollte somit nach dem Hauptkatalysator angebracht werden, wohlwissend, dass die Leistungsausbeute im Warmlauf hier leidet. Da die leistungsstarken Systeme hier mit einem Hybridantrieb gekoppelt werden, ist jedoch auch durch eine Phlegmatisierung des Verbrennungsmotors die thermische Dynamik ebenfalls geringer und ermöglicht diese Lösung. Weiterhin beachtenswert ist im weiteren Abgasstrang der erhöhte Kondensatanfall, dem im Layout der Abgasanlage Rechnung getragen werden sollte.

Das Thermomanagement des Fahrzeugs mit Hybridantrieb hat über ein relativ komplexes Netz vielfältige Anforderungen umzusetzen. So sind beispielsweise bei gleichzeitigem Betrieb von Elektro- und Verbrennungsmotor sowie Rekuprationssystem deutlich höhere Wärmemengen zu verteilen und abzugeben als nur mit einem Verbrennungsmotor gleicher Leistung. In anderen Betriebszuständen mit Nutzung des Elektromotors ist das Angebot an Wärmeleistung im Netz relativ gering und hat jedoch auch die gewünschten Komfortansprüche zu erfüllen. Diese beiden Beispiele sind als Hinweis auf eine Fülle möglicher Betriebsszenarien zu verstehen, ein erfolgversprechender Lösungsansatz ist die Modellierung des thermischen Netzes und Verknüpfung mit allen relevanten Energieflussmodellen zu einem Gesamtmodell. Erst mit diesem Gesamtmodell ist mit klaren Anforderungsprofilen die optimale Auslegung der Komponenten und auch der erste Entwurf der Betriebsartenstrategie zu gewährleisten. In der Weiterentwicklung geben die Modelldaten auch im Rahmen der Serienentwicklung wertvolle Hinweise beispielsweise für die Feinabstimmung und Absicherung über Laufzeit.

Literaturverzeichnis

[1] Fritzson, P. : Principles of Object-Orientated Modeling and Simulation with Modelica 2.1. WILEY INTERSIENCE, 2003

[2] http://www.Modelica.org

[3] http://www.Dynasim.com

[4] Bass, J. C. / Elsner, N. / Ghamaty, S / Jovanovic, V. / Krommenhoek, D., High Efficiency Quantum Well Thermoelectrics for Waste Heat Power Generation – Milliwatts to Kilowatts of Power, Präsentation, DEER Conference, Chicago, August 25, 2005, http://www.eere.energy.gov/vehiclesandfuels/pdfs/deer_2005/session6/2005_deer_krommenhoek.pdf

[5] http://www.hi-z.com/websit04.htm

[6] Huhn, J. : Lehrveranstaltung Technische Thermodynamik (Teil Wärmeübertragung). Lehrgebiet Wärme- und Stoffübertragung

[7] BMW-Pressemitteilung vom 05.12.05: „Antrieb statt Verlustleistung: BMW Group Forschung und Technik nutzt erstmals Kraft-Wärme-Kopplung im Auto.“
[8] http://www.peterfette.gmxhome.de/prozess.htm

12 Einsatzmöglichkeiten eines Abwärmekraftwerks im Fahrzeug: Auslegung eines MiniGuDs

Andreas Huster, Heiko Schulz-Andres

Abstract

On the basis of the operational data of a car a thermodynamic calculation of the water vapour cycle for a gas- and steam-process takes place, in which the hot exhaust gases of the combustion engine are to be used as heat source for a steam cycle downstream. In the NEDC different exhaust mass flows arise by the intermittent operating conditions. The resulting theoretical increase in fuel saving in the NEDC amounts to 7.9%. It is not considered yet that also heat energy is needed first for heating the apparatuses and machines of the MiniGuDs. The heating energy for the entire small power station is, ever after constructional execution, with approximately 50%. In extreme cases it is to be even feared that in the NEDC a MiniGuD does not effectively work. In the stationary operational case of a highway trip are improvements of efficiency of approximately 11%, if all construction units are at operating temperature.

The exhaust gas temperature at the steam generator outlet amounts to approx. 190°C and can be not further lowered due to necessary temperature differences within the steam generator. In addition, from this it follows that the use of further heat sources within the combustion engine, as cooling water or supercharger is not possible, with water as cycle medium because of the lower temperatures. Spare media for water with lower evaporation temperatures could lead to a higher efficiency.

Zusammenfassung

Ausgehend von den Betriebsdaten eines PKWs findet eine thermodynamische Auslegung des Wasserdampfkreislaufs für einen GuD-Prozess statt, bei dem die heißen Abgase des Verbrennungsmotors als Wärmequelle für einen nachgeschalteten Dampfkreislauf genutzt werden sollen.

Im NEDC treten durch die instationären Betriebsbedingungen ständig wechselnden Abgastemperaturen und –massenströme auf. Die gesamte resultierende theoretische Leistungssteigerung bzw. Kraftstoffeinsparung im NEDC beträgt 7,9%. Dabei ist noch nicht berücksichtigt, dass auch Wärmeenergie zunächst zum Aufheizen der Apparate und Maschinen des MiniGuDs benötigt wird. Die Aufheizenergie für das gesamte Kleinkraftwerk liegt, je nach konstruktiver Ausführung, bei etwa 50%. Im Extremfall ist sogar zu befürchten, dass im NEDC ein MiniGuD nicht effektiv in Betrieb geht. Im stationären Betriebsfall einer Autobahnfahrt sind Wirkungsgradverbesserungen von ca. 11% zu erwarten, sofern alle Bauteile betriebswarm sind.

Die Abgastemperatur am Dampferzeugeraustritt beträgt ca. 190°C und kann aufgrund von erforderlichen Temperaturdifferenzen innerhalb des Dampferzeugers nicht weiter gesenkt werden. Daraus folgt aber auch, dass die Nutzung weiterer Wärmepotenziale innerhalb des

Verbrennungsmotors, wie Kühlwasser oder Abgasturbolader, bei Wasser als Kreislaufmedium wegen der niedrigeren Temperaturen nicht möglich ist. Ersatzmedien für Wasser mit niedrigeren Verdampfungstemperaturen könnten zu Wirkungsgradsteigerungen von einigen Prozentpunkten führen.

1 Einleitung

Um den Gesamtwirkungsgrad von Fahrzeugen weiter zu steigern, wird in diesem Bericht die Möglichkeit eines in den Abgasstrang integrierten Dampfkraftwerks zur Erzeugung weiterer mechanischer Leistung aus der noch vorhandenen thermischen Abgasenergie vorgestellt. Ausgehend von den Betriebsdaten eines PKWs findet zunächst eine erste thermodynamische Auslegung des Wasserdampfkreislaufs für einem Gas- und Dampfprozess (Mini-GuD) statt. Grundlage für die Bewertung ist zunächst der NEDC[1], der i.d.R. für die Bewertung von Kraftstoffverbrauch mindernden Maßnahmen herangezogen wird.

2 Prozessführung

Die Nutzung der Abgaswärme zur Wirkungsgradsteigerung ist das vorrangige Ziel. Zum einen sind im Abgasstrom, je nach Betriebspunkt, ca. 1/3 der durch den Kraftstoff eingebrachten Leistung enthalten[2], zum anderen liegt die Abwärme auf einem recht hohen Temperaturniveau (400..600°C) vor. Die heißen Abgase werden unmittelbar nach dem Abgaskrümmer durch einen Dampferzeuger geleitet, der aus funktionell verschiedenen Wärmetauschern besteht. Als Forderung für viele Entwicklungen steht eine Kraftstoffreduzierung im NEDC, so dass auch in dieser Untersuchung dieser Fahrzyklus zur Beurteilung als Referenz herangezogen wird.

Die Prozessführung geschlossener Kreisläufe erfolgt nach „Clausius-Rankine“. Ein solcher Kreislauf lässt sich ebenfalls in den Abgasstrang eines Straßenfahrzeugs integrieren. In Bild 2.1 ist eine mögliche Anordnung zusammengestellt. Die Gesamtanlage arbeitet mit 2 voneinander getrennten Medien: Luft bzw. Abgas (gestrichelt) und Wasser/Wasserdampf (durchgezogen). Die Abgase des Verbrennungsmotors (7) gelangen zum Dampferzeuger (3). Die Abgasaustrittstemperatur aus dem Dampferzeuger beträgt, je nach Auslegung und Betriebspunkt, ca. 180°C-200°C.

Vom Speisewasserbehälter (0) saugt die Speisewasserpumpe (1) das Wasser an und erhöht den Druck auf ca. 19,5 bar[3]. Im Dampferzeuger (3) wird das Wasser weiter bis zur Verdampfungstemperatur erwärmt, verdampf und überhitzt. Bis auf die Druckverluste durch Rohrreibung etc. bleibt der Druck konstant. In den Dampfmotor (4) tritt der Dampf mit 18,5 bar und einer mittleren Temperatur von 380°C ein und entspannt unter Arbeitsabgabe. Der Austrittszustand des Dampfes aus dem Motor beträgt ca. 0,5 bar und entsprechend 81°C, da die Expansion ins Nassdampfgebiet stattfindet. Der Kondensator (5) verflüssigt den nassen Dampf. Kühlmedium hierfür ist die Umgebungsluft (Fahrtwind).

[1] NEDC: New European Driving Cycle
[2] Stark vom Betriebspunkt abhängig. Im Teillastbereich deutlich größer.
[3] Alle Druckangaben sind Absolutdrücke.

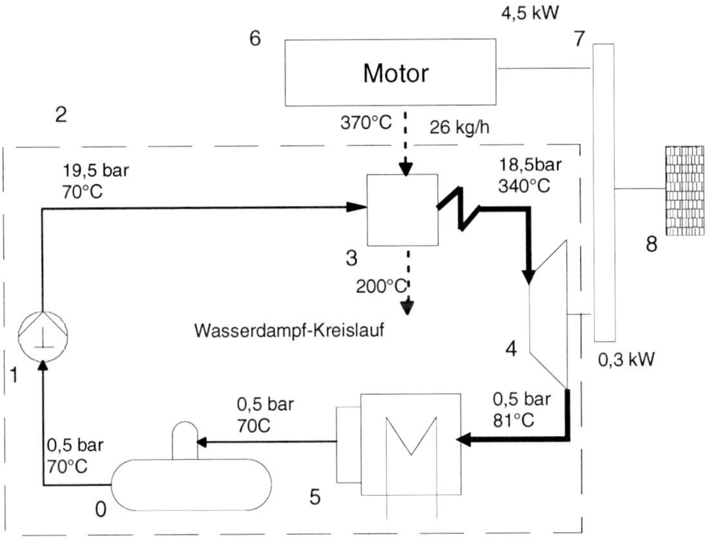

Bild 2.1 Wärmeschaltplan „MiniGuD" mit einem exemplarischen Betriebspunkt

0	Speisewasserbehälter	1	Speisewasserpumpe
2	Mini GuD	3	Dampferzeuger (DE)
4	Dampfmotor	5	Kondensator
6	Verbrennungsmotor	7	Getriebe
8	Abtrieb (Rad)		

Über einen Nebenabtrieb des Getriebes (7) kann die mechanische Leistung des Dampfmotors (4) direkt für den Antrieb des Fahrzeugs (8) genutzt werden. Dadurch sinkt letztendlich die effektiv des Verbrennungsmotors bereitzustellende Leistung, je nach Fahrzustand, bis zu etwa 11 % (vergl. folgende Kapitel).

Dampfkreisläufe sind thermisch träge. Zudem erfordern sie wegen der notwendigen Wärmetauscher (einschließlich Dampferzeuger) einen verhältnismäßig hohen Raumbedarf. Weiterhin ist das zusätzliche Gewicht nicht zu vernachlässigen. Diese Vorüberlegungen erschweren den Einsatz im PkW-Bereich, da dort ein sehr ungleichmäßiger Betrieb vorliegt und weiterhin kaum Raum- oder Gewichtsreserven mehr vorhanden sind.

3 Leistungen im NEDC

Zur Beurteilung des Nutzens eines MiniGuds im PkW-Bereich sollen die möglichen Einsparungspotenziale im NEDC ermittelt werden, da dies im Wesentlichen die Entscheidungsgrundlage für Entwicklungen im PkW darstellt. Zur Berechnung werden die Daten eines Mittelklassefahrzeugs verwendet:

Fahrzeugdaten:

Gesamtfahrgewicht m	1400 kg
Rollwiderstand μ	0,01
Luftwiderstandsbeiwert c_w	0,31
Schattenfläche A	2,41 m^2

Benzin und Abgasstoffwerte:

Heizwert H_u	42,8 MJ/kg
Kraftstoffdichte ρ_K	0,775 kg/l
Luftzahl λ	1
spez. Wärmekapazität $c_{p,AB}=c_p$	1,09 kJ/kgK
Stöchom. Verbrennungsluftverhältnis L_{ST}	14,8 $\frac{\text{kg Luft}}{\text{kg Kraftstoff}}$

Anhand des Motorkennfeldes kann, in Abhängigkeit des effektiven Mitteldruck p_e und der Motordrehzahl n, der spezifische Kraftstoffverbrauch b_e ermittelt werden (Bild 3.1). Diese Werte entsprechen den vom OEM für diesen Motor veröffentlichen Daten.

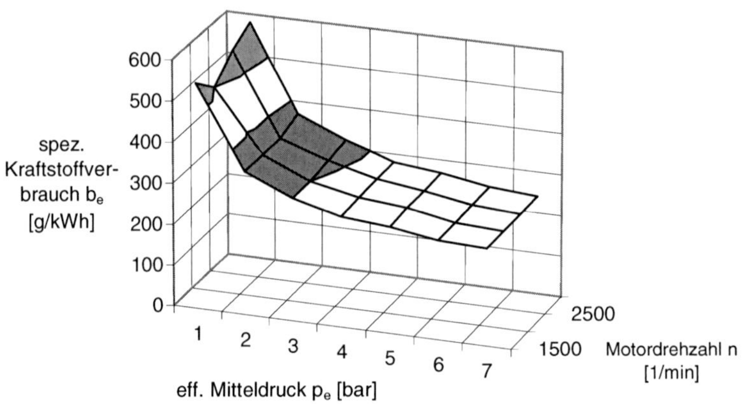

Bild 3.1 Spezifischer Kraftstoffverbrauch in Abhängigkeit des effektiven Mitteldrucks und der Drehzahl

Analog erhält man die Daten für die Abgastemperaturen in Abhängigkeit derselben Parameter (Bild 3.2). In diesem Fall handelt es sich jedoch nicht um die exakten Werte des Motors, da diese nicht vorlagen, sondern lediglich um „typische" Otto-Motor-Werte.

Obwohl der spezifische Kraftstoffverbrauch b_e sowohl von der Drehzahl n als auch vom Mitteldruck pe abhängt, wird für die folgenden Berechnungen der schwach ausgeprägte Drehzahleinfluss nicht berücksichtigt. Die numerische Aufbereitung wäre mit einem verhältnismäßig hohen Aufwand verbunden. Im Gegensatz dazu hängt die Abgastemperatur etwa linear sowohl von der Drehzahl als auch vom Mitteldruck ab und lässt sich einfach in die Berechnungen implementieren.

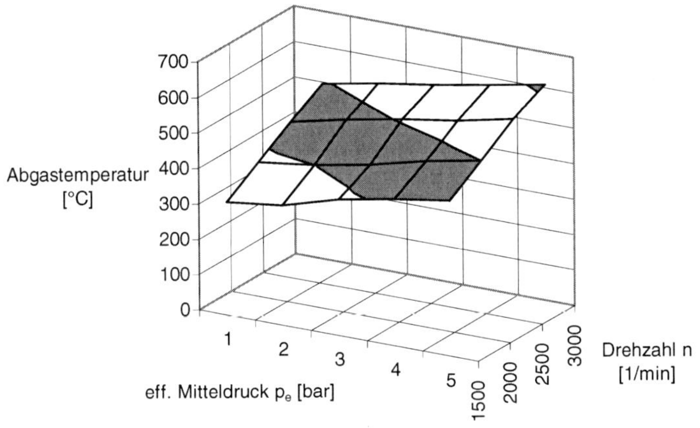

Bild 3.2 Abgastemperatur in Abhängigkeit des effektiven Mitteldrucks und der Drehzahl

3.1 Thermodynamik

Die Leistung des Abgases muss zur Erwärmung, Verdampfung und Überhitzung des Wasserdampfes genutzt werden. Nach der Expansion im Dampfmotor muss der Wasserdampf wieder kondensieren. Die „kalte" Seite des Dampfprozesses ist durch die Umgebungstemperatur näherungsweise auf ca. 81 °C festgelegt. Dies entspricht einem Dampfdruck von 0,5 bar_a. Niedrigere Dampfdrücke bedeuten generell zwar höhere Leistungen, jedoch werden die Apparate aufgrund der niedrigeren Dichte auch wesentlich größer.

Die Festlegung von Dampfdruck und Überhitzungstemperatur auf der „heißen" Seite ist ein Optimierungsprozess. Generell sind hier hohe Werte für Druck und Temperatur anzustreben. Da die maximale Temperatur durch die Abgastemperatur festgelegt ist, sind hier verschiedene Randbedingungen zu beachten. Zum einen ist dies sicher die Werkstoffauswahl des Dampfmotors (Temperaturfestigkeit), zum anderen bewirkt eine höhere Dampftemperatur aber auch einen kleineren Dampfmassestrom.

Der gesamte Dampferzeuger wird im Gegenstrom durchströmt. Damit sind die höchsten Dampfaustrittstemperaturen sichergestellt. Abgas- und Wassertemperaturen nähern sich am Punkt 2 (Bild 3.1.1) am nächsten an: Die Vorwärmung des Wassers ist abgeschlossen und die eigentliche Verdampfung beginnt; die Abgase sind schon relativ weit abgekühlt. Aber auch hier muss in jedem Fall sichergestellt sein, dass die Abgastemperatur über der Wassertemperatur liegt. Ansonsten ist keine Verdampfung möglich. Diese Temperaturdifferenz beträgt üblicherweise ca. 10°C.

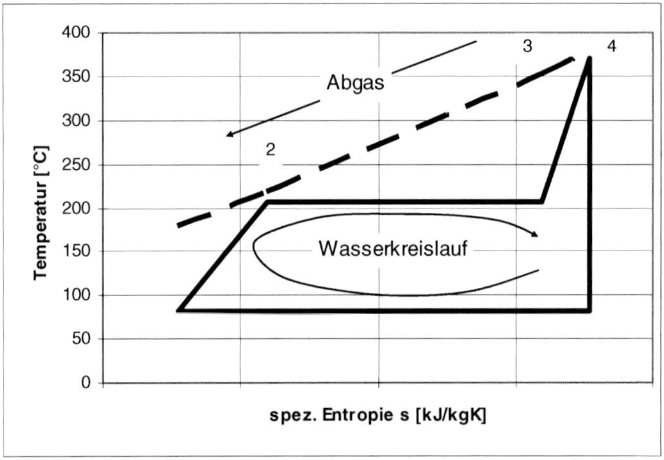

Bild 3.1.1 Wasserkreislauf- und Abgastemperaturen im T-s-Diagramm

Für die Auslegung der einzelnen Abschnitte des Dampferzeugers (Vorwärmer, Verdampfer, Überhitzer) werden die energetischen Gleichgewichtsbedingungen aufgestellt:

$$\dot{Q}_{Ab} = \dot{m}_{Ab} \cdot c_p \cdot (T_4 - T_1) = \dot{m}_{Ab} \cdot c_p \cdot ((T_4 - T_3) + (T_3 - T_2) + (T_2 - T_1)) \quad \text{Gl. (1)}$$

$$\dot{Q}_{H2O} = \dot{m}_{H2O} \cdot (h_4 - h_1) = \dot{m}_{H2O} \cdot ((h_4 - h_3) + (h_3 - h_2) + (h_2 - h_1)) \quad \text{Gl. (2)}$$

$$\dot{Q}_{Ab} \cdot \eta_{DE,ges} = \dot{Q}_{H2O} \quad \text{Gl. (3)}$$

Stellt man für jeden Abschnitt die Gleichgewichtsbeziehung auf, so erhält man:

$$\dot{m}_{H2O} = \eta_{DE} \cdot \dot{m}_{Ab} \frac{c_{p,Ab} \cdot (T_{3,Ab} - (T_{2,H2o} + \Delta T_2))}{h_3 - h_2} \quad \text{Gl. (4)}$$

$$T_{3,Ab} = T_{4,ab} - \frac{\dot{m}_{H2O} \cdot (h_4 - h_3)}{\dot{m}_{Ab} \cdot \eta_{Ü} \cdot c_{p,Ab}} \quad \text{Gl. (5)}$$

$$T_{1,Ab} = T_{2,ab} - \frac{\dot{m}_{H2O} \cdot (h_2 - h_1)}{\dot{m}_{Ab} \cdot \eta_{VW} \cdot c_{p,Ab}} \quad \text{Gl. (6)}$$

An den Gleichungen erkennt man, dass die Lösung nur iterativ zu ermitteln ist, da der Wassermassenstrom (Gl. 4) von der Abgastemperatur $T_{3,Ab}$ abhängt, und diese wiederum vom Wassermassenstrom (Gl. 5). Wenn die Überhitzung nur klein ist, d.h. $T_{4,ab} \approx T_{3,ab}$ kann in Gl. 9 auch $T_{4,ab}$ statt $T_{3,ab}$ eingesetzt werden. Dadurch ergibt sich zwar eine kleine Ungenauigkeit, die Iteration entfällt jedoch.

3.2 Nutzbare Abgasleistung

Für die Auslegung des Dampfprozesses wird der NEDC als Basis angenommen. Ausgehend von diesen Daten findet anschließend die Grobdimensionierung mit den mittleren Fahrdaten statt. Die Motorleistung setzt sich bei diesen Annahmen im Wesentlichen aus dem Roll- und dem Luftwiderstand zusammen. Für die Berechnung werden folgende Beziehungen verwendet, wobei eine konstant angenommenen „Reibleistung[4]" des Motors berücksichtigt wird:

$$P_{PKW} = \left(\mu \cdot m \cdot g + \frac{1}{2} \cdot \rho_{Luft} \cdot c_W \cdot A \cdot c^2\right) \cdot c + P_{Reibung} + P_{Beschleunigung} \qquad \text{Gl. (7)}$$

Mit dem Wirkungsgrads η_{ges} des Verbrennungsmotors beträgt die gesamte aufzubringende Wärmeleistung

$$P_{ges} = \dot{Q}_{zu} = \frac{P_{PKW}}{\eta_{ges}} \qquad \text{Gl. (8)}$$

Diese Leistung muss durch die Verbrennung des Kraftstoffs bereitgestellt werden:

$$P_{ges} = \dot{m}_K \cdot H_u \Rightarrow \dot{m}_K = \frac{P_{ges}}{H_u} \qquad \text{Gl. (9)}$$

Für die Verbrennung wird ein Ansaugmassenstrom

$$\dot{m}_L = \lambda \cdot \dot{m}_K \cdot L_{ST} = 1 \cdot \dot{m}_K \cdot 14{,}8 \qquad \text{Gl. (10)}$$

Luft benötigt. Der Abgasmassenstrom

$$\dot{m}_{ges} = \dot{m}_K + \dot{m}_L \qquad \text{Gl. (11)}$$

beinhaltet den Luft- und den verbrannten Kraftstoffanteil. Dies ist der für das MiniGuD nutzbare Abgasmassenstrom. Aufgrund der Zusammensetzung des Abgases liegt die mittlere spezifische Wärmekapazität mit 1,09 kJ/kgK etwas über der reiner Luft (1,04 kJ/kgK).

Um integrale Aussagen treffen zu können, müssen alle Fahrzustände im NEDC ausgewertet werden (Bild 3.2.1 und Bild 3.2.2). In Abhängigkeit der Geschwindigkeit und des Fahrzustandes (stationär oder beschleunigt) resultieren sehr unterschiedliche Abgaszustände. Bei den zur Verfügung stehenden Abgasleistungen zum Betrieb des MiniGuds wurde zum einen die theoretische Abgasleistung aufgetragen, bei der das Abgas bis auf Umgebungsbedingungen abgekühlt wird. Bei einer punktweisen Betrachtung aller Betriebszustände mit den realistischen Abgasaustrittstemperaturen aus den Apparaten unter Berücksichtigung der notwendigen Temperaturdifferenzen etc. reduziert sich das nutzbare Energieangebot erheblich. Tabelle 3.1 listet die gemittelten Betriebszustände auf.

mittlere Leistung	**4705**	**W**
mittlere Drehzahl	**1540**	**1/min**
mittlere Abgastemperatur	**344**	**°C**
mittlerer Abgasmassenstrom	**6,98E-03**	**kg/s**
mittlere MiniGuD Leistung	**473**	**W**
mittlere Geschw.	**33,38**	**km/h**
mittlerer Wirkungsgrad V-Motor	**25,20**	**%**

Tabelle 3.1 Gemittelte Fahr- und Betriebszustände eines Mittelklasse-PkWs (DC A-Klasse) mit einem Otto-Motor im NEDC

[4] Nebenaggregate und wirkliche Reibleistung; $P_{Reibung}$=500W

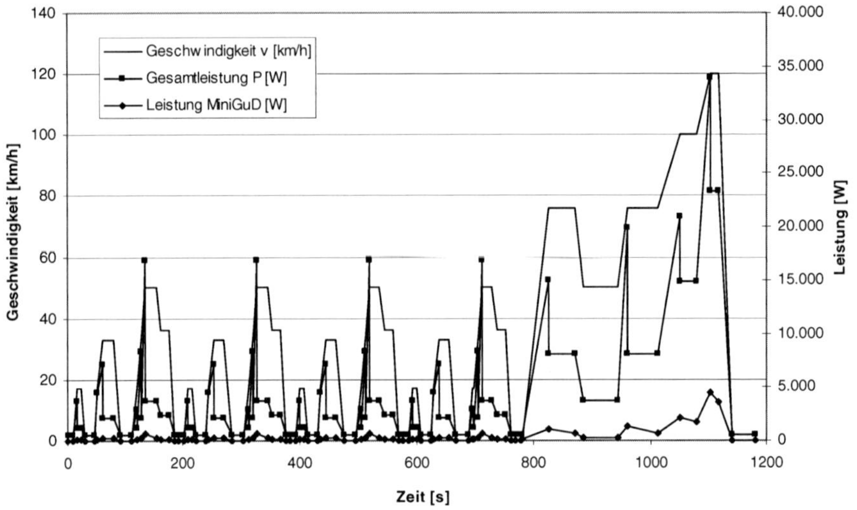

Bild 3.2.1 Leistungen im NEDC

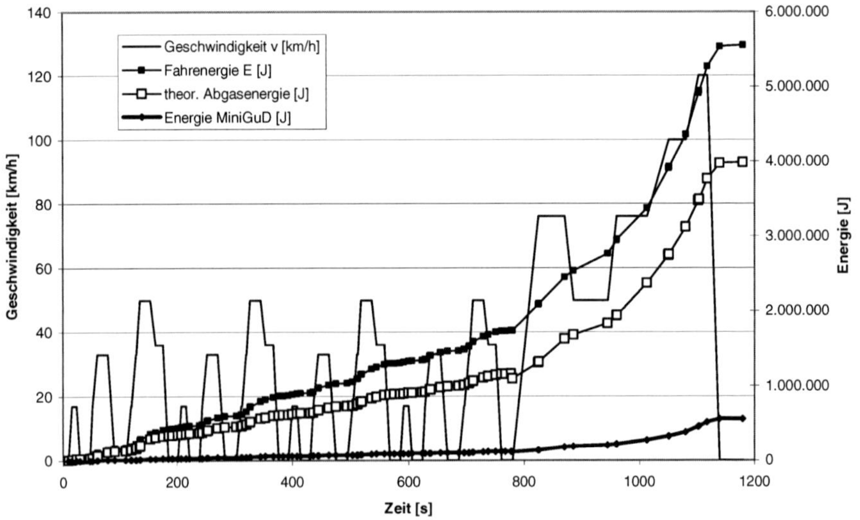

Bild 3.2.2 Abgas- und Fahrenergie im NEDC

Einen Betriebspunkt, der in der Nähe des Optimums liegt, findet man auf der Frischdampfseite bei einem Druck von ca. 18 bar und einer Überhitzungstemperatur von 370°C. Der umlaufende Massenstrom beträgt ca. 2,86 kg/h. Dabei können theoretisch ca. 0,473 kW mechanische Leistung durch das MiniGuD zusätzlich erzeugt werden. Dies entspricht einer mittleren Steigerung der Wellenleistung $\Delta P/P_{Nenn}$ von 7,9 %. Bei diesen Rechnungen sind die Einflüsse der Erwärmung der Bauteile nicht berücksichtigt (verg 3.6)!

4 Maschinen und Apparate

4.1 Pumpe

Die Speisewasser-Pumpe dient zur Druckerhöhung von ca. 0,5 bar_a auf etwa 19,5 bar_a[5]. Sie fördert im NEDC im Mittel 2,86 kg Wasser je Stunde. Das entspricht einem Volumenstrom von 0,047 l/min. Das Hubvolumen der Pumpe beträgt, bei direkter Kopplung an die Motordrehzahl,

$$V_{H,Pumpe} = \frac{\dot{m}_{H_2O}}{\rho_{H_2O} \cdot n_{Motor}} = \frac{7{,}94 \cdot 10^{-4}\, kg \cdot m^3 \cdot 60s}{1000 kg \cdot 1540 \cdot U \cdot s} = 3{,}095 \cdot 10^{-8} \frac{m^3}{Umdr}, \qquad \text{Gl. (12)}$$

Das entspricht einem Verdrängungsvolumen von 0,03095 ccm pro Umdrehung! Wegen des relativ hohen Druckes und der niedrigen Viskosität von Wasser ist die Einsatzfähigkeit von diversen Pumpenprinzipien fragwürdig und muss ggf. noch einmal gesondert untersucht werden. In Anbetracht aller Randbedingungen scheint eine Hubkolbenpumpe auf Grund der sehr guten Dichtungsmöglichkeiten die am Besten geeignete Lösung zu sein. Im Rahmen dieses Berichtes erfolgt jedoch keine Grobdimensionierung der Pumpe.

4.2 Dampfmotor

In den Dampfmotor tritt der Massenstrom im überhitzten Zustand ein. Mit der entsprechenden mittleren Dichte des Wasserdampfes von ca. 6,25 kg/m3 und einem inneren Expansionsverhältnis (Bild 4.2.1)

$$\varepsilon_c = \frac{V_{max}}{V_{HD}} = \frac{V_{ND}}{V_{HD}}. \qquad \text{Gl. (13)}$$

von 20 beträgt das erforderliche Hubvolumen, ebenfalls bei direkter Kopplung des Dampfmotors an die Verbrennungsmotordrehzahl,

$$V_{H,Motor} = \frac{\dot{m}_{H_2O} \cdot \varepsilon_c}{\rho_4 \cdot n_{Motor}} = \frac{7{,}94 \cdot 10^{-4} \cdot 20 \cdot kg \cdot m^3 \cdot 60s}{6{,}25kg \cdot 1540 \cdot U \cdot s} = 9{,}9 \cdot 10^{-6} \frac{m^3}{Umdr} \approx 100 \frac{ccm}{Umdr}. \qquad \text{Gl. (14)}$$

Das Expansionsverhältnis ist streng genommen für diesen Betriebpunkt zu gering gewählt. Jedoch muss man entweder einen verstellbaren Motor entwickeln, der bei jedem Druckverhältnis mit dem höchsten Wirkungsgrad abreitet, oder ein einen „guten“ Mittelwert ansetzen, der bei diesen Parametern durchaus 20 beträgt (Bild 4.2.2). Darüber hinaus bedeuten größere Expansionsverhältnisse zusätzlichen Bauraum.

[5] Abhängig vom Betriebspunkt kann dieser Wert stark schwanken.

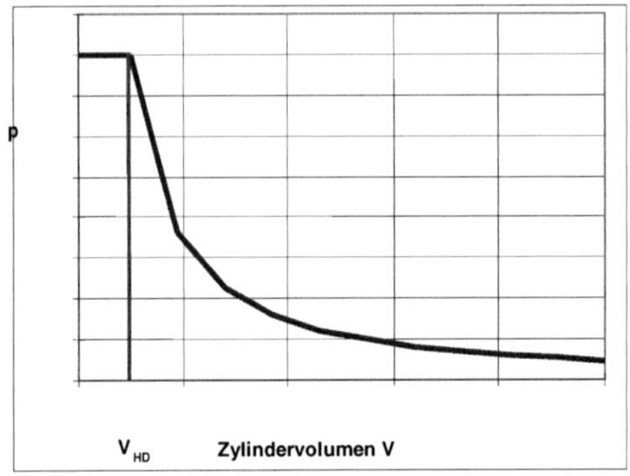

Bild 4.2.1 Druckverlauf im Dampfmotor

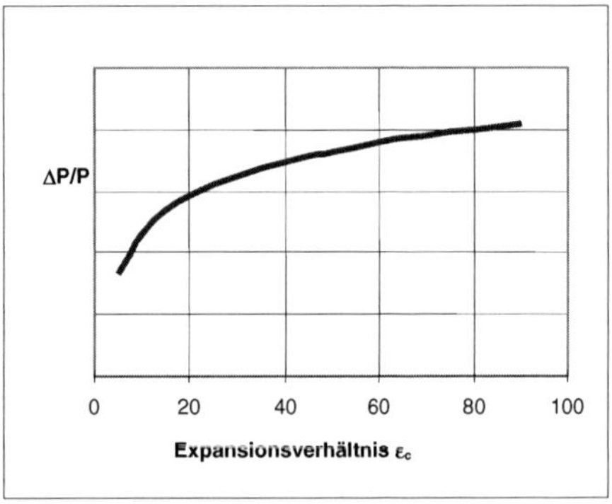

Bild 4.2.2: Leistungssteigerung in Abhängigkeit vom Expansionsverhältnis ε_c

4.3 Apparate

Die Wärmetauscher sind vorzugsweise im Kreuz-Gegenstrom-Prinzip angeordnet, d.h. der eintretende heiße Abgasstrom überhitzt den austretenden Dampfmassenstrom und der austretende, bereits abgekühlte Abgasstrom heizt den eintretenden Wasserstrom auf. Wegen des schlechten Wärmeübergangs zwischen Abgas und den Rohren ist eine Verrippung vorgesehen. Innen strömt das Wasser bzw. Wasserdampf, außen das Abgas (Bild 4.3.1).

Der Wärmedurchgangsfaktor k setzt sich aus den Wärmeübergängen auf der rohrinneren Wasserseite, der verrippten, äußeren Abgasseite und dem Wärmedurchgang im Rohr selbst zusammen:

$$\frac{1}{k} = \frac{1}{\alpha_i} + \frac{1}{\alpha_A} + \sum \frac{s}{\lambda} \qquad \text{Gl. (15)}$$

Mit der Verrippung und den dadurch resultierenden unterschiedlichen Wärmetauscherflächen erhält man als Wärmedurchgangskoeffizient k_A bzw. k_i, bezogen auf die äußeren bzw. inneren Fläche,

$$\frac{1}{k_A} = \frac{A_A}{A_i}\left(\frac{1}{\alpha_i} + \frac{s}{\lambda}\right) + \frac{1}{\alpha_A}; \quad \frac{1}{k_i} = \frac{1}{\alpha_i} + \frac{s}{\lambda} + \frac{1}{\alpha_A}\frac{A_i}{A_A}. \qquad \text{Gl. (16)}$$

Die mittlere Temperaturdifferenz für den Wärmeübergang beträgt

$$\Delta t_m = \frac{\Delta t_{groß} - \Delta t_{klein}}{\ln \frac{\Delta t_{groß}}{\Delta t_{klein}}}. \qquad \text{Gl. (17)}$$

Das äußere, verrippte Rohr hat je Meter Rohrlänge eine Wärmetauscherfläche von

$$A_A = \left(\frac{\pi}{4}\left(D_R^2 - d_A^2\right) \cdot 2 + \pi \cdot D_R \cdot s_R\right) \cdot n_R + \pi \cdot d_A\left(1\,m - n_R \cdot s_R\right). \qquad \text{Gl. (18)}$$

Die innere Rohrfläche beträgt je Meter Länge

$$A_i = \pi \cdot d_i \cdot 1\ m. \qquad \text{Gl. (19)}$$

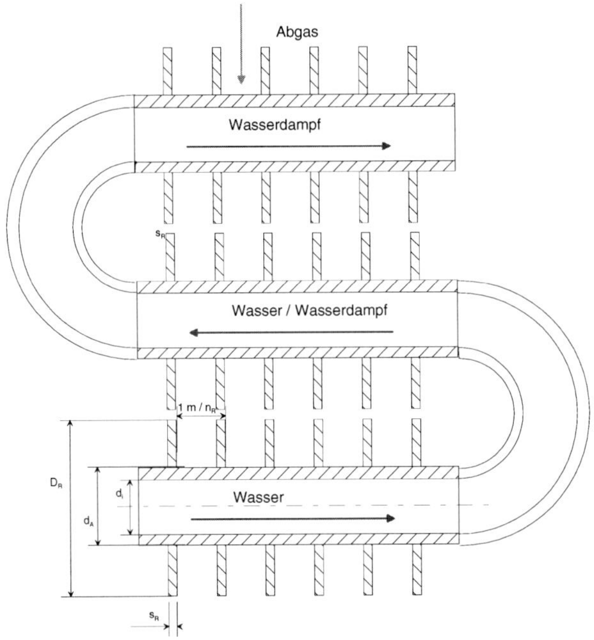

Bild 4.3.1 Anordnung der Rohrleitung/Wärmetauscherfläche im Dampferzeuger

Mit den jeweiligen Wärmeströmen $\dot{Q}$, den Temperaturdifferenzen Δt_m, der Rohrgeometrie, den üblichen Wärmekoeffizienten α und λ sowie dem Wirkungsgrad η können so nun die erforderlichen Flächen A und dementsprechend Rohrlängen l bestimmt werden:

$$A_i = \frac{\dot{Q}}{k_i \cdot \Delta t_m \eta} \Rightarrow l = \frac{A_i}{\pi \cdot d_i}.$$ Gl. (20)

Aus der erforderlichen Geometrie kann die Masse m der einzelnen Dampferzeugerabschnitte, einschließlich der Rohrrippen, berechnet werden:

$$m_R = \rho_R \cdot \frac{\pi}{4}\left(\left(d_A^2 - d_i^2\right) + n_R \cdot \left(d_R^2 - d_A^2\right)\right) \cdot l.$$ Gl. (21)

Schließlich müssen noch die auftretenden Druckverluste abgeschätzt werden. Dies ist ohne größeren Rechenaufwand nur überschlägig möglich, da sich die Dichte, speziell im eigentlichen Dampferzeugerteil, wesentlich ändert. Damit herrschen zwischen Ein- und Austritt aber auch sehr unterschiedliche Strömungsgeschwindigkeiten. Für die Berechnung der Druckverluste wird daher mit der mittleren Strömungsgeschwindigkeit

$$\bar{c} := \frac{c_E + c_A}{2}$$ Gl. (22)

und der mittleren Dichte

$$\bar{\rho} := \frac{\rho_E + \rho_A}{2}$$ Gl. (23)

gerechnet:

$$\Delta p = \frac{1}{2} \cdot \lambda_{RL} \cdot \frac{l}{d} \cdot \bar{\rho} \cdot \bar{c}^2 .$$ Gl. (24)

Der Rohrreibungsbeiwert λ_{RL} hängt u.a. von der relativen Rohrrauhigkeit k/d und der Reynoldszahl

$$Re := \frac{c \cdot d}{\nu} .$$ Gl. (25)

ab. In vielen technischen Problemstellungen beträgt der Rohrreibungsbeiwert λ_{RL} etwa 0,01..0,05. Vereinfachend ist ein Mittelwert von 0,025 angesetzt worden. Die Wärmeübergangszahlen α hängen sehr stark vom Strömungs- und Aggregatzustand ab. Für die Auslegung sind ebenfalls mittlere übliche Werte angenommen worden.

Die Berechnung des Kondensators erfolgt analog zum Dampferzeuger, da sich lediglich die Richtung des Wärmestroms sich umkehrt.

5 Stationäre Fahrt

Im stationären Betrieb, z.B. bei konstanter Geschwindigkeit von 100 km/h bei einer Autobahnfahrt, kann durch das MiniGuD etwa eine Leistungseinsparung von 11% erreicht werden. Die Abgastemperatur für diesen Betriebspunkt beträgt etwa 500°C. Die übrigen Daten sind in Tabelle 5.1 aufgelistet.

Gesamtwirkungsgrad η_{ges}	33,52	% (Motor-PKW)
Geschwindigkeit c	100	km/h
eff. Mitteldruck p_e	3,93	bar
Motordrehzahl n	2.666	1/min
Abgaseintrittstemp. T_{Abg}	500	°C
PKW Fahrleistung P_e	13,96	kW
Q_Punkt_Ges	41,64	kW
Kraftstoffmassenstrom	9,73E-04	kg/s
Verbrauch	4,55	l/100km
Luftmassenstrom	1,44E-02	kg/s
Abgasmassenstrom	1,54E-02	kg/s
reale Abgasleistung	5,56	kW
MiniGuD		
$P_{theoretisch}$	1567	W
$\Delta P/P_e$	11,22	%
Dampfkreislauf		
p_{HD}=	25	bar_{abs}
T_{HD}=	490	°C
p_{ND}=	0,5	bar_{abs}

Tabelle 5.1 Daten im stationären Betrieb

6 Alternative Kreislaufmedien

Wasser hat als Kreislaufmedium einige Vorteile, wie günstige Umwelteigenschaften, einfache Verfügbarkeit und auch gute thermodynamische Eigenschaften bezüglich Verdampfung und Kondensation. Jedoch gilt speziell der letzte Punkt eher für Drücke und Temperaturen, wie sie im PKW-Bereich üblicherweise nicht erreicht werden. Als Nachteile sind zu nennen:

Gefahr des Einfrierens des Wassers im Winter und, wegen der erforderlichen Drücke, Verdampfung erst bei Temperaturen über 100°C.

Bei Kreislaufmedien, die deutlich früher als Wasser sieden, könnte der Anteil der nutzbaren Abgasleistung bei dem zuvor betrachteten stationären Betriebspunkt (3.4) um ca. 30% gesteigert werden, so dass dann etwa 14,5% der Leistung durch das MiniGuD erbracht werden könnten. Die Einbindung weiterer „Wärmequellen“, wie z.B. das Kühlwasser, kann den Wirkungsgrad zusätzlich steigern. Jedoch ist, auf Grund des niedrigen Temperaturniveaus, davon nur ein geringerer Anteil sinnvoll nutzbar. Hinzu kommen weiter steigende Investitionskosten durch einen zusätzlichen Apparat.

7 Aufheizung des MiniGuDs auf Betriebstemperatur

Speziell im NEDC ist die Aufheizung des gesamten MiniGuDs nicht zu vernachlässigen. Der NEDC startet unter Umgebungsbedingungen, d.h. alle Bauteile haben Raumtemperatur. Während des Zyklus ist es erforderlich, alle Apparate, Maschinen (Motor und Pumpe) und sonstigen Bauteile (Rohrleitung, Ventile etc.) und das Kreislaufmedium des MiniGuDs auf die jeweilige Betriebstemperatur zu erwärmen. Diese „Aufheizenergie“ für die Komponenten ist nicht für den eigentlichen Dampfprozess, unabhängig vom Kreislaufmedium, nutzbar.

Nach einer ersten Abschätzung beträgt der Anteil der Abgasenergie nur zur Aufheizung des gesamten Dampferzeugers und die erstmalige Verdampfung des Kreislaufmediums Wasser etwa 50%. Dabei wird davon ausgegangen, dass der Vorwärmer und der eigentliche Dampferzeugerteil vollständig mit Flüssigkeit gefüllt sind und etwa die gleiche Menge in einem Ausgleichsbehälter zur Verfügung steht. Weiterhin wird eine Aluminiumkonstruktion der Wärmetauscher vorausgesetzt. Die erforderliche Erwärmung der weiteren Bauteile reduziert das nutzbare Energiepotenzial zusätzlich. Diese Rechnungen wurden bisher nicht durchgeführt. Ferner sind die Einflüsse der Wärmeabstrahlung auch noch nicht berücksichtigt.

8 Formelzeichen

Symbol	Bezeichnung	SI-Einheit	Übliche Einheit
$\dot{m}$	Massenstrom	kg/s	kg/h
$\dot{Q}$	Wärmestrom	W–J/s	kW
A	Fläche	m^2	m^2
c	Geschwindigkeit	m/s	km/h
c_p	Spezifische Wärmekapazität	J/kgK	kJ/kgK
c_w	Luftwiderstandsbeiwert	-	-
d	Durchmesser	m	mm
g	Erdbeschleunigung	m/s^2	m/s^2
h	spezifische Enthalpie	$J/kg=m^2/s^2$	kJ/kg
H_u	Heizwert	J/kg	MJ/kg
k	Wärmedurchgang	W/m^2K	W/m^2K
k	Rohrrauhigkeit	m	mm
L_{ST}	Stöchiometrischer Verbrennungsluftbedarf	$kg_{Luft}/kg_{Kraftstoff}$	$kg_{Luft}/kg_{Kraftstoff}$
m	Masse	kg	kg
n_R	Anzahl Rippen je Meter Rohr	1/m	1/m
P	Leistung	W	kW

Symbol	Bezeichnung	SI-Einheit	Übliche Einheit
p	Druck	Pa=N/m^2	bar
R	spezielle Gaskonstante	J/kgK	kJ/kgK
s	Rohrwanddicke / Rippenbreite	m	mm
s	spezifische Entropie	J/kgK	kJ/kgK
T	Temperatur	K	°C
v	spezifisches Volumen	m^3/kg	m^3/kg
V	Volumen	m^3	l
Δ	Differenz		
α	Wärmeübergang	W/m^{2}K	W/m^{2}K
Π	Expansionsverhältnis	-	-
η	Wirkungsgrad	-	%
κ	Isentropenexponent	-	-
λ	Verbrennungs-Luftverhältnis	-	-
λ	Wärmeleitung	W/mK	W/mK
λ_{RL}	Rohrreibungszahl	-	-
μ	Rollwiderstand	-	-
ρ	Dichte	kg/m^3	kg/l
ν	kinematische Viskosität	m^2/s	m^2/s

Indizes

A	Austritt
AB	Abgas
DE	Dampferzeuger
E	Eintritt
ges	Gesamt
HD	Hochdruck
K	Kraftstoff
L	Luft
ND	Biederdruck
R	Rohrleitung
RL	Rohrleitung
Ü	Überhitzer
VW	Vorwärmer

13 Möglichkeiten alternativer Heizungs- und Klimatisierungskonzepte für alternative Fahrzeugantriebe

Matthias Michniacki, Christof Böttcher

1. Einleitung

In Kraftfahrzeugen mit konventionellem Verbrennungsmotorantrieb sind die Kälteerzeugung und die Bereitstellung der Heizleistung direkt mit dem Motor gekoppelt. Bei alternativen Antrieben ist der Verbrennungsmotor während der Fahrt nicht mehr kontinuierlich im Betrieb oder wird vollständig durch einen elektrischen Antrieb ersetzt. Um den thermischen Komfort im Fahrzeuginnenraum jederzeit aufrecht zu erhalten, müssen daher unterschiedlich lange Stillstandsphasen des Verbrennungsmotors überbrückt oder andere Energiequellen für Heizung und Kühlung gefunden werden. Alternative Heiz-/Klimakonzepte können nur dann effizient sein, wenn abhängig von den Randbedingungen das passende Konzept gewählt wurde.

2. Derzeitiger Stand der Fahrzeugklimatisierung

Die Aufgabe der Einrichtungen zum Heizen und Kühlen ist die Schaffung eines angenehmen, ermüdungsfreien Klima für alle Passagiere. Außerdem ist jederzeit eine gute Sicht durch alle Scheiben sicherzustellen. Um diese Anforderungen erfüllen zu können, sind die Betriebsarten Heizen, Kühlen und Entfeuchten gefordert.

2.1. Heizen

Bei den heute überwiegend genutzten flüssigkeitsgekühlten Motoren erfolgt die Beheizung des Fahrzeuginnenraumes durch die im Kühlmittel enthaltene Abwärme des Motors. Mittels Schlauchleitungen und der vom Riementrieb des Motors angetriebenen Wasserpumpe wird das heiße Kühlmittel zum Heizungswärmetauscher im Fahrzeuginnenraum geleitet. Durch ein elektrisch angetriebenes Gebläse wird Außen- oder Umluft über die Außenseite des Wärmetauschers geführt und auf diese Weise erwärmt. Die Verteilung des warmen Luftstromes auf die drei unterschiedlichen Ausströmebenen (Frontscheibe, Mitte, Fußraum) wird durch eine Klappenmechanik realisiert.

Zu unterscheiden sind luft- und wasserseitig geregelte Heizeinrichtungen. Bei wasserseitig geregelten Anlagen erfolgt die Regelung über ein im Kühlmittelkreislauf befindliches Ventil welches durch Beeinflussung des Massenstromes die erforderliche Heizleistung einstellt. In luftseitig geregelten Anlagen wird die Regelung über eine Temperaturklappe realisiert, welche den Luftstrom vor dem Heizungswärmetauscher aufteilt. Abhängig vom anteiligen Luftmassenstrom über den Heizungswärmetauscher stellt sich beim Vermischen der Teilmassenströme die gewünschte Lufttemperatur ein. Die Regelung kann bei beiden Prinzipien manuell wie auch elektronisch erfolgen.

Moderne, verbrauchsgünstige Motoren produzieren vergleichsweise wenig Abwärme und benötigen viel Zeit bis zum Erreichen der Betriebstemperatur. Aus diesen Gründen muss zumindest bei Fahrzeugen mit Dieselmotoren eine Zuheizeinrichtung vorgesehen werden. Aufgrund des günstigen Preises haben sich hier elektrisch betriebene Widerstandsluftheizgeräte, so genannte PTC-Elemente (PTC = Positive Temperature Coefficient) durchgesetzt. Es kommen Leistungen zwischen 1 und 1,2 kW zum Einsatz.

2.2. *Kühlen*[1]

Die Kälteerzeugung zur Kühlung des Fahrzeuginnenraumes wird mittels eines Kompressionskältekreislaufs realisiert. Als Kältemittel wird R134a (Tetrafluorethan) verwendet. Dieser Stoff weist kein Ozonschädigungspotential auf, trägt aber dennoch zum Treibhauseffekt bei. Aufgrund geänderter gesetzlicher Rahmenbedingungen wird in absehbarer Zukunft ein Kältemittel mit einem wesentlich geringeren Treibhauspotential (voraussichtlich R744[2]) zum Einsatz kommen. Der Kältekreislauf lässt sich in vier Teilprozesse unterteilen:

I+II Expansion und Verdampfung

Am Eintritt in den Verdampfer wird Kältemittel durch ein Expansionsorgan von einem hohen Druckniveau auf ein niedriges entspannt. Dadurch wechselt das Kältemittel beim Durchgang durch das Expansionsorgan und den Verdampfer von der flüssigen in die gasförmige Phase. Die dazu notwendige Wärme wird der außen über den Verdampfer geführten Luft entzogen, die sich dadurch abkühlt. Der Verdampfer ist vor dem Heizungswärmetauscher im Klimagerät angeordnet, das sich im Fahrzeuginnenraum befindet.

III Verdichten

Am Austritt des Verdampfers wird das kalte, gasförmige Kältemittel vom Verdichter angesaugt. Verwendet werden dazu leistungsgeregelte Hubkolbenverdichter, die durch den Riementrieb des Motors mechanisch angetrieben werden. Durch den Kompressionsprozess, mit dem auch eine Temperaturerhöhung einhergeht, wird das Kältemittel auf ein hohes Druckniveau gebracht.

IV Kondensation

Nach der Verdichtung wird das heiße Kältemittel in den Kondensator gefördert. Dieser Wärmetauscher ist in der Regel vor dem Wasserkühler in der Front des Fahrzeugs untergebracht. Durch die Geschwindigkeit des Fahrzeugs und das elektrische Gebläse wird Außenluft durch den Kondensator gefördert. Dem Kältemittel wird dadurch Wärme entzogen und es kommt zur Kondensation. Am Austritt aus dem Wärmetauscher steht wieder flüssiges Kältemittel auf hohem Druckniveau zur Verfügung, dass erneut der Expansion und Verdampfung zugeführt werden kann.

---

[1] Beschrieben wird hier das aktive Kühlen mittels einer Kälteanlage, nicht das Kühlen mit kälterer Außenluft.
[2] Bezeichnung von Kohlenstoffdioxid bei Verwendung als Kältemittel

2.3. *Entfeuchten*[3]

Im Entfeuchtungsbetrieb wird der Luftstrom zunächst im Verdampfer abgekühlt. Beim Unterschreiten der Taupunkttemperatur wird dadurch Feuchtigkeit aus der Luft abgeschieden. Anschließend wird die Luft mittels des Heizungswärmetauschers auf die gewünschte Einblastemperatur gebracht. In diesem Betriebszustand muss gleichzeitig Heiz- und Kälteleistung bereitgestellt werden. Auf diese Weise steht ein warmer, trockener Luftstrom zum Entfernen von Scheibenbeschlag zur Verfügung. Außerdem wird die Entfeuchtungsbetriebsart bei moderater Außentemperatur bei gleichzeitig hoher Luftfeuchte benötigt.

3. Definition der Stillstandszeiten

Stillstandszeiten sind Zeiträume in denen der konventionelle verbrennungsmotorische Fahrzeugantrieb abgeschaltet ist und daher keine Antriebsleistung für Nebenaggregate zur Kälteerzeugung bzw. Abwärme zur Bereitstellung von Heizleistung zur Verfügung steht. Dauer und Häufigkeit der Stillstandszeiten sind abhängig vom Antriebskonzept. Bekanntlich wird hierbei zwischen Verbrennungsmotoren, Verbrennungsmotoren mit Elektroantrieb (Hybrid) und Elektroantrieb (ausschließlich) unterschieden. Jede Betriebsart zeichnet sich durch unterschiedliche mechanische, thermische und elektrische Energiequellen sowie deren zeitliche Verfügbarkeit aus.

Folgende Betriebsarten werden unterschieden:

a) Start-Stop
b) Mild-Hybrid
c) Full-Hybrid
d) Elektro

3.1. *Start-Stop*

Das Abschalten des Verbrennungsmotors während einer Fahrzeughaltephase wird als Start-Stop-Betrieb bezeichnet. Schnelles Zuschalten des Verbrennungsmotors bei beabsichtigter Geschwindigkeitsaufnahme wird beispielsweise mit Hilfe eines Kurbelwellen-Starter-Generators erreicht. Zum Fahrzeughalt kommt es z.B. bei Ampeln, Kreuzungen und Fußgängerüberwegen sowie im extremen Fall während eines Stop-and-Go-Verkehrs. Dauer und Häufigkeit der Fahrzeughaltephasen können durch Studien abgeschätzt werden. Eine Untersuchung, die im Großraum Stuttgart durchgeführt wurde [1], ergab Haltedauern von bis zu 80 Sekunden, wobei nur 10 % aller Haltephasen länger als 40 Sekunden war. Unter Einbeziehung der Häufigkeit der einzelnen Haltedauern ergab sich ein Durchschnittswert von 16 Sekunden [2].

Beim Start-Stop-Betrieb entspricht die Haltedauer des Fahrzeugs auch der Stillstandszeit des Verbrennungsmotors.

---

[3] Beschrieben wird hier das Reduzieren des Wassergehalts der Luft durch Taupunktunterschreitung beim Abkühlen, nicht die Reduzierung der relativen Feuchte durch ausschließliches Aufheizen der Luft.

3.2. *Mild-Hybrid*

Beim Mild-Hybrid-Betrieb wird unterstützend zum konventionellen Verbrennungsmotor ein Elektromotor von bis zu 15 kW eingesetzt. Der Elektromotor wird hauptsächlich als Anfahrthilfe bzw. Beschleunigungsunterstützung bei niedrigen Drehzahlen eingesetzt. Die Betriebsart Mild-Hybrid beinhaltet üblicherweise auch den Start-Stop-Betrieb. Zusätzlich wird beim Gaswegnehmen während der Fahrt der Verbrennungsmotor abgeschaltet und die elektrische Maschine im Generatorbetrieb zum Wiederaufladen des Energiespeichers verwendet (Rekuperation). Generell ergeben sich beim Mild-Hybrid-Betrieb gleiche Stillstandszeiten des Verbrennungsmotors wie beim ausschließlichen Start-Stop-Betrieb. Allerdings liegen diese Stillstandszeiten öfter vor, da nicht nur während des Fahrzeughalts, sondern auch während der Rekuperationsphasen der Verbrennungsmotor abgeschaltet wird.

3.3. *Full-Hybrid*

Full-Hybridsysteme nutzen als Unterstützung neben dem konventionellen Verbrennungsmotor einen Elektroantrieb von ca. 25 – 50 kW. Hierbei wirkt der Elektroantrieb nicht ausschließlich unterstützend, sondern erlaubt auch ein zeitlich begrenztes Fahren ohne konventionellen Verbrennungsmotor. Aufgrund der Möglichkeit des Fahrens mit Elektromotor erhöhen sich mit diesem Antriebssystem die Stillstandszeiten gegenüber 3.1 bzw. 3.2. Eine genaue Definition der Stillstandszeit ist abhängig von der jeweiligen Fahrzeugklasse, der gewählten Antriebsleistung und des Antriebskonzepts sowie von der Algorithmusauswahl des Fahrzeugherstellers.

3.4. *Elektrofahrzeug*

Bei dieser Antriebsform wird vollständig auf den konventionellen Verbrennungsmotor verzichtet. Hierbei wird beispielsweise die elektrische Energie über Brennstoffzellentechnologie sowie durch externe Zufuhr bereitgestellt. Demzufolge steht mechanische oder thermische Energie eines Verbrennungsmotors zu keiner Zeit zur Verfügung.

4. Reduzierung der erforderlichen Heiz- und Kälteleistung

Durch die Reduzierung des Energieverbrauchs mittels Verwendung von alternativen Antriebskonzepten, erhöht sich der anteilige Energieaufwand für Heizung und Kühlung des Fahrzeuginnenraums. Aus diesem Grund muss bei der Entwicklung von Klimatisierungskonzepten für Fahrzeuge mit alternativen Antrieben zuerst über eine Verringerung der notwendigen Heiz- und Kälteleistungen nachgedacht werden. Da aber eine Verschlechterung des thermischen Komforts für die Passagiere im Vergleich zu heutigen Fahrzeugen nicht akzeptabel ist, muss mit der Reduzierung der Leistungen auch eine Reduzierung des Bedarfes einhergehen. Bei heutigen Fahrzeugen werden Kälteleistungen von 3 – 6 kW und Heizleistungen von 5 – 12 kW installiert [3]. Grundsätzlich lässt sich der Bedarf beider Leistungen im Umluftbetrieb bis zu 50 % reduzieren. Energetisch ist der Umluftbetrieb daher dem Außenluftbetrieb vorzuziehen. Limitierende Faktoren sind jedoch hierbei die Luftqualität, Hygiene und möglicher Scheibenbeschlag durch zu hohe Luftfeuchte.

Weitere Möglichkeiten, die sich spezifisch auf die Reduzierung von Kälte- oder Heizleistung auswirken werden im Folgenden erläutert.

4.1. Kälteleistung

Größte Auswirkung auf die benötigte Kälteleistung hat die Karosserieform, insbesondere die Größe und die Neigung der Scheibenflächen. Gegenüber heute üblichen Karosserieformen ließen sich durch Beeinflussung dieser Parameter etwa 35 % [4] der Kälteleistung einsparen, da sich die Sonneneinstrahlung in den Fahrzeuginnenraum stark verringern ließe. Durch den sehr erheblichen Eingriff in das Design des Fahrzeugs sind Änderungen der Karosserieform zugunsten der Reduzierung des Kältebedarfs jedoch fast ausgeschlossen. Vor diesem Hintergrund muss die Geometrie der Scheiben als gegeben angesehen werden und die Einstrahlung mit reflektierenden Beschichtungen im infraroten Bereich reduziert werden.

Der Kältebedarf (im Außenluftbetrieb) lässt sich aber auch durch die Anordnung und Konstruktion der Ansaugöffnung beeinflussen. Viele Fahrzeuge sammeln die Luft unterhalb der Frontscheibe im so genannten Wasserkasten, der sich über die gesamte Breite der Scheibe erstreckt. Auf diese Weise wird Luft angesaugt, die zuvor beim Überströmen der von der Sonne aufgewärmten Haube erheblich erhitzt wurde. Günstiger sind daher schmale, isolierte Luftansaugsysteme. [3]

4.2. Heizleistung

Ein Ansatzpunkt zur Reduzierung von Wärmebedarf ist die Isolierung der Karosserie. Bei derzeitigen Fahrzeugen wird lediglich aus akustischen Gründen Dämmmaterial verwendet, eine thermische Isolierung findet in den meisten Fällen nicht statt. Ebenso könnte bei einer verbesserten thermischen Isolierung der Scheiben der Wärmebedarf reduziert werden. Beachtet werden muss bei allen Maßnahmen zur thermischen Isolierung, dass hiermit eine stärkere Aufheizung des stehenden Fahrzeugs bei sommerlicher Sonneneinstrahlung verursacht wird (Treibhauseffekt). Daher muss eine verbesserte Isolierung mit Maßnahmen zur Verringerung des Treibhauseffektes (z.B. stark reflektierende Scheiben oder solare Lüftung) einhergehen.

Eine weitere Möglichkeit zur Reduzierung des Wärmebedarfs hat Toyota beim Hybrid-Fahrzeug Prius gezeigt. Hierbei wird der Fahrzeuginnenraum in zwei Klimazonen eingeteilt. Entgegen konventionellen 2-Zonen-Anlagen liegt bei diesem System jedoch statt einer vertikalen eine horizontale Teilung vor. Im Heizfall wird im unteren Bereich ein hoher Umlaufanteil zugelassen, während der Bereich der Scheiben mit trockenerer Außenluft beaufschlagt wird. Auf diese Weise muss weniger kalte Außenluft erhitzt werden.

5. Kälteerzeugung

5.1. *Kältespeicher*

Bei der Kältespeicherung mit Phasenwechselmaterialien (PCM = phase change material) wird die im Phasenübergang von flüssig nach fest abzuführende Schmelzenthalpie zur Energiespeicherung genutzt. Verwendet werden dafür anorganische Salze bzw. Salzgemische und einige organische Substanzen wie z.B. Paraffine. Bei Erwärmung schmilzt das Material wieder und kühlt dabei seine Umgebung. PCM speichern damit sehr hohe Energiemengen bei kleinen Temperaturdifferenzen. Diese Form der Kältespeicherung wird derzeit schon in der Haustechnik eingesetzt. Abhängig vom Einsatzzweck gilt es den passenden Schmelzpunkt des Materials zu wählen. Im Gebäude werden Schmelztemperaturen im Bereich um 20°C angestrebt, um die auf Wand oder Decke aufgebrachten PCM z.B. mit kühlerer Nachtluft „aufzuladen". In der Fahrzeugklimatisierung werden niedrigere Temperaturen benötigt, weil in diesem Fall die PCM direkt am Verdampfer angeordnet werden. Auf diese Weise wird ein schnelles Be- und Entladen der Kältespeicherung ermöglicht. In diesem Fall muss die Schmelztemperatur etwa im Bereich der Oberflächentemperatur des Verdampfers liegen (ca. 5°C).

In der Regel können mit einem solchen System Stillstandszeiten von bis zu 45 Sekunden überbrückt werden, ohne dass von den Passagieren eine Verminderung des Komforts wahrgenommen wird. Damit eignet sich das System besonders für Fahrzeuge mit Start-Stop-Betrieb. Sowohl die Mehrkosten als auch das Zusatzgewicht sind äußerst gering und es sind nur geringe Modifikationen am konventionellen Klimasystem notwendig. Lediglich die Regelung der Klimaanlage muss angepasst werden, weil nach jedem erneuten Start des Verbrennungsmotors sofort eine hohe Kälteleistung benötigt wird, um den Speicher schnell wiederaufzuladen. Komforteinbußen können mit einem solchen System minimiert aber nicht ausgeschlossen werden. Problematisch sind Stillstandszeiten von mehr als 45 Sekunden sowie mehrere Stillstandsphasen in kurzem zeitlichem Abstand.

Die Firma Valeo hat ein solches System unter dem Namen „StopStayCool" vorgestellt. Dieses System wurde in einem Fahrzeug mit Start-Stop-Betrieb erprobt und mit einem konventionellen Klimasystem ohne Maßnahmen zur Überbrückung der Stillstandsphasen verglichen. Mit dem „StopStayCool"-System konnten nicht nur Temperaturspitzen vermieden, sondern auch das mittlere Temperaturniveau gesenkt werden, da konstantere Luftaustrittstemperaturen erzielt werden konnten [5].

5.2. *Dual-Drive-Verdichter*

Der Dual-Drive-Verdichter (auch Hybrid-Verdichter genannt) besteht aus einem mechanisch und einem elektrisch angetriebenen Verdichter, die zusammen in einem Gehäuse angeordnet sind und parallel auf einen Kältekreislauf wirken. Der Ansatz bei dieser Konstruktion ist das Bestreben die Vorteile von mechanischer und elektrischer Kälteerzeugung zu kombinieren. Durch die elektrische Kälteerzeugung kann auch in Stillstandsphasen der Klimakomfort im Fahrzeuginnenraum aufrechterhalten werden. Die mechanische Kälteerzeugung ist an den Betrieb des Verbrennungsmotors gebunden, bietet aber einen sehr guten Gesamtwirkungsgrad, weil hier die verlustbehaftete Umwandlung von mechanischer in elektrische Energie entfällt. Abhängig vom Wirkungsgrad der Stromerzeugung kann sich der Gesamtwirkungsgrad der elektrischen Kälteerzeugung im Vergleich zur mechanischen halbieren.

Als Serienprodukt wird ein solcher Verdichter von der Firma Sanden angeboten. Sowohl die elektrische als auch die mechanische Verdichtereinheit sind dabei als Scroll (vgl. Abschnitt 5.3) ausgeführt. Der elektrische Verdichter hat ein Hubvolumen von 15 cm^3 und benötigt eine elektrische Spannung von 42 Volt. Laut Herstellerangaben kann damit eine Kälteleistung von 1 kW erzielt werden, die zur Erhaltungsklimatisierung während Stillstandsphasen von einigen Minuten ausreichend ist [6]. Die mechanische Verdichtereinheit hat ein Hubvolumen von 75 cm^3. Bei hoher Kälteleistungsanforderung können beide Verdichtereinheiten gleichzeitig betrieben werden. Messungen des Herstellers belegen, dass in diesem Fall eine ähnliche Wirkung wie bei einem 165 cm^3 Hubkolbenverdichter erzielt werden kann [6].

Die Regelung der Klimaanlage muss für den Einsatz eines Dual-Drive-Verdichters nicht verändert werden. Als Eingangsgröße in die Regelung des Dual-Drive-Verdichters wird ein PWM-Signal (PWM = pulsweitenmoduliert) benötigt, das auch bei extern geregelten Hubkolbenverdichtern für die Vorgabe des geforderten Saugdruckes verwendet wird.

Durch den Einsatz eines Dual-Drive-Verdichters kann somit beim Betrieb des Verbrennungsmotors die benötigte Kälteleistung durch die mechanische Verdichtereinheit mit einem guten Gesamtwirkungsgrad bereitgestellt werden. Außerdem können mittels des elektrischen Verdichters Stillstandsphasen des Verbrennungsmotors überbrückt werden. In Abhängigkeit von der Kapazität der verwendeten Batterie ist ein rein elektrischer Betrieb von mehreren Minuten möglich.

Der Dual-Drive-Verdichter empfiehlt sich besonders für den Einsatz in Mild-Hybrid-Fahrzeugen. Hier treten ähnlich lange Stillstandsphasen des Verbrennungsmotors wie beim Start-Stop-Betrieb auf, aber insgesamt liegen diese, aufgrund des zusätzlichen Rekuperationsbetriebs, häufiger vor. Eine Überbrückung der Stillstandsphasen durch Kältespeicher ist in diesem Fall nicht praktikabel, weil bei vielen Stillstandsphasen in kurzem zeitlichen Abstand der Kältespeicher nicht ausreichend aufgeladen werden könnte.

Grundsätzlich kann der Dual-Drive-Verdichter auch bei konventionellen Antrieben mit Start-Stop-Betrieb verwendet werden. Dies bietet sich allerdings nur an, wenn eine Spannungsversorgung mit 42 Volt oder höher ohnehin vorhanden ist. Andererseits müsste diese Infrastruktur für den Betrieb des Dual-Drive-Verdichters durch die Installation eines geänderten Generators, einer zusätzlichen Batterie mit höherer Spannung und eines Wandlers geschaffen werden. Dies würde zu erheblichen Mehrkosten und Problemen beim Package führen.

5.3. *Elektroverdichter*

Beim rein elektrischen Antrieb der Kälteerzeugung im Fahrzeug hat sich der Rotationskolbenverdichter nach dem Scroll-Prinzip durchgesetzt. Durch den gleichförmigen Verlauf des Antriebmomentes ist diese Verdichterbauart besonders für den elektrischen Antrieb geeignet. Vorteilhaft sind außerdem das geringe Gewicht und die kompaktere Bauweise dieser Konstruktion. Für den mechanischen Antrieb ist diese

Konstruktion weniger zweckmäßig, da die Kälteleistung bei Drehzahlen unter 1000 min^{-1} im Vergleich zum Hubkolbenverdichter stark abfällt. Die für den Leerlauffall des Verbrennungsmotors notwendige Übersetzung von ca. 1,5 würde bei hohen Drehzahlen des Verbrennungsmotors zu kritischen Verdichterdrehzahlen oberhalb von 10.000 min^{-1} führen.

Die Verdichtung erfolgt beim Scroll-Prinzip durch zwei ineinander greifende, identische Spiralen, von denen eine beweglich und die andere fest angeordnet ist. Durch eine exzentrische Bewegung der beweglichen Spirale wandern die Berührungspunkte beider Spiralen bei der Drehung von innen nach außen. Der Kompressionsraum wird somit bei fortschreitender Drehung zum Mittelpunkt der Spiralen kleiner. Das außen an den Spiralen angesaugte Kältemittel wird zum Auslass im Mittelpunkt beider Spiralen gefördert und dabei verdichtet.

Die Regelung erfolgt beim elektrischen Scroll-Verdichter über die Drehzahl des elektrischen Antriebs. Damit ist die Anpassung an einen wechselnden Kälteleistungsbedarf exakt möglich.

Die Klimatisierung mittels eines elektrischen Verdichters bietet sich für Full-Hybrid-Betrieb und reinen Elektrobetrieb an. Bei diesen Antriebskonzepten steht mechanische Antriebsenergie nicht oder nur unregelmäßig zur Verfügung. Außerdem ist in diesen Fällen die Peripherie für die ausreichende Erzeugung und Speicherung von elektrischer Energie bei Spannungen oberhalb von 42 Volt schon vorhanden.

6. Heizung

6.1. Elektrische Wasserpumpe und PTC-Elemente

Bei konventionellem verbrennungsmotorischem Antrieb erfolgt die Beaufschlagung des Heizungswärmetauschers durch den Kühlkreislauf der Verbrennungsmaschine. Weil mit dem Abschalten des Aggregates die Förderung des Kühlmittels zum Heizungswärmetauscher unterbrochen wird, steht keine Heizleistung mehr zur Verfügung, obwohl noch Wärmeenergie im Kühlkreislauf vorhanden ist.

Da bei alternativen Antriebskonzepten im Heizbetrieb auch während der Stillstandsphasen eine Förderung von Motorkühlmittel erwünscht ist, kann zu diesem Zweck eine zusätzliche elektrische Wasserpumpe im Heizkreislauf eingesetzt werden. Diese wird in Betrieb genommen, wenn der Verbrennungsmotor bei bestehender Heizleistungsanforderung abgeschaltet wird. Die Pumpe bleibt so lange in Betrieb bis der Verbrennungsmotor wieder gestartet wird oder die Kühlmitteltemperatur unter einen Grenzwert absinkt.

Kann die geforderte Lufttemperatur im Fahrzeuginnenraum durch den Betrieb der elektrischen Wasserpumpe nicht gehalten werden, muss elektrisch zugeheizt werden. Dies geschieht in der Regel durch elektrische Luftheizer, so genannte PTC-Elemente, die auch als Zuheizer in konventionellen Dieselfahrzeugen zum Einsatz kommen. Angeordnet werden diese PTC-Elemente in den Luftausströmern oder als zusätzliche Komponente im Klimagerät.

Lässt der Ladezustand der elektrischen Energiespeicher einen Betrieb der PTC-Elemente nicht zu, muss die Verbrennungsmaschine gestartet werden.

Ein Heizungskonzept dieser Art bietet sich für alle Arten des Hybridantriebs an. Selbst bei reinem Start-Stop-Betrieb trägt eine elektrische Wasserpumpe zur Verbesserung des thermischen Komforts bei. Moderne Heizungswärmetauscher kühlen bei Unterbrechung des Kühlmittelstroms innerhalb von wenigen Sekunden ab, da sie nur eine sehr geringe Speichermasse haben.

6.2. Elektrisch angetriebene Wärmepumpe mit dem Kältemittel R744

Bei Antriebskonzepten gänzlich ohne Verbrennungsmotor muss die zum Heizen benötigte Wärme aus elektrischem Strom gewonnen werden. Wird dafür ein PTC-Element verwendet, ergibt sich für diese Art der Wärmeerzeugung eine Leistungszahl von 1, das heißt, die eingesetzte elektrische Energie wird vollständig in Wärme umgesetzt. Eine höhere Effektivität kann erreicht werden, wenn zum Heizen eine Wärmepumpe verwendet wird.

Besonders interessant erscheint in diesem Zusammenhang ein umschaltbares Klimaanlagen-/Wärmepumpensystem mit R744 als Kältemittel. Auf diese Weise lässt sich Heizen und Kühlen mit dem gleichen System darstellen. Im Kühlbetrieb stellt der Wärmetauscher im Fahrzeuginnenraum den Verdampfer und damit die Nutzenergieseite dar, während der Außenwärmetauscher im Frontend zur Abfuhr der Abwärme genutzt wird. Im Wärmepumpenbetrieb wird die Anlage derart umgeschaltet, dass das heiße Kältemittel nach dem Verdichtungsprozess in den Wärmetauscher im Fahrzeuginnenraum gefördert wird. Danach wird mittels eines Expansionsventils der Druck reduziert und im Außenwärmetauscher durch die Verdampfung des Kältemittels unterhalb der Außenlufttemperatur Wärme aufgenommen.

R744 eignet sich durch die hohen Systemdrücke in besonderer Weise für den Wärmepumpenprozess. Deutlich wird dies bei der Betrachtung eines winterlichen Auslegungsfalles bei -20°C Außentemperatur. Um bei dieser Bedingung der Umgebung Enthalpie entziehen zu können und bei Voraussetzung eines treibenden Temperaturgefälles von mindesten 10 K, darf die Verdampfungstemperatur des Kältemittels nicht über -30°C liegen. In diesem Zustand weißt R744 noch einen Druck von ca. 14 bar auf, während bei R134a der Systemdruck schon unterhalb des Umgebungsdruckes liegen würde. Bei diesen Druckverhältnissen kann das Kältemittel nicht mehr vom Verdichter angesaugt werden. Außerdem würde, bedingt durch den Unterdruck Umgebungsluft in den Kreislauf eindringen, da konventionelle Dichtungskonzepte ausschließlich für einen Überdruck im Inneren ausgelegt sind.

Bei einem solchen umschaltbaren System steht in der Regel ausschließlich Heiz- oder Kälteleistung zur Verfügung. Problematisch ist daher der Entfeuchtungsbetrieb, wenn gleichzeitig Kälte und Wärme benötigt wird. Ein Ansatz, diesen Nachteil zu beheben, hat die Firma Denso in einem Prototyp für ein Fahrzeugklimaanlagen/Wärmepumpensystem mit dem Kältemittel R744 gezeigt [7]. Durch geschickte Anordnung der Komponenten wurde die Möglichkeit geschaffen, im Klimagerät gleichzeitig auf die heiße und kalte Seite des Systems zugreifen zu können.

Im Heizbetrieb sind mit einem solchen System Leistungszahlen oberhalb von 2 möglich [7]. Die Effektivität ist damit im Vergleich zur Heizung mit PTC-Elementen mindestens doppelt so hoch.

Für ein vollständig elektrisch angetriebenes Fahrzeug erscheint das Klimaanlagen-/Wärmepumpensystem mit R744 als Kältemittel eine ideale Lösung zu sein. Durch den komplexen Aufbau sind allerdings Nachteile bei Kosten und Gewicht zu erwarten.

7. Fazit

Fahrzeuge ohne permanenten Verbrennungsmotorbetrieb bedeuten eine erhebliche Herausforderung für die zu verwendenden Heiz- und Klimasysteme. Dabei erfordert jedes Antriebskonzept eigene Lösungen. Sehr sorgfältig müssen mechanische, thermische und elektrische Energiequellen sowie deren zeitliche Verfügbarkeit analysiert werden. Nur so können Heiz- und Klimasysteme entwickelt werden, die energieeffizient arbeiten, den gewünschten thermischen Komfort bieten und in Bezug auf Bauraum, Gewicht und Preis zum jeweiligen Fahrzeugkonzept passen.

Literatur

[1] Fried, O., Bargende, M., Hötzer, D.: Kraftstoff- Einsparpotenziale für elektromechanische Antriebsstränge im realen Fahrbetrieb, 4. Internationales Stuttgarter Symposium Kraftfahrwesen und Verbrennungsmotoren. Bargende, M., Wiedemann, J. (Hrsg.), Expertverlag, Renningen, 2001.

[2] Vollmer, D., Horstmann, P., Kneifel, M.: Elektrische Standklimatisierung in Hybridfahrzeugen. Veranstaltungsnummer 170904: Standklimatisierung und Wärmepumpenheizung im Kfz, Fachhochschule Karlsruhe, 17.09.2004.

[3] Hucho, W.-H., Großmann, H. et al.: Aerodynamik des Automobils. Auflage 5, Vieweg-Verlag, Wiesbaden, 2005, Seiten 757 – 805.

[4] Großmann, H.: Grundlagen der Pkw-Klimatisierung. Veranstaltungsnummer 26663/67.96: Klimatisierung von Kraftfahrzeugen, Technische Akademie Esslingen, 10. und 11. Mai 2001.

[5] Guyonvarch, G.; Haller, R.; Lepetit, L.; Loup, D.; Ostad, M.: Kältespeicherung für gleichbleibenden Klimakomfort im Stop-Start-Betrieb. Veranstaltungsnummer 170904: Standklimatisierung und Wärmepumpenheizung im Kfz, Fachhochschule Karlsruhe, 17.09.2004.

[6] Sandten, U.: Der Sanden Hybridverdichter. PKW-Klimatisierung IV, Expertverlag, Renningen, 2006.

[7] Hünemörder, W.: Elektrisch betriebene Wärmepumpe für Fahrzeuge mit dem Kältemittel R744. Veranstaltungsnummer 170904: Standklimatisierung und Wärmepumpenheizung im Kfz, Fachhochschule Karlsruhe, 17.09.2004.

14 Reduzierung des Kraftstoffverbrauchs durch Vorausschauendes Wärmemanagement

Rainer Richter, Dirk Goßlau, Ralf Binnenbruck, Peter Steinberg

Abstract

Modern thermal management today provides numerous functions to reduce fuel consumption and to meet the CO_2 emission levels of the ACEA of 140 g/km in the year 2008. But increasing the average engine component temperature provides for further potential.

Currently control elements such as map thermostat valve or electric water pump are used. The corresponding thermal management software directs the control devices to control the coolant temperature is controlled to a target value by using online data from the engine control unit as input signals. But thermal inertia of engine components and fluids and transient driving sometimes prevent from reaching optimum solid temperatures.

The basic idea presented in this paper is to enable the controller to predict operating states of engine and vehicle by comparing the anticipated generation of thermal energy with the existing cooling potential. To fulfil this goal "predictive thermal management" uses expert knowledge of driver behaviour and road and environment type. Based on the available information the controller provides for a cooling power reserve according to the expected request in steady state mode. In transient mode a prediction of engine block temperatures is performed by using neuro-physical models to effectively delay a cooling power increase.

Additional to a broad range of road and engine tests performed a thermal simulation model of the vehicle was developed. It is used to support measurements, to contribute to understanding certain effects and to test strategies of the predictive control.

Zusammenfassung

Moderne Kühlsysteme erfüllen heute bereits viele Funktionen, die zur Verbrauchsreduzierung und zum Erreichen der CO_2-Emissionsziele der ACEA von 140g/km im Jahre 2008 beitragen. Es existieren jedoch noch weitere Potentiale durch Erhöhung der durchschnittlichen Bauteiltemperatur.

Derzeit eingesetzte Komponenten wie Kennfeldthermostat und elektrische Kühlmittelpumpe ermöglichen die Einstellung der Kühlmitteltemperatur unter Verwendung von Online-Daten. Bedingt durch die thermische Trägheit von Bauteilen und Fluiden sowie instationäres Fahrverhalten wird durchschnittlich eine niedrigere Temperatur eingestellt, als hinsichtlich der Grenzwerte von Bauteilen und Kühlmittel möglich wäre.

Der Grundgedanke des hier vorgestellten „vorausschauenden Wärmemanagements" ist das Vorhersehen von Betriebszuständen des Motors bzw. Fahrzeugs, um einen Vergleich der zu erwartenden Wärmegenerierung und des Kühlpotentials durchzuführen. Dazu wird Expertenwissen über das Fahrerverhalten und den Streckentyp benötigt. Basierend auf diesen Informationen stellt ein Regelalgorithmus bei stationären Fahrzuständen eine Kühlreserve gemäß dem zu erwartenden Bedarf ein. Bei dynamischen Vorgängen erfolgt eine Projektion der Motortemperatur mit neurophysikalischen Modellen. Damit wird eine Kühlleistungserhöhung optimal verzögert.

Ergänzend zu Versuchen on road und am Motorenprüfstand wurde ein Simulationsmodell des Versuchsfahrzeugs BMW 330i erstellt, um Varianten des Kühlsystemreglers zu untersuchen. Damit wird der Versuchsaufwand erheblich reduziert.

1. Einleitung

Beginnend bei der Siphonkühlung des Fahrzeugs BMW Dixi (1927) ist in Abbildung 1 die Entwicklung von der reinen Motorkühlung bis zum modernen Wärmemanagement bei BMW anhand ausgewählter Beispiele dargestellt.

Seit Mitte der 80er Jahre ist die Komplexität des Wärmemanagements stark angestiegen. Diese Entwicklung wurde getrieben durch die immer stärkere Vernetzung des Kühlsystems mit anderen Teilsystemen des Fahrzeugs, z. B. der Heiz- und Klimaanlage oder dem Getriebe, und durch die Entwicklung leistungsfähiger Software und der entsprechenden, fahrzeugtauglichen Prozessortechnik. 1996 erfolgte im BMW 740i die Einführung des Kennfeldthermostats. In Teillastphasen wird damit zur Effizienzsteigerung die Motortemperatur angehoben. Zur Füllungsverbesserung und Vermeidung von Klopfen muß die Temperatur bei Hochlast- und Volllastphasen aber auf ein niedrigeres Temperaturniveau geregelt werden. Für die Regelung des Thermostatventils wurde erstmals eine Betriebsstrategie entwickelt und als Wärmemanagement Software im Motorsteuergerät implementiert.

Mit der Einführung der elektrischen Wasserpumpe im BMW 630i im Jahr 2004 wurde das gegenwärtig fortschrittlichste Wärmemanagement geschaffen. Das besondere Merkmal besteht in den Betriebsarten, über die das Zusammenwirken von Kennfeldthermostat, elektrischer Wasserpumpe und Elektrolüfter gesteuert wird.

Ausgehend von diesem Ist-Stand ist in der Abbildung 1 das „vorausschauende Wärmemanagement" als mögliche zukünftige Weiterentwicklung und Beitrag zur BMW-typischen „Effizienten Dynamik" dargestellt. Durch Kenntnis von Fahrer- und Streckendaten wird die Kühlwassertemperatur auf einem – im Vergleich zum gegenwärtigen Stand mit Kennfeldthermostat – höheren durchschnittlichen Temperaturniveau gehalten. Durch die daraus resultierenden höheren Zylinderwandtemperaturen wird eine Reduzierung der Reibleistung und damit ein tribologischer Verbrauchsvorteil erreicht. Die Chancen und das Konzept werden im folgenden Text am Beispiel eines BMW 330i dargestellt, der mit einem Reihensechszylindermotor und elektrischer Wasserpumpe ausgestattet ist. Das Fahrzeug verfügt über ein Handschaltgetriebe.

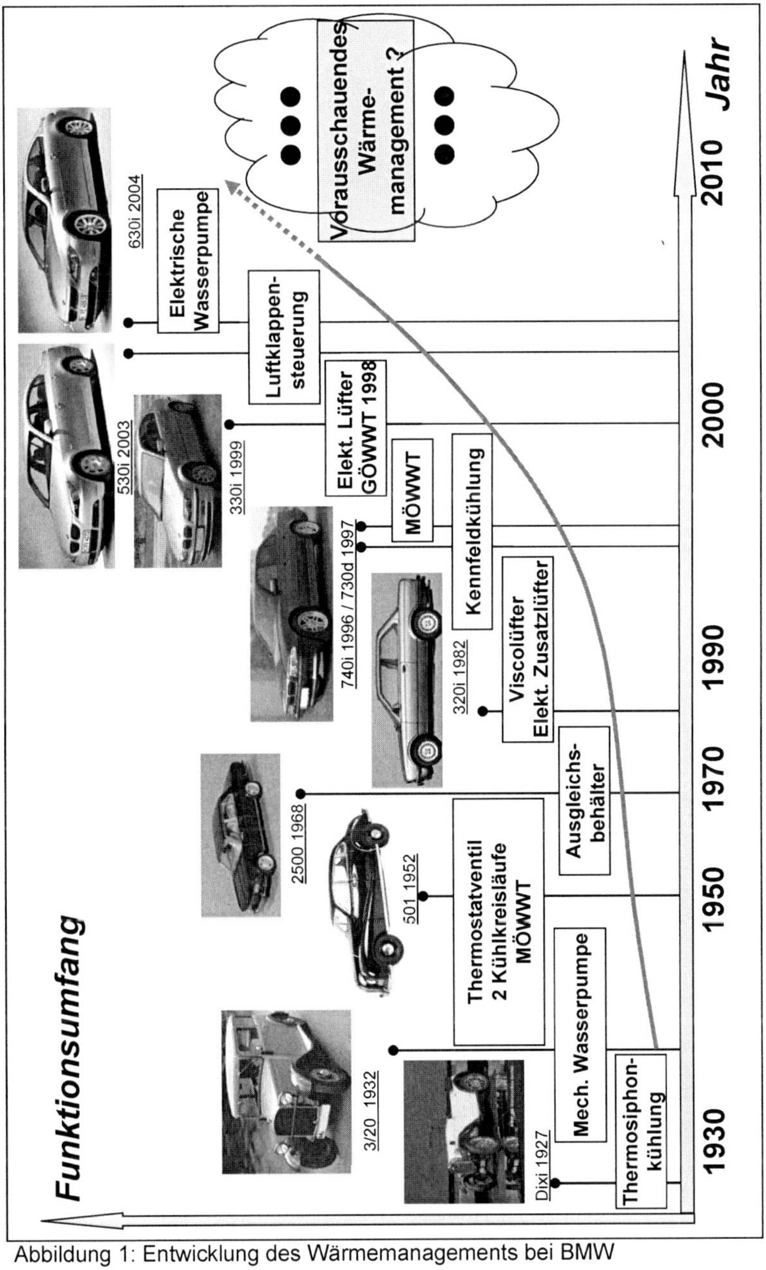

Abbildung 1: Entwicklung des Wärmemanagements bei BMW

2. Mechanismen und Chancen

2.1 Versuchs- und Simulationsmethoden

Im Rahmen der Untersuchungen zum „vorausschauenden Wärmemanagement" werden Versuche am Motorprüfstand, Fahrversuche mit dem Versuchsfahrzeug BMW 330i und Untersuchungen mit Hilfe der 1D-Simulation durchgeführt. Der Einsatz unterschiedlicher Entwicklungsmethoden ermöglicht es, das erforderliche Gesamtverständnis zu entwickeln.

Zur Ermittlung der Bauteiltemperaturen ist der im Versuchsfahrzeug verbaute BMW Reihensechszylindermotor mit Bauteiltemperatursensoren ausgestattet.

Zur Unterstützung der Versuchsaktivitäten wurde ein Simulationsmodell des Versuchsfahrzeugs entwickelt, auf das im folgenden Abschnitt näher eingegangen wird.

2.2 Simulationsmodell

Die Erstellung eines Simulationsmodells, das einen großen Teil des Gesamtfahrzeug Wärmemanagements abbildet, ist ein aufwändiger Prozess. Die Gesamtfahrzeugsimulation steht vor der Herausforderung, einerseits das Gesamtsystem mit vertretbarem zeitlichem Aufwand zu modellieren und gleichzeitig dem Anspruch an eine hohe Vorhersagequalität gerecht zu werden. Besonders bei Fragestellungen zum Wärmemanagement hat die Erfahrung gezeigt, dass bei einer zu starken Vergröberung der Modelle keine belastbaren Aussagen zum Gesamtsystemverhalten geliefert werden können.

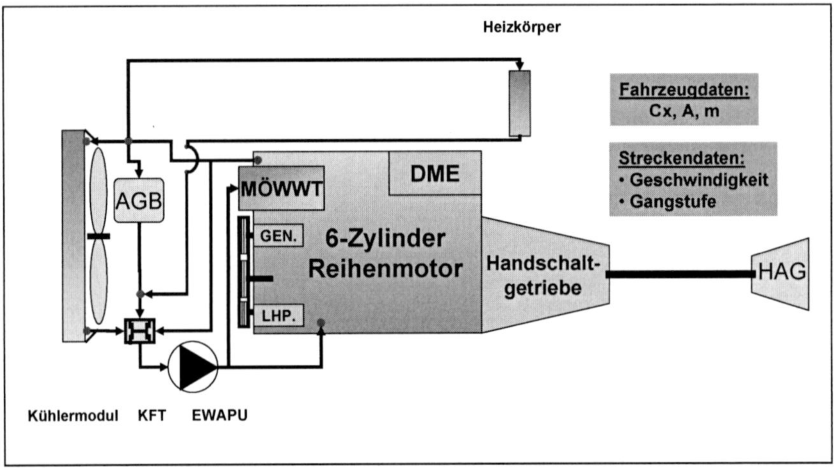

Abbildung 2: Elemente des Fahrzeugmodells für das Wärmemanagement des BMW 330i

Daher wurde bei der Modellgenerierung des BMW 330i auf Subsystemmodelle zugegriffen, die in anderen Fachbereichen entwickelt worden sind. Diese wurden in der Folge zu einem Gesamtmodell zusammengefügt, Abbildung 2. So wurde das Motormodell mit dem Motoröl-Wasser-Wärmetauscher und der elektrischen Wasserpumpe aus der Antriebsentwicklung übernommen [4]. Die Struktur des Kühlsystems stammt ebenfalls aus der Antriebsentwicklung [6], wurde aber für das Versuchsfahrzeug neu bedatet. Nicht verfügbare oder in anderer Simulationssoftware vorhandene Modelle wurden neu erstellt, z. B. für das Hinterachsgetriebe und das Handschaltgetriebe. Teilumfänge des Wärmemanagements aus der Motorsteuerung wurden ebenfalls als Simulationsmodell neu entwickelt und integriert.

Die Wirkung der Nebenaggregate wurde durch das Lastmoment des Generators und die Grundlast der Lenkhilfepumpe berücksichtigt.

Das Gesamtfahrzeugmodell wurde in der 1D-Simulationssoftware GTCool erstellt.

2.3 Validierung des Simulationsmodells

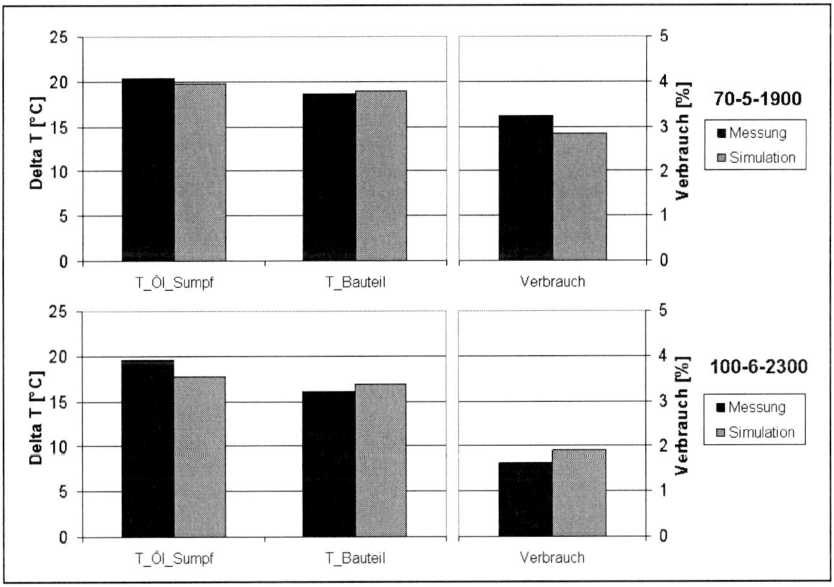

Abbildung 3: Abgleich zwischen Simulation und Straßenmessung anhand von 2 Stationärpunkten

In Abbildung 3 ist ein Abgleich zwischen Simulation und Fahrzeugmessung für die beiden stationären Punkte 70 km/h-5. Gang und 100 km/h-6. Gang dargestellt. Gezeigt wird die Antwort des Simulationsmodells auf eine Veränderung der Motoraustrittstemperatur T-KM von 23 K bzw. 22 K. Die Temperaturveränderung, ausgelöst durch eine Applikation der Wasserpumpendrehzahl, wird mit guter Genauigkeit auch in den Öl- und Bauteiltemperaturen sichtbar. Hier ist zu bemerken, dass das Simulationsmodell über eine Ersatzmasse für den Liner verfügt. Die hier abgegriffene Temperatur ist aber nur innerhalb gewisser Grenzen mit der Temperatur vergleichbar, die lokal im Motorblock mit einem Thermoelement ermittelt wird.

In der folgenden Abbildung 4 ist ein Abgleich der Messung mit den Simulationsdaten für die Medien Kühlwasser am Motoraustritt Motoröl und Hinterachsgetriebeöl im NEFZ dargestellt. Die Temperaturverläufe zeigen ebenfalls eine gute Übereinstimmung. Auch der Zuschaltzeitpunkt der elektrischen Wasserpumpe wird richtig nachgebildet.

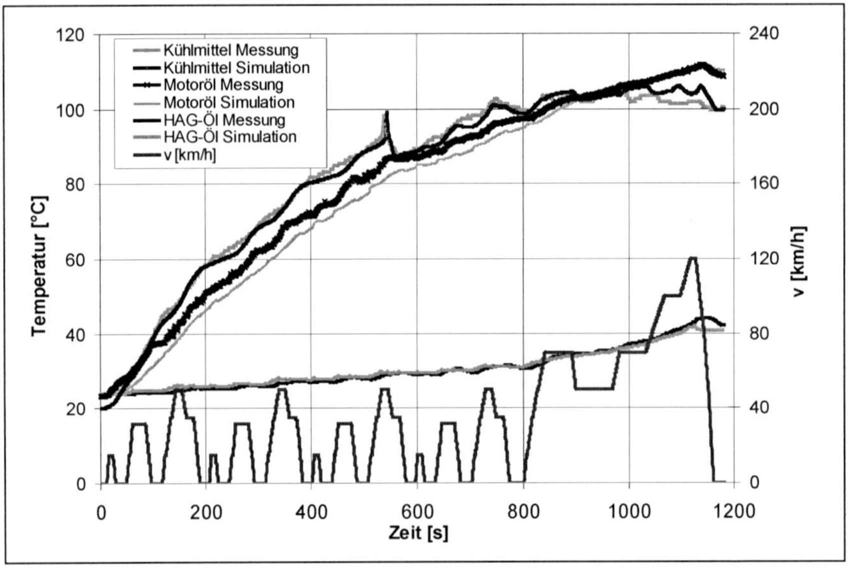

Abbildung 4: Abgleich zwischen Simulation und Messung anhand ausgewählter Medien- und Bauteiltemperaturen von Motor und Getriebe im NEFZ

2.4 Verbrauchseffekte

In der folgenden Abbildung 5 ist die temperaturabhängige dynamische Viskosität der Motoröle SAE 0W-30 und SAE 5W-30dargestellt. Deutlich zu erkennen ist der bekannte, starke Rückgang der dynamischen Viskosität mit steigender Temperatur, der zwischen 20 °C und 90 °C Öltemperatur etwa 92 % bei dem Motoröl SAE 0W-30 beträgt. Um die damit verbundene Reibleistung besonders in den Anfangsphasen des NEFZ zu reduzieren, werden vielfältige Maßnahmen untersucht, u. a. [8], [10]. In der Grafik ist zusätzlich in Form von Balken dargestellt, inwieweit die dynamische Viskosität bei einer Änderung der Öltemperatur um jeweils 10°C schwankt. Aus der Darstellung geht hervor, dass bei höheren Öltemperaturen noch deutliche relative Viskositätsunterschiede von ~ 20% bestehen.

Die innermotorische Reibung ist eng an die Ölviskosität gekoppelt, [11]. Sie hängt aber noch von anderen Einflussgrößen ab:

$$P_R = f(T_{Öl}, T_{Bauteil}, M, n) \quad (1)$$

mit:

$T_{Öl}$	*Öltemperatur*
$T_{Bauteil}$	*Bauteiltemperatur*
M	*Lastmoment*
n	*Drehzahl*

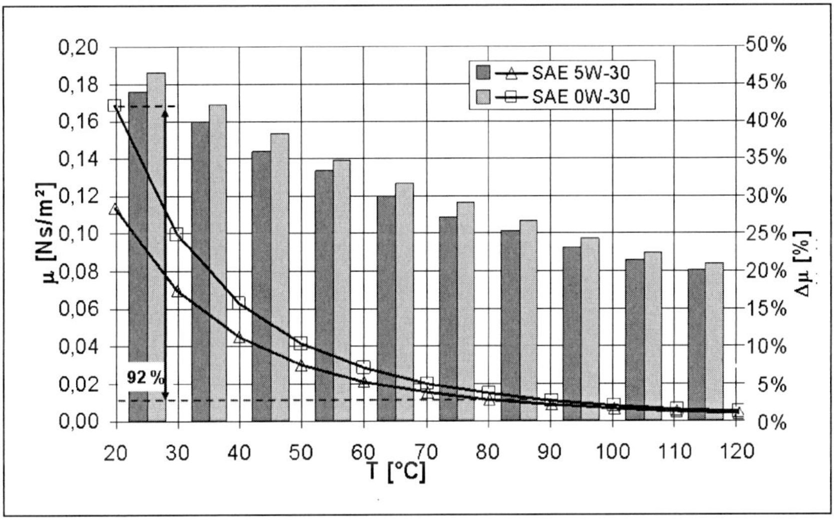

Abbildung 5: Dynamische Viskosität der Motoröle SAE 5W-30 und SAE 0W-30

Die Bauteiltemperatur wird auch über die Kühlmitteltemperatur gesteuert. In Abbildung 6 sind für den BMW 330i die Reibleistung und die Gesamtleistung in Abhängigkeit von der Kühlmitteltemperatur angegeben. Die Ergebnisse wurden mittels 1D-Simulation für stationäre Fahrzustände aus dem NEFZ ermittelt. Die Angaben für den Lastpunkt beinhalten jeweils die Geschwindigkeit, die Gangstufe und die Motordrehzahl.

Die Abnahme der Reibleistung bei dem gewählten Niedriglastzustand 30-2 bei einer Erhöhung der Kühlmitteltemperatur am Motoraustritt von 80 °C auf 120 °C beträgt demnach 6.3 %-Punkte. In diesem Lastpunkt beträgt der Anteil der Reibleistung an der Gesamtleistung ca. 41 %. Aus der Grafik ist weiter zu entnehmen, dass der Anteil der Reibleistung mit steigender Motorlast auf 12,5 % bei 120-6, 80 °C sinkt. Aufgrund der oben dargestellten, temperaturabhängigen Viskosität sinkt aber auch hier der Reibleistungsanteil um ca. 2,5 %-Punkte, wenn die Motortemperatur entsprechend auf 120°C erhöht wird.

In Abbildung 7 ist der Verbrauchseffekt bei ausgewählten stationären Betriebspunkten dargestellt. Die Chance liegt bei Niedriglastpunkten bei etwa 1-1,4 % je 10 K Temperaturanhebung im Kühlmittel bzw. etwa 7 K Änderung der Bauteiltemperatur. Verschiebungen ergeben sich in Abhängigkeit vom Lastpunkt. Bei Teillastpunkten sinkt der Verbrauchseffekt auf ~ 1 %.

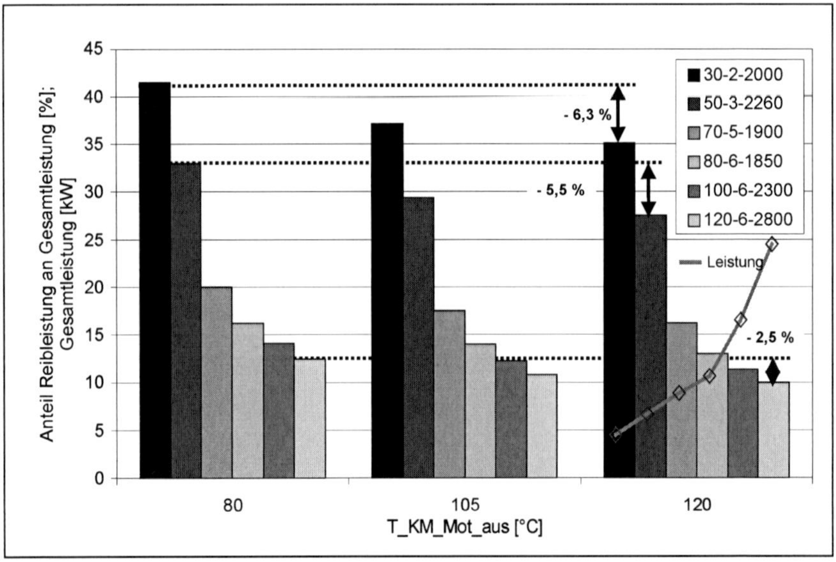

Abbildung 6: Reibleistung und Gesamtleistung für verschiedene Lastpunkte in Abhängigkeit von der Kühlmitteltemperatur am Motoraustritt

Ergänzend zu den Verbrauchseffekten bei stationären Lastpunkten, Abbildungen 6 und 7, ist in Abbildung 8 der relative Verbrauchsunterschied im instationärem Fahrbetrieb dargestellt. Der Abbildung liegt das NEFZ-Geschwindigkeitsprofil zugrunde, wobei jeweils Warmstarts untersucht wurden. Mit Hilfe des Simulationsmodells und – als Vergleich dazu – am Motorprüfstand wurden für unterschiedliche Kühlmitteltemperaturen am Motoraustritt die Absolutverbräuche ermittelt und bezogen auf die Variante mit 105 °C Temperatur dargestellt.

Die Verbrauchseffekte sind auch im transienten Teillastbetrieb weitgehend deckungsgleich mit den Effekten im Stationärbetrieb, Abbildung 3 und Abbildung 7.

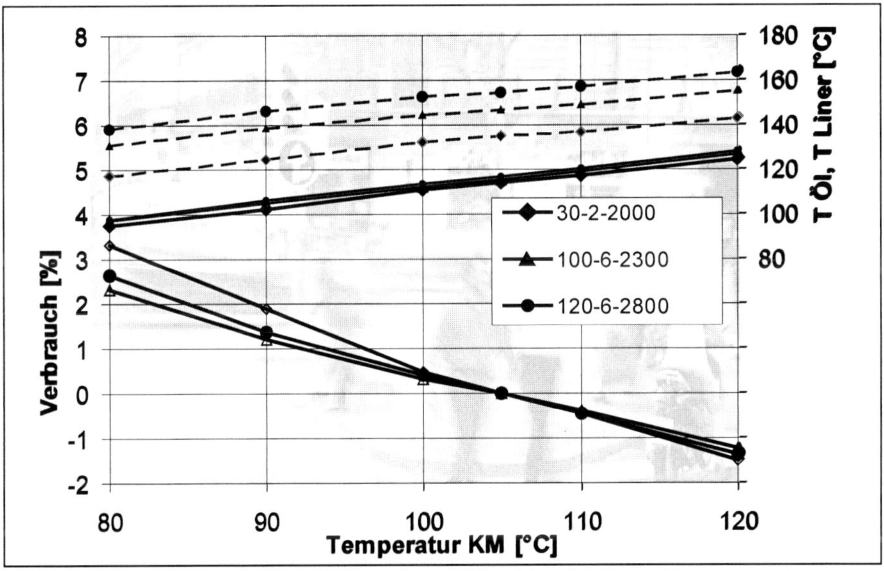

Abbildung 7: Auswirkung von Temperaturänderungen im Kühlmittel auf Öl- und Bauteiltemperaturen sowie den Verbrauch bei verschiedenen Lastpunkten

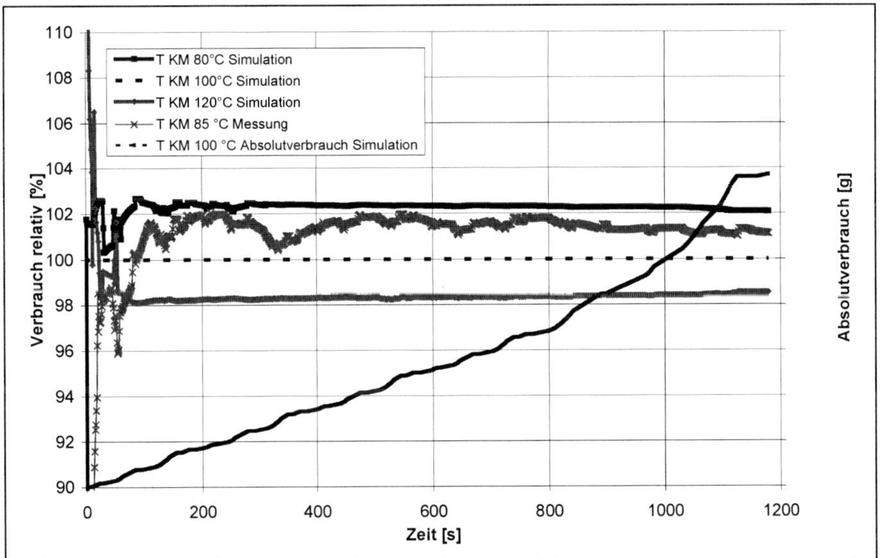

Abbildung 8: Relative Verbrauchsunterschiede in Abhängigkeit von der Kühlmitteltemperatur bei einem „warm" gefahrenen NEFZ-Geschwindigkeitsprofil

Zum Vergleich ist der Verbrauchsunterschied von zwei Motorprüfstandsmessungen dargestellt, die bei 100 °C und 85 °C Kühlmitteltemperatur ermittelt wurden. Der mittlere Unterschied in der Bauteiltemperatur betrug hier 12 °C.

Anhand der dargestellten Ergebnisse ist zum einen die gute Übereinstimmung von Simulation und Versuch zu erkennen. Zum anderen werden hier die Ergebnisse der Stationärberechnungen nochmals bestätigt. Es ist also für das vorausschauende Wärmemanagement davon auszugehen, dass eine Anhebung der durchschnittlichen Kühlmitteltemperatur in den Niedriglast- und Teillastphasen um 10 °C bzw. Anhebung der Bauteiltemperatur um ~ 7°C zu einem Verbrauchseffekt von 1% bei dem vorliegenden Motor führen kann. Dominante Effekte sind hier die Reibleistungsverringerung und besseres Durchbrennen.

Durch Änderung des Kühlkonzepts und Anhebung der Bauteiltemperaturen über die damit korrespondierenden 7 K hinaus würden sich weitere Chancen ergeben. Nicht berücksichtigt sind in dieser Gegenüberstellung ferner Chancen, die sich aus der Vermeidung von kurzfristigen Temperaturabsenkungen durch KFT-Bestromung und der damit verbundenen Auskühlung des Motors ergeben.

3. Typerkennungen als Basis eines vorausschauenden Reglers

Die bereits in [1] vorgestellte Typerkennung am damals verwendeten BMW 320i wurde weiterentwickelt und auf das aktuelle Versuchsfahrzeug BMW 330i adaptiert. Außerdem wurde die Anzahl der untersuchten Fahrer, Strecken und Verkehrssituationen wesentlich erweitert. Neben der FTA-Rundstrecke (Gesamtlänge 108,8km; Weganteile: 40,2% Autobahn, 35,5% Landstraße, 24,3% Ortschaft/City) wurden weitere Großstädte (Berlin, München, Dresden, Braunschweig), diverse Autobahnen und Landstraßen und typische Arbeitswege benutzt. Alle dargestellten Ergebnisse beziehen sich auf die bisher im Rahmen dieses Projekts untersuchten Fahrer und Strecken.

Im realen Teillastbetrieb spielen zum Erreichen hoher, gleichmäßiger Bauteiltemperaturen mehrere Faktoren eine Rolle:

- Häufigkeit und Gradienten von Lastwechseln
- Lage der eingestellten Betriebspunkte (Last und Drehzahl)
- Fahrgeschwindigkeit
- thermische Trägheiten aller an der Wärmegenerierung und –abfuhr beteiligten Komponenten
- Häufigkeit, Größe und Geschwindigkeit der vorgenommenen Regeleingriffe

Diese können bei herkömmlichen Reglern nur bedingt berücksichtigt werden. Das Kühlsystem vorausschauend zu regeln bedeutet, die zu erwartende Wärmeeinkopplung mit dem zu erwartenden Kühlpotential zu vergleichen und simultan die aktuellen Temperaturverteilungen in Bauteilen und Kühlsystem zu kennen. Dafür ist das Wissen der in den jeweils nächsten Minuten zu erwartenden Fahrzustände wünschenswert, die mittels Typerkennungen abgeschätzt werden. Die Häufigkeit der auftretenden Betriebspunkte liefert Anhaltswerte zur effektivsten Regelstrategie.

3.1 Relevanz von Betriebspunkten im Motorkennfeld

Ausschlaggebend für die realisierbaren Einsparpotentiale sind die Aufenthaltsdauern in den verschiedenen Betriebspunkten des Motorkennfeldes und die durchschnittlichen Fahrdauern bzw. Streckenlängen. Letzteres wird z.B. in [9] mit 5% aller Fahrten kürzer als 1km, 50% kürzer als 5,7km und 95% kürzer als 45km angegeben. Eigene Untersuchungen mit ausgewählten Testpersonen bzgl. der Betriebspunkthäufigkeiten ergaben die in Abbildung 9 dargestellten Anteile.

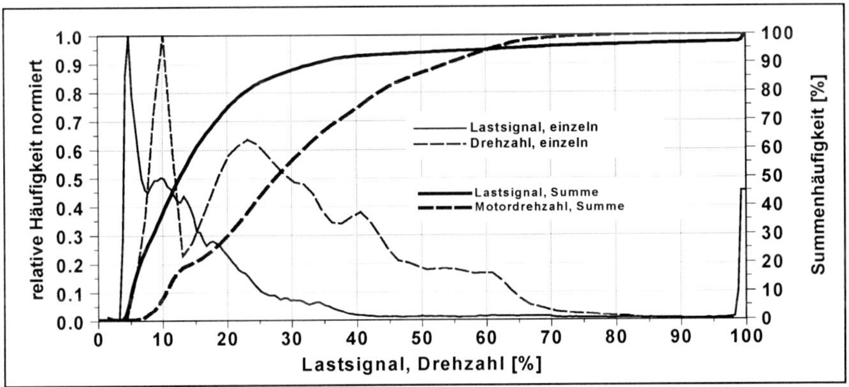

Abbildung 9: Betriebspunkthäufigkeiten im realen Fahrbetrieb

Leerlauf bei 5% Lastsignal und 10% Drehzahl stellt den häufigsten Betriebspunkt dar, gefolgt von 10% Lastsignal und 22% Motordrehzahl. Die Summenhäufigkeiten zeigen, dass im Rahmen der durchgeführten Untersuchung das Fahrzeug von den Fahrern in 90% aller Fälle mit Lasten unter 30% und Drehzahlen unter 55% der jeweiligen Maxima betrieben wurde.

Unter Berücksichtigung der Darstellung aus Kapitel 2 folgt damit, dass im Teillastgebiet durch „Vorausschauendes Wärmemanagement" nicht nur die höchsten Effekte zur Verbrauchsreduzierung bestehen, sondern diese Fahrzustände innerhalb der Untersuchung auch besonders häufig sind.
In Abbildung 10 sind die Summenhäufigkeiten des Lastsignals für einen ruhigen und einen dynamischen Fahrer auf dem benutzten Straßenrundkurs der im NEFZ vorliegenden Summenhäufigkeit gegenübergestellt.

Der im Rahmen der bisherigen Untersuchung ruhigste Fahrer mit einem Durchschnittsverbrauch von 6,5l/100km stellt NEFZ-ähnliche Lasthäufigkeiten ein. Die Durchschnittsgeschwindigkeit betrug dabei 62km/h gegenüber 33,5km/h im NEFZ.

Der dynamischste gemessene Fahrer hält sich deutlich öfter bei hohen Lasten auf und erreicht einen Durchschnittsverbrauch von 16,5l/100km bei 78km/h Durchschnittsgeschwindigkeit.

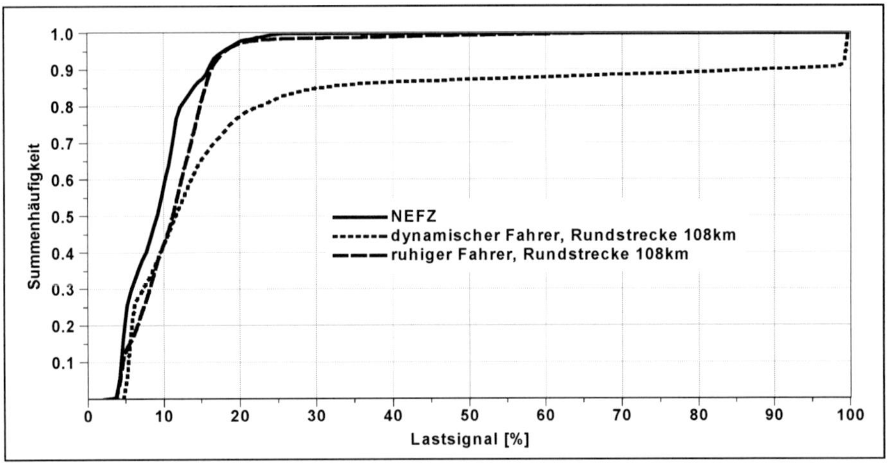

Abbildung 10: Summenhäufigkeiten Lastsignal NEFZ, ruhiger und dynamischer Fahrer auf Rundkurs 108km

Auf der benutzten Rundstrecke grenzen diese beiden Fahrer die Bandbreite der möglichen Fahrertypen ein. Die Bandbreite vergrößert sich bei Einbeziehung weiterer Strecken. Die Grenzen werden letztendlich durch einen ruhigen Fahrer in der Stadt einerseits und einen dynamischen Fahrer auf unlimitierter Autobahn andererseits festgelegt, wie sie in Abbildung 11 dargestellt sind. Zum Vergleich ist der NEFZ für dasselbe Fahrzeug eingezeichnet.

Der ruhige Fahrer in der Stadt nutzt in 85% aller Fälle weniger als 10% der möglichen Volllast. Dagegen bleibt der dynamische Fahrer selbst auf unlimitierter Autobahn und im Bestreben, ständig v_{max} zu fahren, immerhin in 55% aller Fälle in Lastbereichen unter 30% der Volllast.

Die Häufigkeiten verschieben sich natürlich nicht nur in Abhängigkeit von Fahrer- und Streckentyp, sondern auch mit Änderung der Motorisierung und Fahrzeugklasse. Zusätzlich ändert sich natürlich auch das durchschnittliche Anforderungsprofil mit dem Fahrzeugkonzept. Um auf diese Variabilitäten reagieren zu können, soll der vorausschauende Kühlsystemregler mit einem Neuronalen Netz verwirklicht werden, welches eine fortwährende Lernfunktion zur Verfügung stellt.

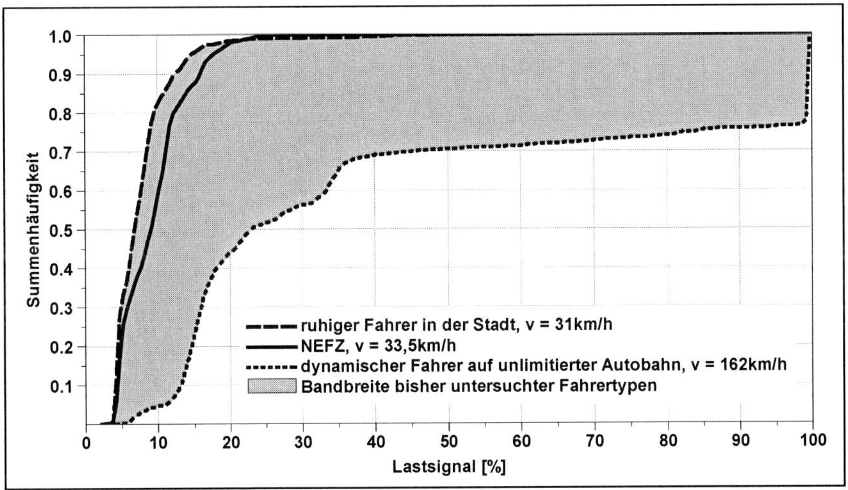

Abbildung 11: Häufigkeitsbandbreite des Lastsignals aller gemessenen Fahrer und Strecken und im NEFZ

3.2 Analyse des dynamischen Verhaltens von Kühlsystem und Bauteiltemperaturen

Im stationären Betriebszustand gestaltet sich die Einstellung optimaler Wärmeabfuhr und Bauteiltemperaturen einfach. Diese Betriebszustände sind jedoch selten.
Die in Abbildung 12 dargestellten Werte gelten für einen überdurchschnittlich schnellen Fahrer auf unlimitierter Autobahn. Trotz großer Volllastanteile ist die mittlere Bauteiltemperatur relativ niedrig.

Die Bauteiltemperatur folgt dem Lastprofil, bei dynamischem Lastsprungverhalten spielen Kühlmittelvolumenstrom und –Temperatur eine sekundäre Rolle. Der größte Teil der Wärme wird bei Lastanhebung in den Bauteilen und im Kühlmittel gespeichert. Wird die Last nach kurzer Zeit wieder zurückgenommen, wie es dem realen Fahrverhalten entspricht, bricht die Bauteiltemperatur sofort mit Lastwegnahme ein. Abbildung 12 zeigt, dass die Kühlmitteltemperatur, bedingt durch die thermische Trägheit des gesamten Systems Motor-Kühlmittelkreislauf, der Wärmeeinkopplung nur sehr verzögert folgen kann. Dadurch werden Situationen häufig, in denen die Wärmeabfuhr große Werte erreicht, wenn die Wärmegenerierung infolge hoher Last bereits vorbei ist.

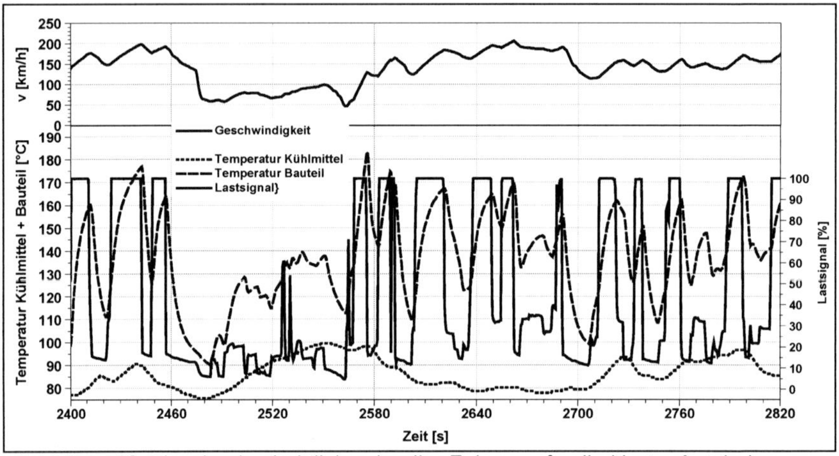

Abbildung 12: überdurchschnittlich schneller Fahrer auf unlimitierter Autobahn

Folgend wird in Phasen niedriger Wärmeeinkopplung zu stark gekühlt, was im Durchschnitt niedrige Bauteiltemperaturen zur Folge hat. Bedingt ist dieses Verhalten durch die simultane Regelung der Kühlsystemgrößen Solltemperatur und Sollvolumenstrom anhand der jeweils anliegenden Motorbetriebszustände.

Bei einem vorausschauenden Regler können kurze Lastspitzen ignoriert werden, siehe Abbildung 13. Damit wird die Kühlsystemreaktion unterbunden, wodurch die Bauteiltemperatur in der folgenden Niedriglastphase um 8 K angehoben ist. Dies gelingt ohne Anhebung der Kühlmitteltemperatur. Dabei muss der Regler soviel Expertenwissen besitzen, dass die Unterbindung der Kühlsystemreaktion als für die Bauteil- und Kühlmitteltemperatur unkritisch eingeschätzt werden

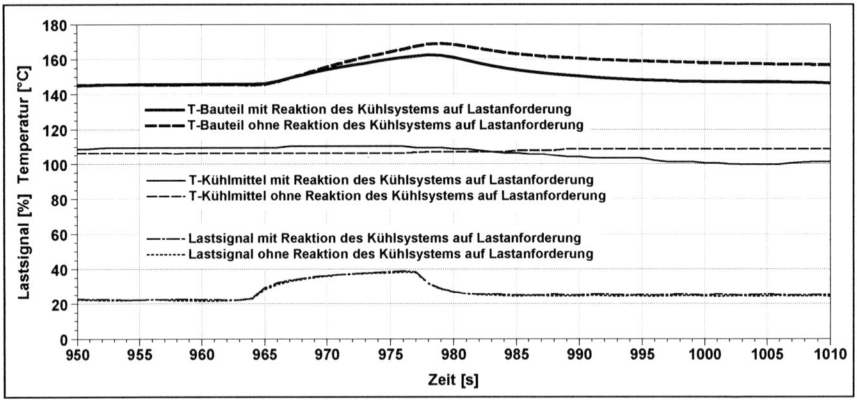

Abbildung 13: Lastsprungantworten mit und ohne Reaktion des Kühlsystems

Die Folge ist ein geringeres Sinken der Bauteiltemperatur während der Lastwegnahme und das Erreichen höherer Temperaturen bei folgender Lasteinkopplung. Der Kühlsystemregler muss also zwischen kurzen Lastanforderungen und Längeren unterscheiden können, um Reaktionen des Kühlsystems zuzulassen oder zu unterbinden.

Dazu ist die Projektion von Erfahrungswerten auf die nächsten Fahrabschnitte notwendig. Basis dafür ist die Typerkennung.

3.3 Fahrer- und Streckentyperkennung

Bei der Erstellung der Fahrer- und Streckentyperkennung wurde darauf geachtet, nur bereits im Fahrzeug vorhandene Sensorsignale zu verwenden. Die wichtigsten Eingangsgrößen sind Lastsignal, Fahrzeuggeschwindigkeit und Motordrehzahl.

3.3.1 Fahrertyperkennung

Die Fahrertyperkennung soll es ermöglichen, die Höhe der zu erwartenden Wärmegenerierung und die Sprunghaftigkeit des Fahrers einzuschätzen. Für die Höhe ist die Erfassung der Wärme aus Verbrennung und Reibung erforderlich.

Für das Lastsignal eignen sich prinzipiell die Größen Drosselklappenwinkel, Einspritzdauer, angesaugte Luftmasse, Winkel Fahrpedal oder Einlaßventilhub. Das Lastsignal beschreibt die aus der Verbrennung stammende Wärme, die Motordrehzahl die Reibungswärme. Lastsignal und Motordrehzahl werden miteinander zum Lastindex verknüpft und dieses wird zusätzlich mit einem Gewichtungsfaktor versehen [1]. Wird der Lastindex normiert, kann er für jeden Motor verwendet werden.

Die momentane Abweichung vom über einen bestimmten Zeitraum gebildeten gleitenden Mittelwert liefert Aussagen über Größe der Gradienten und die Änderungsfrequenz des Lastindex. Die Amplitude gibt die Größenordnung der Wärmegenerierung an. Der Maximalwert von 60 gilt für Vollast.

Abbildung 14 zeigt den Lastindex für 2 Fahrer: Die Darstellung oben zeigt den Verlauf des Lastindex einer sehr dynamischen Autobahnfahrt. Durch die geringe Farbänderung der Kurve wird die in diesem Fall gleichmäßige Lasteinstellung dargestellt.

Die untere Kurve zeigt einen sehr ruhigen Fahrer in der Stadt mit niedrigen Lasten und geringer Dynamik. Hier kann der Kühlsystemregler davon ausgehen, dass nur eine geringe Kühlreserve notwendig ist und keine starken Laständerungen zu erwarten sind. Außerdem wird anhand der Lasthöhe die Cityumgebung detektiert, welche durch die gefahrene Geschwindigkeit bestätigt wird.

Der Verlauf der oberen Kurve indiziert hohe Lasten mit daraus folgend hoher notwendiger Kühlreserve. Die Änderungsfrequenz und –amplitude sind bei diesem Fahrer deutlich größer, so dass der Kühlsystemregler schneller reagieren muss als beim ruhigen Fahrer. Damit wird der Regler nur deutlich kürzere Lastspitzen ignorieren als beim ruhigen Fahrer, dargestellt in Abbildung 14 unten.

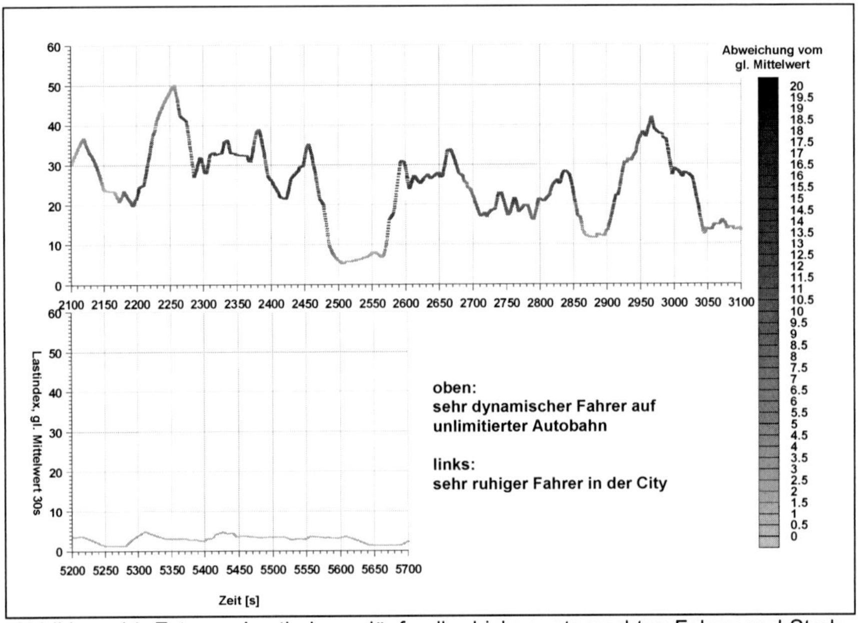

Abbildung 14: Extrema Lastindexverläufe aller bisher untersuchten Fahrer und Strecken

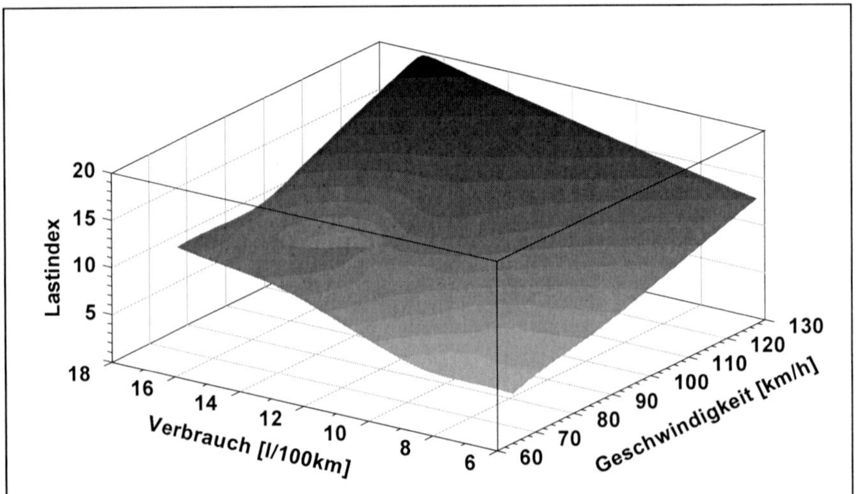

Abbildung 15: Lastindex als Indikator der Wärmegenerierung

In Abbildung 15 ist der Lastindex über Fahrgeschwindigkeit und Kraftstoffverbrauch dargestellt. Dabei wurden Mittelwerte aus den jeweiligen Versuchsfahrten benutzt. Es ist erkennbar, dass der Lastindex Aussagen über Geschwindigkeit und Verbrauch liefert. Ähnlich eindeutige Aussagen werden mit dem Lastindex über Verbrauch und Drehzahl getroffen. Somit kann der Kühlsystemregler auf eine statt zwei Größen zur Einschätzung der zu erwartenden Wärmegenerierung zurückgreifen.

3.3.2 Streckentyperkennung

Die Streckentyperkennung basiert auf einem Vergleich der Wertepaare aus Lastindex und Fahrgeschwindigkeit. Die Grenzen sind:

City: LI = 0 ... 6, v = 0 ... 65km/h
Landstraße: LI >6 ... 14, v > 65km/h ... 120km/h
Autobahn: LI > 14, v > 120km/h

Momentan wird die Korrespondenz der Werte nach harter und weicher Bedingung unterschieden. Bei der harten Bedingung wird der Streckentyp nur bei eindeutiger Korrespondenz als erkannt ausgegeben, bei der weichen Bedingung gibt es Übergänge und die Zuordnung auch bei Nichtkorrespondenz. Bei harter Bedingung wird bei Nichtkorrespondenz der Wert für Landstraße ausgegeben.

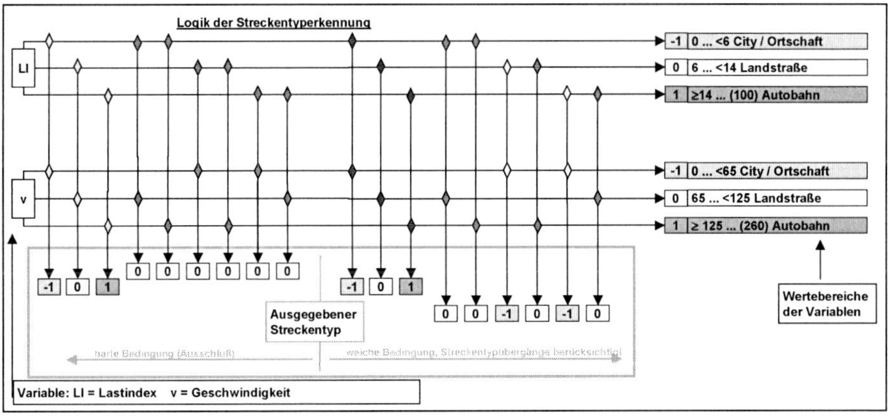

Abbildung 16: Flussdiagramm Streckentyperkennung

Beide Verfahren sind in Abbildung 16 schematisch dargestellt. Generell gibt die Streckenerkennung dem Regler die Möglichkeit zur Einschätzung, in welcher Bandbreite der Wärmegenerierung sich der Fahrer aufhalten wird. Für PKW kann man in der Stadt von einer mittleren Leistung bis 5kW ausgehen, auf der Landstraße bis 20kW und auf der Autobahn darüber. Hinsichtlich der Dynamik unterscheiden sich die Streckentypen natürlich auch, vergleiche dazu Abbildung 14.

Die Trefferquote gegenüber der topografischen Strecke zeigt Abbildung 17. Im Mittel werden für die bisher durchgeführten Versuchsfahrten mit der weichen Bedingung 70 ... 80% erreicht, deshalb wird dieser bei der weiteren Reglerentwicklung gegenüber der harten Bedingung der Vorzug gegeben. Dabei muss beachtet werden, dass die Strecke topografisch ihren Typ digital wechselt, z.B. an einem Ortseingangsschild.

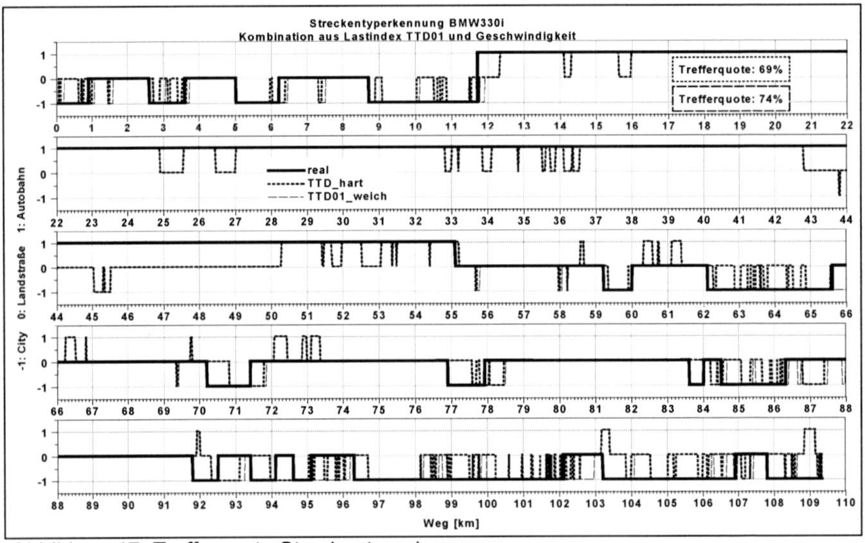

Abbildung 17: Trefferquote Streckentyperkennung

Die Umgebungstyperkennung basiert jedoch auf Fahrzeugdaten und stellt durch die Beschleunigungs-/Verzögerungsphasen beispielsweise an einem Ort-Landstraße-Übergang einen analogen Wert dar.

Neben der Geschwindigkeit hat auch der Fahrertyp mittels des Lastindex Einfluss auf die Trefferquote. Für die Abschätzung der zu erwartenden Motorbelastung ist diese Trefferquote ausreichend.

Die Erkennung von Übergängen City / Autobahn usw., also von extremen Belastungswechseln, ist zurzeit in Bearbeitung. Weiterhin werden Signale wie Lenkwinkel, Gierwinkel und Bremshäufigkeit auf ihre Eignung untersucht.

4 Regler zur Kühlsystemregelung am BMW330i

4.1 Reglerkonzept

Als Regelstrategie für die Kühlsystemregelung werden auf den Fahrzustand optimierte digitale Regelalgorithmen Anwendung finden. Grundsätzlich wird hierbei zwischen statischen und dynamischen Anteilen unterschieden. Abbildung 18 zeigt das Konzept.

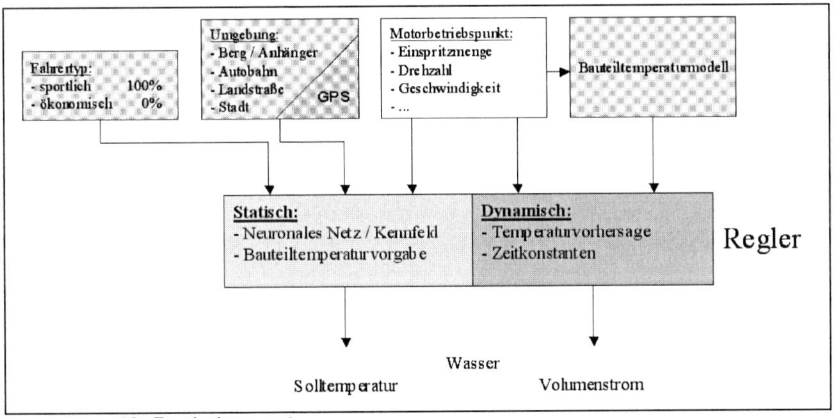

Abbildung 18: Reglerkonzept

Der statische Regleranteil umfasst stationäre Fahrzustände. Hier stellt sich bei gegebener Last, Kühlwassersolltemperatur und Kühlwasservolumenstrom eine bestimmte Bauteiltemperatur ein. Diese wird entsprechend Fahrertyp/Umgebung entweder durch ein neuronales Netz oder durch ein Kennfeld so vorgegeben, dass immer eine ausreichende Kühlreserve für die folgende, zu erwartenden Anforderung vorhanden ist.

Der dynamische Regleranteil erfasst instationäre Fahrzustände. Bei Laständerungen werden hier Temperaturverläufe prognostiziert und Zeitkonstanten sowohl des Kühlsystems als auch des Motors mitberücksichtigt.

4.1.1 Eingangsdatenvorverarbeitung

Um zwischen stationärem und dynamischem Fahrzustand unterscheiden zu können wurde der Ansatz eines neuronalen Netzes gewählt. Weiterhin werden sowohl für den stationären als auch für den dynamischen Regelbereich Informationen über den Fahrertyp als auch die Fahrzeugumgebung benötigt. Diese können entweder analytisch oder ebenfalls über ein neuronales Netz ermittelt werden.

4.1.2 Fahrzustandsermittlung mittels neuronaler Netze

Bei der Untersuchung der Neuronalen Netze stand die grundsätzliche Eignung für die Fahrzustandserkennung (Kombination aus Fahrertyp und Umgebung) im Vordergrund. Für einen Einsatz zur Mustererkennung eignen sich viele Ansätze, so dass in diesem Fall ein Backpropagation Netzwerk ausgewählt wurde. Für Training und Simulation des Netzwerks wurde unter MATLAB® mit der Neural Network Toolbox der Firma The MathWorks GmbH gearbeitet. Nach vielen Ansätzen für die Erstellung des neuronalen Netzes hat sich gezeigt, dass eine Aufteilung auf jeden Gang des Fahrzeugs sinnvoll ist. Dabei entstanden sehr kleine neuronale Netze, die den Fahrzustand des Fahrzeugs charakterisieren. Unter Fahrzustand ist hier eine Klassifizierung in stationäre und dynamische Fahranteile zu verstehen.

Als Eingangsgrößen dienen den neuronalen Netzen

- die Fahrzeuggeschwindigkeit v,
- die Fahrzeuglängsbeschleunigung a,
- die angesaugte Luftmasse pro Arbeitstakt m_{LM}.

So entstanden 7 neuronale Netze mit den Architekturen

- 3-2-1 (1. Gang),
- 3-3-1 (2. Gang),
- 3-4-1 (3. Gang),
- 3-4-1 (4. Gang),
- 3-5-1 (5. Gang),
- 3-5-1 (6. Gang) und
- 3-2-1 (R Gang).

Die Architektur des neuronalen Netzes für den 1. Gang zeigt Abbildung 19.

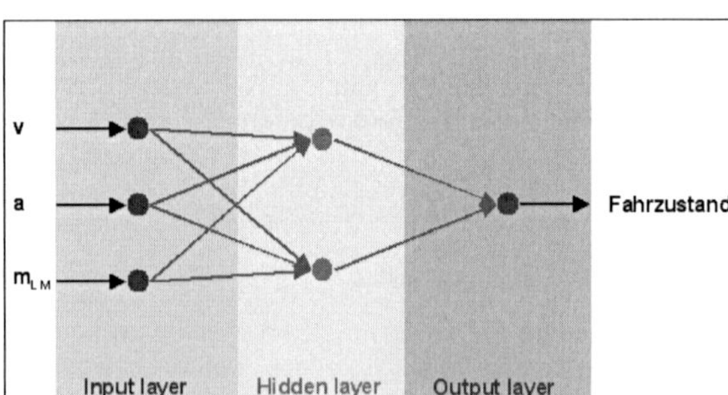

Abbildung 19: Neuronale Netzarchitektur Gang 1

Das neuronale Netz liefert Ausgabewerte zwischen –1 und 1, wobei die Bereiche von

1,00 ... 0,75	- einen dynamischen Fahrzustand mit steigender Zylinderstegtemperatur,
0,75 ... – 0,75	- einen stationären Fahrzustand,
– 0,75 ... – 1,00	- einen dynamischen Fahrzustand mit fallender Zylinderstegtemperatur charakterisieren.

Als Verifikation für die Charakterisierung der neuronalen Netze wurden unter MATLAB® verschiedene Eingangskombinationen an das neuronale Netz gelegt und die Ausgabewerte zur Veranschaulichung graphisch aufbereitet.

Abbildung 20 zeigt eine Simulation des neuronalen Netzes für den 1. Gang. Geschwindigkeit und Luftmasse wurden hier kontinuierlich variiert, die Beschleunigung beträgt 0 ms^{-2}, 4 ms^{-2} und 6 ms^{-2}.

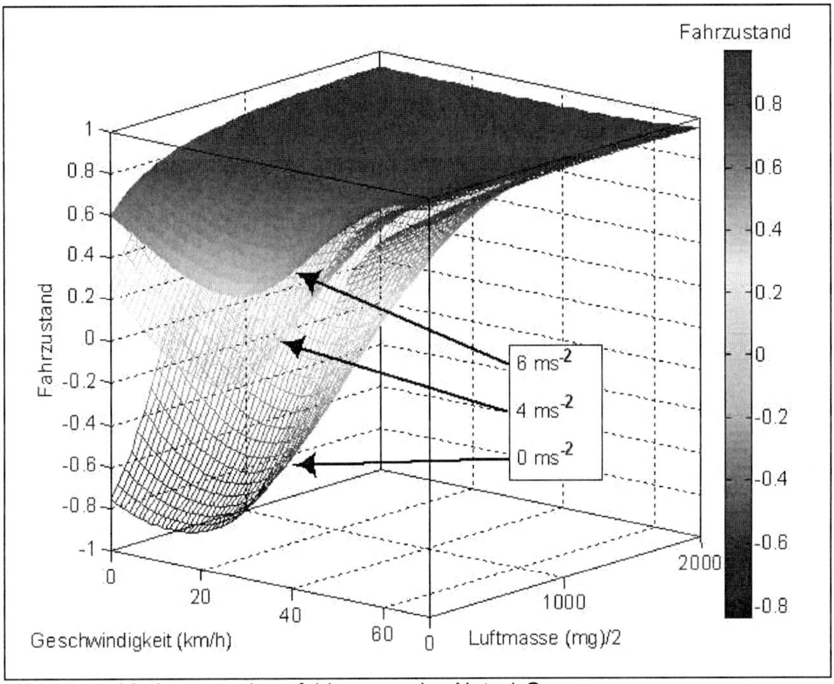

Abbildung 20: Ausgangskennfeld neuronales Netz 1.Gang

Das Ergebnis zeigt die Klassifizierung in die oben angegebenen Bereiche. Man kann ebenfalls den kontinuierlichen Übergang zwischen den verschiedenen Fahrzustandsklassifizierungen erkennen. Durch die Erhöhung der Beschleunigung ergeben sich immer flacher werdende Flächen. Es wird deutlich, dass bei höheren Beschleunigungswerten eine Verschiebung der Klassifizierung in Richtung dynamischem Fahrzustand mit steigender Zylinderstegtemperatur stattfindet.

Wiederholt man diese Simulation für alle Gänge, so kann man ein Kennfeld über den gesamten Bereich des Fahrzeugs darstellen. In Abbildung 21 sieht man die Klassifizierung über alle Gänge für eine Beschleunigung von 0,36 ms^{-2}.

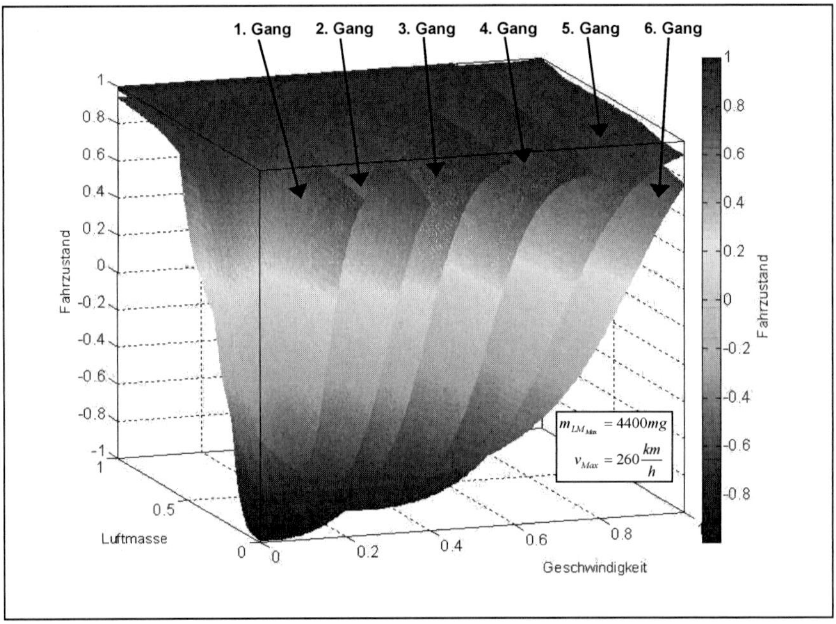

Abbildung 21: Ausgangskennfeld neuronale Netze alle Gänge

Werden die Netze mit Eingangsdaten aus einem Datensatz der FTA-Rundstrecke simuliert, entsteht das in Abbildung 22 und 23 dargestellte Ergebnis. Bei diesem Datensatz handelt es sich um einen sportlichen Fahrer mit sehr hohem Durchschnittsverbrauch. Um die Klassifizierung durch das neuronale Netz zu verdeutlichen, wird der Bereich zwischen 2150 s und 2350 s Fahrdauer vergrößert.

Es ist zu erkennen, dass dynamische Anteile (Klassifizierungswert größer 0,75, rechte Achse) mit einem Temperaturanstieg und dynamische Anteile (Klassifizierungswert kleiner – 0,75, rechte Achse) mit fallender Temperatur übereinstimmen.

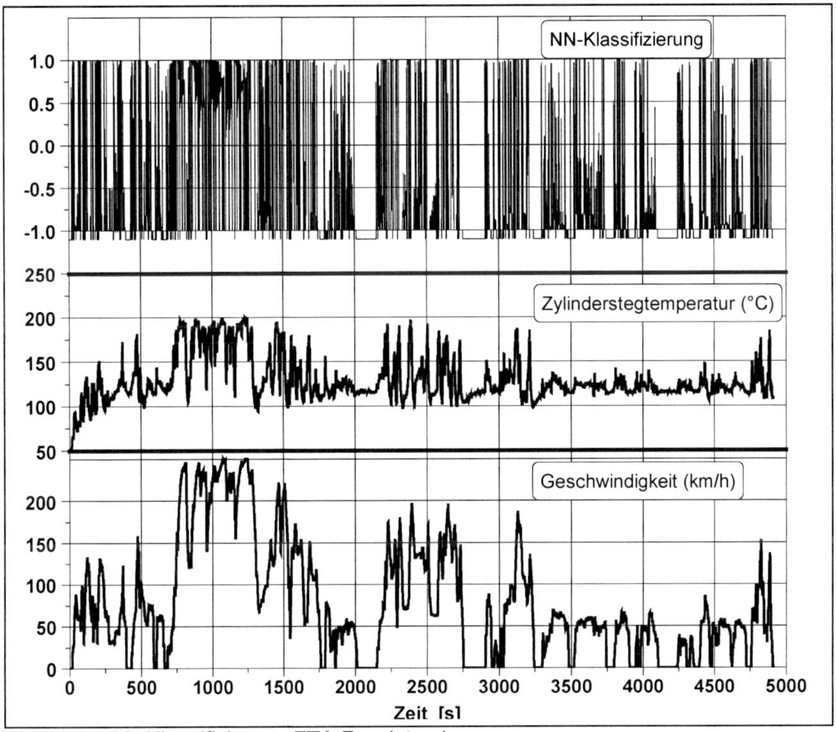

Abbildung 22: Klassifizierung FTA Rundstrecke

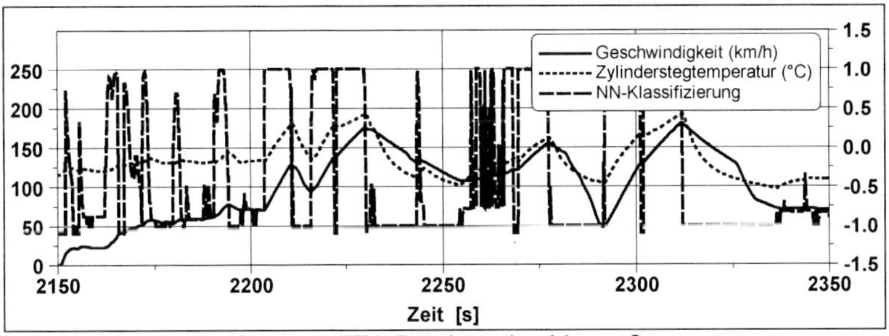

Abbildung 23: Klassifizierung FTA Rundstrecke, Vergrößerung

4.1.3 Reglerpotential

Ziel des Reglers ist es, die Bauteiltemperaturen des Motors im Mittel anzuheben, ohne dabei kritische Grenzwerte zu überschreiten. Dies soll durch mehrere Strategien erreicht werden.

Für annähernd statische Fahrzustände erfolgt eine Zuweisung der Bauteiltemperatur entsprechend Fahrertyp, Fahrzeugumfeld und Motorbetriebspunkt.
Bei dynamischen Fahrzuständen, die zu einer Erhöhung der Motorlast führen, wird die Bauteiltemperatur über ein einfaches Modell berechnet und unter Annahme eines linearen Anstiegs in die Zukunft prognostiziert. Unter Berücksichtigung der Verzögerungszeitkonstanten des Kühlsystems wird nun der Zeitpunkt berechnet, an dem kritische Bauteiltemperaturen auftreten können und somit der Zeitpunkt festgelegt, an dem die Kühlleistung erhöht werden muss. Diese Vorhersage der Bauteiltemperatur wird ständig aktualisiert. Somit können kurze Lastspitzen, die nicht zur Überschreitung kritischer Temperaturen führen, ausgeblendet werden. Abbildung 24 verdeutlicht die Strategie.
Bei dynamischen Fahrzuständen, die zu einer Verringerung der Motorlast führen, und somit zu einer Verringerung der Bauteiltemperaturen, wird die Kühlleistung sofort reduziert. Diese Maßnahme führt zu einem geringeren Abfall der Bauteiltemperaturen, der Motor wird nicht so stark abgekühlt.

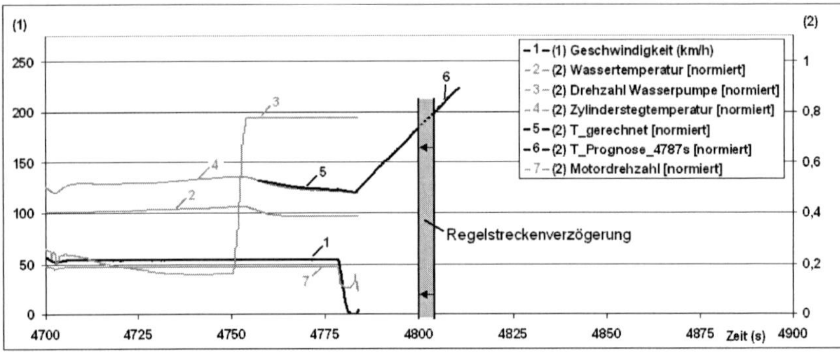

Abbildung 24: Beginn einer Beschleunigungsphase, Prognose bei 4787 s, Kühlerhöhung bei 4800 s

4.1.4 Umgebungserkennung mittels GPS

Im Vorfeld der Arbeiten zum neuronalen Netz wurden Untersuchungen zur Fahrzeugumfelderkennung durchgeführt. Mittelpunkt war die Fahrzeugumfelderkennung mittels DGPS Empfänger. Beabsichtigt ist, eine Klassifizierung des Fahrzeugumfelds mit Hilfe einer topologisch überarbeiteten Karte vorzunehmen und das Ergebnis für die Kühlsystemregelung zu nutzen.

4.2 Reglerhardware

Für die Realisierung des Reglerprototyps ist die Erstellung einer eigenen Hardware erforderlich. Dies stellt vor allem sicher, dass die Erhöhung der mittleren Motortemperatur nicht zu applikativen Änderungen der DME führt. Abbildung 25 zeigt im unteren Teil das Blockschaltbild der Reglerhardware.

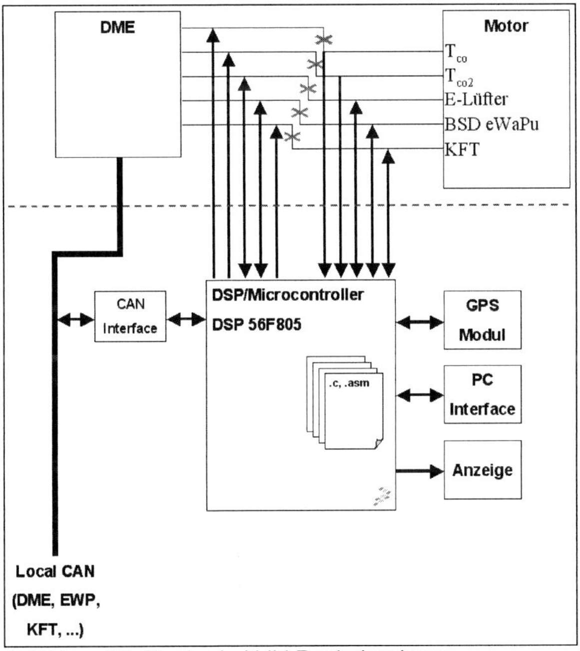

Abbildung 25: Blockschaltbild Reglerhardware

5. Zusammenfassung und Ausblick

In dem vorliegenden Text wurden die Chancen zur Verbrauchsreduzierung dargelegt, die für das vorausschauende Wärmemanagement bestehen. Durch umfangreiche Untersuchungen mit einem Versuchsfahrzeug BMW 330i wurde das Fahrverhalten von Probanden erfasst und kategorisiert. Durch ergänzende Messungen und Simulationsrechnungen wurde in der Teillast die Chance zu einer Verbrauchsreduzierung von etwa 1 % ermittelt. Dies wird durch eine Anhebung der durchschnittlichen Bauteiltemperatur um ca. 7 K erreicht werden.

Um diese Chance zu erschließen, wurde ein neues Reglerkonzept auf der Basis eines neuronalen Netzes vorgestellt. Der Regler verfügt damit über Expertenwissen bezüglich des vorliegenden Fahrertyps und der Umgebung, in der sich das Fahrzeug aufhält. Damit kann er die Dauer und Höhe der zu erwartenden Last- und damit Wärmeeinkopplung abschätzen und damit beispielsweise Antworten des Kühlsystems auf Lastspitzen so lange verzögern, bis eine nachhaltige Erhöhung der Leistung zu erkennen ist. Hierzu ist ein Temperaturmodell erforderlich, das die Bauteil- und Kühlmitteltemperaturen vorausberechnet.

Im nun folgenden Schritt wird die Regelung in einem separaten Steuergerät in das Versuchsfahrzeug implementiert, um damit den Funktionsnachweis zu erbringen. Dabei werden weiterhin nur bereits vorhandene Sensoren benutzt, um den Hardware-Aufwand so gering wie möglich zu halten.

Literatur

[1] Gosslau, D., Steinberg, P.: *Wärmemanagement am Verbrennungsmotor unter Berücksichtigung des Fahrerverhaltens und der Fahrzeugumgebung.* Wärmemanagement des Kraftfahrzeugs IV, expert verlag, 2005.

[2] Neugebauer, S., Hess, U., Mitterer, A., Riegert, P., Seider, G.: *Das Wärmemanagement des neuen BMW-Reihensechszylindermotors.* Wärmemanagement des Kraftfahrzeugs IV, expert verlag, Renningen, 2005.

[3] Genger, M.: Abschlussbericht FVV Forschungsvorhaben „Instationäre Kühlsystemoptimierung", Stuttgart, 2004.

[4] Poruba, C., Seider, G.: Thermisches Motormodell Reihensechszylindermotor, Interner Bericht, BMW AG, 2006

[5] Ambros, P.: *Versuchsfahrzeug mit regelbarem Kühlsystem.* Wärmemanagement des Kraftfahrzeugs II, expert verlag, Renningen, 2000.

[6] Ludwig, F,.-S., Seider, G.: Kühlkreislaufmodell BMW 330i, Interner Bericht, BMW AG, 2005.

[7] Kücükay, F.,Bauknecht, C., Bock, C.: *Das neue Fünfgang-Automatikgetriebe für die überarbeiteten BMW Achtzylindermotoren.* Automobiltechnische Zeitschrift 98, pp. 508 – 519.

[8] Richter,R., Schreiner, M., Tonhauser, J.: Gesamtfahrzeugwärmemanagement mit einem neuen Wärmeübertragerprüfstand. Wärmemanagement des Kraftfahrzeugs IV, expert verlag, 2005.

[9] Deußen, N.; Müller, P.: Temperaturmanagement des Motors, 17. Internationales Wiener Motorensymposium, Wien 1996

[10] Storkenmaier, F., Birnkammer, M., Caldiero, V.,Manschitz, M.,Mazar, B., Stöckl, P., Finsterhölzl, H., Tonhauser, J.: Multifunctional Encapsulations of the Power Train, SAE Technical Paper, 2006-01-1234

[11] Shayler, P. J.,Leong, K. W., Murphy, M.: Contributions to Engine Friction during cold, low speed running and the dependence on oil viscosity, SAE Technical Paper 2005-01-1654

15 Co-Simulation und Sprach-Standardisierung am Beispiel des Wärmemanagements

Wilhelm Tegethoff, Clauderenê Correia, Roland Kossel,
Michael Bodmann, Nicholas Lemke, Jürgen Köhler

Abstract

Basically there are two approaches of modelling and simulating complex systems which are composed of subsystems. Approach A is based on established simulation tools of the respective domain in order to conduct a co-simulation by tool-coupling. Approach B consists of modelling the whole system in only one suitable language like Modelica or VHDL-AMS. Using approach A the existing software and the in-house and external expert know-how can be applied. Approach B has significant advantages because of the describing the complete system in one standardised and open language like Modelica and using an efficient simulation environment like Dymola. When simulation environments which support approach B are coupled with existing software based on approach A, the advantages of both ways can be utilized. Considering for example the simulation of a passenger compartment, the feasibility of a coupling of Modelica/Dymola, Flowmaster, Simulink and Fluent as well as different utility programs is demonstrated in this presentation.

Zusammenfassung

Bei der Modellierung und Simulation großer komplexer Systeme, die sich aus Teilsystemen zusammensetzen, bieten sich zwei Lösungswege an. Der Weg A greift auf die bereits etablierten Simulationswerkzeuge der entsprechenden Fachgebiete zurück, um eine Tool-Koppelung in Form einer Co-Simulation durchzuführen. Weg B besteht darin, das gesamte System einheitlich in einer geeigneten modernen Modellierungssprache, wie beispielsweise Modelica oder VHDL-AMS, abzubilden. Mit einer Tool-Koppelung gemäß Weg A kann die bereits bestehende Software und das damit verbundene Know-how eigener und externer Spezialisten weiter verwendet und entwickelt werden. Der Weg B hat mit der Beschreibung des Gesamtsystems in einer standardisierten offenen objektorientierten Sprache, wie z.B. Modelica, und der Verwendung einer effizienten Simulationsumgebung (z.B. Dymola) vielfältige Vorteile. Wenn Simulationsumgebungen, die den Weg B unterstützten, über den Weg A mit bestehender Software koppelbar sind, können die Vorteile beider Wege genutzt werden. Im Beitrag wird anhand der Simulation der Temperatur einer Fahrgastzelle die Machbarkeit der Koppelung von Modelica/Dymola, Flowmaster, Simulink und Fluent sowie weiteren Hilfsprogrammen demonstriert.

1. Gekoppelte Simulation thermischer Systeme im Fahrzeug

In einem Fahrzeug sind thermodynamische Teilsysteme wie Motor, Motorkühlkreislauf, Ölkühlung, Ladeluftkühlung, Motorraumdurchströmung, Klimakreislauf, HVAC Unit und Fahrgastzelle insbesondere über Fluid- und Wärmeströme vielfältig miteinander verknüpft. Zur Beschreibung des thermodynamischen Gesamtverhaltens ist es deshalb erforderlich, die entsprechenden Modelle der Teilsystems über die Variablen Wärmestrom, Massenstrom, Temperatur und Druck und gegebenenfalls andere nicht thermodynamische Variablen wie Motordrehzahl miteinander zu koppeln. In der Literatur werden verschiedene methodische Ansätze zur Beschreibung des Gesamtsystems dargestellt. Die Ansätze reichen von einfachen Koppelungen von Simulationswerkzeugen, über eine Co-Simulation mit unterschiedlichen Simulationsprogrammen bis hin zur einer Modellierung des Gesamtsystems innerhalb einer Softwareumgebung [1], [2].

Für den Fall der Software-Koppelung stellt sich derzeit in der Praxis typischerweise der in Bild 1 dargestellte Ist-Zustand dar. Für die Übertragung von CFD Informationen an 1 D Simulationsprogrammen wird in den meisten Fällen die Übertragung über Dateien eingesetzt [3]. Für den Fall einer bidirektionalen Koppelung stößt dieses Verfahren insbesondere für die Synchronisierung auf Grenzen. Wenn nur zwei Simulationsprogramme miteinander verbunden werden, so kommen softwaretechnische Verfahren zur Toolintegrationen über DLL oder Kommunikationskanäle über COM oder CORBA zum Einsatz. Wie in Bild 1 deutlich wird, stößt die paarweise ausgerichtete Softwarekoppelung für die Beschreibung großer Systeme mit Hilfe mehrerer Applikation an Ihre Grenzen. Die Anzahl der paarweise ausgerichteten Schnittstellen steigt mit Anzahl der beteiligten Programme stark an. Ohne eine Standardisierung und Steuerung der Koppelung wird dieses Verfahren vom Benutzer nur schwer bedienbar sein. Eine angemessene Synchronisierung der Datenströme scheint nur schwer vorstellbar. Darüber hinaus ist der Erstellung und Pflege der zahlreichen Schnittstellen mit hohen Kosten verbunden (siehe auch [4]).

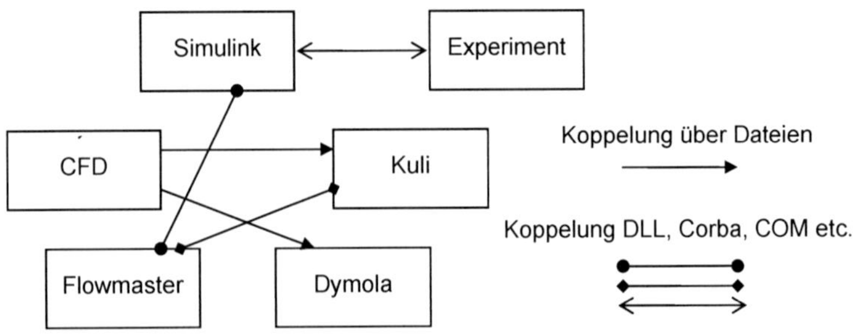

Bild 1: Exemplarische Aufnahme eines Ist-Zustande bei der Koppelung von Simulationswerkzeugen und HIL-Anwendungen

Es zeigt sich, dass die softwaretechnische Koppelung von Simulationsprogrammen standardisiert werden muss. Hierzu wird im folgenden Abschnitt ein entsprechender Weg aufgezeigt. Anschließend wird der alternative Weg der ganzheitlichen Beschreibung des thermischen Verhaltens eines Fahrzeuges mit Hilfe einer einzigen Sprache dargestellt. Der Beitrag schließt mit einer Synthese der beiden Wege und einem Ausblick.

2. Koppelung von Simulationswerkzeugen (Co-Simulation)

Wie in Abschnitt 1 deutlich wurde, scheint bei der gleichzeitigen Koppelung von mehr als zwei Programmen der Einsatz einer speziellen Koppelungs-Software (Middleware) gemäß Bild 2 erforderlich. Die Middleware übernimmt die geordnete Koppelung der verschiedenen Simulationsprogramme und stellt die synchronisierte Datenübertragung sicher. Jedes an der Koppelung beteiligte Programm benötigt nun nur noch eine Schnittstelle zur Middleware und nicht wie in Bild 1 mehrere Schnittstellen zu den jeweils anderen Werkzeugen.

Eine typische Middleware stellt beispielsweise das im Bereich der Fahrzeugelektronik verbreitete Programm EXITE [5] dar. EXITE beruht auf einem Datenaustausch über CORBA oder MPI für zeitkritische HIL Anwendungen. Im Bereich des Thermomanagements wird von Puntigam [1] die Middleware des VIF in Graz beschrieben. Diese Software beruht auf CORBA und verfügt über mathematisch numerische Techniken zur stabilen Koppelung der Differenzialgleichungssysteme der Teilprogramme. Die auf MPI basierende Middleware MpCCI [6] stellt eine Lösung zur Koppelung zwischen 3D Programmen bereit. MpCCI unterstützt dabei gezielt die Gitter-Gitter Koppelung. Zum gegenwärtigen Zeitpunkt können mit MpCCI allerdings nur 2 Programme gleichzeitig gekoppelt werden.

Die in Bild 2 dargestellte Konfiguration ist zurzeit von keiner der beschriebenen Middleware-Techniken darstellbar. Aufgrund der benötigten kurzfristigen Verfügbarkeit und besonderer softwaretechnischen Anforderungen bzgl. der Datensynchronisation und Computerplattformübergreifender Datenübertragung ist die im Folgenden beschriebene Middleware TISC entwickelt worden.

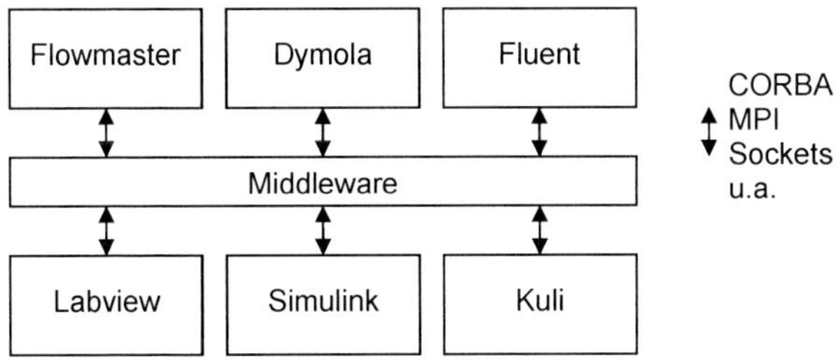

Bild 2: Koppelung von Simulationswerkzeugen und Datenerfassungssoftware über Middleware

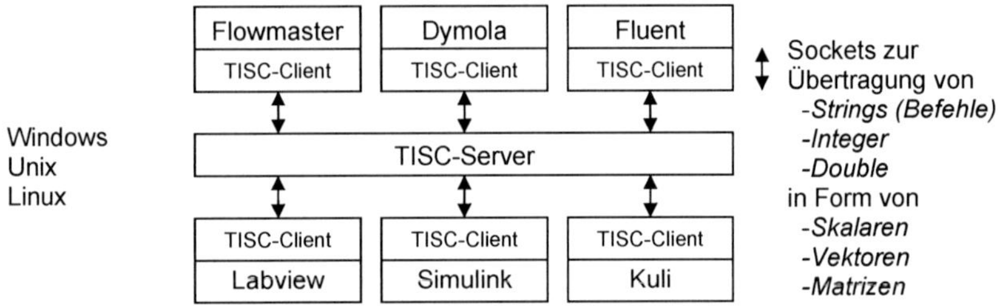

Bild 3: Koppelung von Simulationswerkzeugen und Datenerfassungs-software über die Middleware TISC

Die Middleware TISC ermöglicht programmübergreifend den Austausch von Befehlen (Strings), Fließkommazahlen (Double) sowie ganzen Zahlen (Integer) in Form von Skalaren, Vektoren und Matrizen. Der Datenaustausch wird plattformübergreifend (MS Win, Linux und Unix) über Sockets umgesetzt. Wie in Bild 3 verdeutlicht wird, besteht die Middleware TISC aus einem Server und den zugehörigen Clients, die auf die zu koppelnden Programme aufgesetzt sind. Zur Integration der Clients in die Programme, stehen Schnittstellen in C, C++, C# und Fortran zur Verfügung. Eine Ankoppelung über COM, wie im Falle von Flowmaster, Kuli oder Excel wird ebenfalls unterstützt. Es existieren bereits Schnittstellen zu den folgenden Programmen:

- Flowmaster
- Fluent
- StarCD
- Trnsys
- LabVIEW
- Matlab / Simulink
- Modelica / Dymola

Schnittstellen für u.a. folgende Programme sind in Entwicklung:

- Kuli
- Excel
- Ansys
- THESEUS-FE

Darüber hinaus existieren ein TISC-Client TIM, welcher die Visualisierung und die Abspeicherung der übertragenden Daten unterstützt, sowie ein TISC-Client ph-Monitor zu Darstellung der Klimakreislaufdaten im Druck-Enthalpie Diagramm. Ein spezieller Client zur Kontrolle der Zeitschrittweite, insofern dieses die gekoppelten Programme erlauben und zur effizienten numerischen Koppelung von Variablen, z.B. Mehrschrittinterpolation, ist in Entwicklung (vgl. hierzu auch [1]). TISC verfügt über unterschiedliche Methoden der Datensynchronisation. In Bild 4 ist zur Verdeutlichung des Aufbaus einer Datenverbindung und der Datenübertragung beispielhaft der C++ Code eines Clients dargestellt.

```
TISCConnection *tisc = new TISCConnection();              //Create TISC object
tisc->setDescription ("TestConnection");                  //Connection description
tisc->setSyncMethod (TISCConnection::allDataNew);         //SyncMethod 2
tisc->send->insertVariable("x", "Double");                //Information: Send x
tisc->receive->insertVariable("y", "Integer");            //Information: Receive y
tisc->connectSocket ("127.0.0.1", 2000);                  //Connect to server on port 2000
for (int i = 1; i <= nTimeSteps; ++i) {                   //Iterate over time steps
    tisc->send->storeDouble ("x", xValue);                //Send "y" to server
    tisc->waitForSyncSignal ();                           //Wait for server to synchronize
    tisc->receive->getInteger ("y", yValue);              //Receive "x" from server
    <WORK>                                                //Carry out calculations
}
delete tisc;                                              //Delete TISC object
```

Bild 4: Beispielhafter C++ Code eines TISC-Clients

Die Vorteile der Koppelung von Simulationswerkzeugen über eine Middleware stellen sich neben der bedeutenden Zeitersparnis wie folgt dar: Der Einsatz einer Middleware zur Gesamtsystemsimulation ermöglicht die Weiterverwendung des Expertenwissens, welches mit einer etablierten Software verbunden ist. Es ist das Expertenwissen des Anwenders selbst sowie des Software- bzw. Modellerstellers. Die Weiterverwendung kann die Integration der Gesamtfahrzeugbetrachtung in den aktuellen Produktentstehungsprozess beschleunigen. Darüber hinaus kann zur Beschreibung eines Teilsystems das jeweils beste Simulationswerkzeug mit angepassten numerischen Techniken verwendet werden. Bei einer standardisierten Definition der Schnittstellenvariablen können die Teilprogramme einfach ausgetauscht werden (siehe auch Bild 6). Selbst wenn der Weg der einheitlichen Beschreibung der Modelle mit Hilfe einer standardisierten Sprache beschritten wird, so kann es zur Entkoppelung von Zeitschrittweiten der Algebro-DGL Löser sinnvoll sein, Teilmodelle über eine Middleware zur koppeln.

3. Simulation unter Modelica (Sprach-Standardisierung)

Der alternative Weg zur Koppelung von Simulationsprogrammen ist die Beschreibung des Gesamtsystems und der Teilsysteme in einer einheitlichen Sprache und Mathematik. Im Folgenden wird vorausgesetzt, dass sich die Teilsysteme und damit auch das Gesamtsystem durch hybride Algebro-Differenzialgleichungssysteme (ADGL-System) beschreiben lassen. Ein hybrides ADGL-System besteht aus den folgenden 3 Gleichungstypen:

1. Gewöhnlichen Differentialgleichungen mit den entsprechenden differentiellen Variablen, deren Ableitung explizit im Gleichungssystem erscheinen.
2. Lineare und nichtlineare gewöhnliche algebraische Gleichungen mit den entsprechenden algebraischen Variablen.
3. Ereignisgleichungen mit den entsprechenden diskreten Variablen, die nur durch ein Ereignis verändert werden können. Die entsprechende Simulationstechnik ist in der Digitalelektronik weit entwickelt. Aufgrund der Kombination mit dem kontinuierlichen ADGL-System spricht man von hybriden ADGL-Systemen.

Werden die Teilmodelle zum thermischen Gesamtsystem zusammengesetzt, so ergibt sich ein großes hybrides ADGL-System, welches mit geeigneten numerischen Verfahren gelöst werden kann. Methoden zur Koppelung partieller Differenzialgleichungen wie FEM oder finite Volumina stellen eine gesonderte Technik dar, die nach Meinung der Autoren zur Zeit noch nicht über eine einheitliche Beschreibung über Sprachstandardisierung in die hier betrachteten ADGL-Systeme integriert werden können. Die Ankoppelung über Co-Simulation scheint hier sinnvoll zu sein.

In Hinblick auf eine Gesamtsystembetrachtung lassen sich für die thermischen Modelle für Motor, Motorkühlkreislauf, Ölkühlung, Ladeluftkühlung, Motorraumdurchströmung, Klimakreislauf, HVAC Unit und Fahrgastzelle jeweils hybride ADGL-Systeme formulieren. Dazu gibt es spezielle hoch entwickelte Computer-Sprachen. Neben der Sprache VHDL-AMS ([7]), die vor allem in der Elektronik zum Einsatz kommt, findet die Sprache Modelica ([8],[9]) zurzeit weite Verbreitung. Die Sprache Modelica wird von der nicht kommerziellen Modelica Association mit dem Ziel der Beschreibung von hybriden ADGL-Systemen aus unterschiedlichsten physikalischen und ingenieurswissenschaftlichen Domänen entwickelt. Es gibt bereits zahlreiche kommerzielle und nicht kommerzielle Bibliotheken. So wird beispielsweise die Bibliothek AirConditioning [10] im Arbeitskreis A.K.2.4.3 der deutschen OEM unter Teilnahme von Audi, BMW, DaimlerChrysler und Volkswagen zur einheitlichen stationären und transienten Simulation von Klimakreisläufen genutzt. In diesem Rahmen fordern diese von den Zulieferern im Vorfeld der Projektvergabe entsprechende Komponentenmodelle in der Sprache Modelica ein [11].

```
model Receiver
   ....
   der(U) = inlet.Hdot + outlet.Hdot;
   p = refrigerant.pSat(T);
   ....
end Receiver;
```

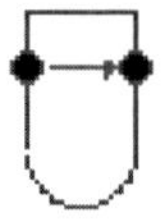

```
model ACCycle
  Valve valve;
  Gascooler gascooler;
  Receiver receiver;
  Evaporator evaporator;
  Compressor compressor;
equation
  connect(receiver.outlet, compressor.inlet);
  connect(compressor.outlet, gascooler.inlet);
  connect(gascooler.outlet, valve.inlet);
  connect(valve.outlet, evaporator.inlet);
  connect(evaporator.outlet, receiver.inlet);
end ACCycle;
```

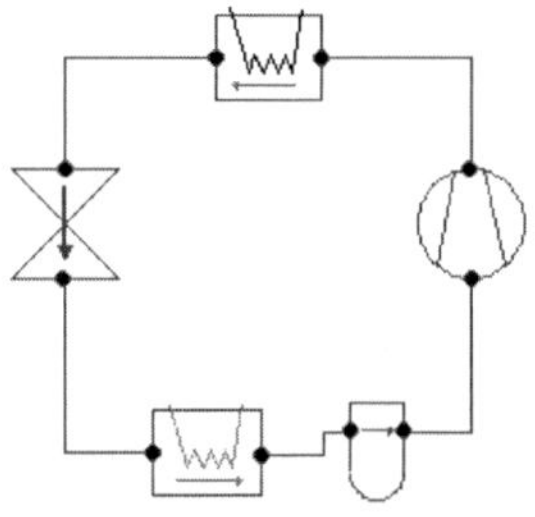

```
model DensoCompressor
   extends Compressor;
   ...
end DensoCompressor;
```

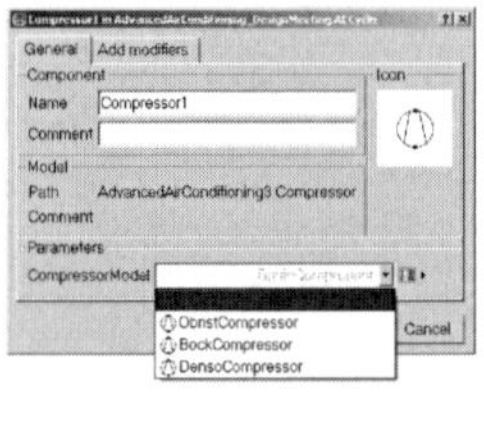

Bild 5: Beispielhafter Modelica Code zur Beschreibung eines Klimakreislaufes

Bild 5 zeigt beispielhaft den Modelica Code zur Beschreibung eines Klimakreislaufes. In den Modellen der Teilkomponenten, wie der Sammler (Receiver) in Bild 5, werden die eigentlichen physikalischen Gleichungen formuliert. Die Umformung der Gleichung sowie die numerische Lösung werden der eingesetzten Arbeitsumgebung überlassen. Das Modell kann im System zu einem Objekt (receiver) instanziiert werden. Die Verbindung der Objekte untereinander erfolgt über den connect() Befehl, der Konnektoren verbindet, die den Massenstrom, den Druck sowie die spezifische Enthalpie enthalten. Mit Hilfe der Vererbung über den Befehl extends lassen sich objektorientierte Bibliotheken anlegen, die den Modellaustausch dadurch unterstützen, dass Basisklassen mit enthaltenden Schnittstellen geerbt werden. Nach diesem Muster lässt sich eine entsprechende Bibliothek anlegen aus der sich das gewünschte thermische Gesamtsystem erstellen lässt. Das Modell kann mit geeigneten Graphischen Benutzeroberflächen ausgestattet werden, die auch Anwendern, die nicht in der Methodenentwicklung involviert waren, eine einfache Bedienung der Simulationsmodelle erlauben.

Dymola ist der zurzeit leistungsstärkste Simulator, welcher die Sprache Modelica unterstützt [12]. Weitere Simulatoren werden auf Modelica erweitert, wie beispielsweise Mosilab [13], Amesim [14] und SimulationX [15]. Darüber hinaus existiert die freie OpenModelica Arbeitsumgebung, die eingeschränkt für ausgewählte Simulationsaufgaben eingesetzt werden kann [16].

Die Vorteile der Beschreibung des thermischen Gesamtsystems mit Modelica oder einer anderen Sprache zur objekt- und gleichungsorientierten Formulierung von hybriden ADLG-Systemen stellen sich wie folgt dar: Der offene standardisierte Code ermöglicht eine optimale Kommunikation und Standardisierung zwischen Abteilungen und Zulieferern. Durch die objektorientierte offene Technik wird die Arbeit in großen Teams unterstützt und die entwickelte Modellbibliothek zeichnet sich durch hohe Erweiterbarkeit und Wiederverwendbarkeit der Modelle aus. Allerdings ist hierzu eine entsprechende fundierte Ausbildung der Mitarbeiter erforderlich, da sonst Objektorientierung das Gegenteil bewirken kann. Durch die offene Sprache ist eine nachhaltige Umsetzung des eigenen Expertenwissens bei weniger Abhängigkeit von Softwarefirmen und Ingenieursdienstleistern möglich. Bei Anwendung der richtigen numerischen und objektorientierten Techniken besteht ein bedeutendes Potenzial zu kürzeren Zeiten in der Methodenentwicklung und in der Berechnung. Darüber hinaus ist das Ziel einer einheitlichen Arbeitsumgebung, die für die Gesamtsystemsimulation das Pre-Processing, die Durchführung der Simulation und Post-Processing ermöglicht, schneller erreichbar.

Um diese Vorteile mit den oben genannten Vorteilen zur Co-Simulation nutzen zu können und auch ohne eine vollständige Modelica-Modellbibliothek für ein Gesamtsystem arbeitsfähig zu sein, ist es sinnvoll, den Weg der Co-Simulation und der Sprachstandardisierung zu kombinieren.

4. Kombination von Co-Simulation und Sprachstandardisierung

Die Kombination von Co-Simulation und Sprachstandardisierung wird im Folgenden am Beispiel der Klimatisierung einer Fahrgastzelle demonstriert (Bild 6). Für den Fall des Kühlbedarfs, ist der entsprechende R134a-Klimakreislauf mit Hilfe der Modelica Bibliothek AirConditioning innerhalb des Simulators Dymola abgebildet worden (Bild 7). Für den Heizfall wird ein entsprechender Heizkreislauf in Flowmaster verwendet (Bild 8). Wie in den Koppelungsmatrizen (Bild 9 und Bild 10) deutlich wird, haben Klima- und Heizkreislauf identische Schnittstellenvariablen zur Fahrgastzelle, die mit einem vereinfachten nicht validierten 2-D Modell unter Fluent abgebildet werden (Bild 11). Die identischen Schnittstellen ermöglichen einen einfachen Modellaustausch. Die Temperaturregelung der Fahrgastzellen unter Fluent wird für Kühl- und Heizfall von einem in Simulink implementierten PID-Regler übernommen. Das entsprechende Temperatursignal der Fahrgaszelle wird Fluent über TISC an Simulink übertragen. Für den Betrieb des Klimakreislaufs dient der Abregelgrad des extern geregelten Verdichters als Stellgröße. Für den Fall des Heizbetriebes wird der Luftvolumenstrom im Heizungswärmeübertrager als Stellgröße verwendet. Zur Berechnung der Motorabwärme über ein sehr einfaches Modell wird ein zusätzlicher Simulink-Thread erzeugt und wiederum über TISC an Flowmaster gekoppelt.

Neben den in Bild 9 und Bild 10 dargestellten Koppelungsgrößen werden weitere Größen zu Visualisierung und Datenmonitoring übertragen. So werden die Druck und Enthalpie Zustände an den typischen Schnittstellen des Klimakreislaufes über TISC an den ph-Monitor übermittelt, welcher eine Darstellung der Daten im Druck-Enthalpie Diagramm übernimmt. Damit ist für den Benutzer auf einem Blick der Betrieb des Klimakreislaufes zu erfassen. Mit Hilfe des TISC-Clients TIM werden wichtige Simulationsdaten in einer Tabelle visualisiert und abgespeichert.

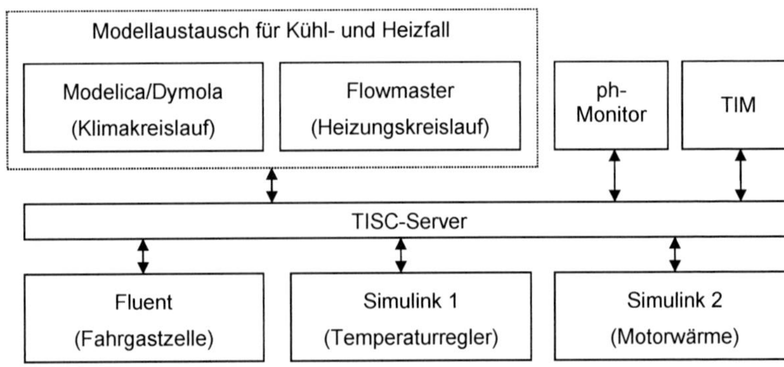

Bild 6: Kombination von Co-Simulation und Modelica-Sprachstandardisierung am Beispiel der Klimatisierung einer Fahrgastzelle

Die verwendeten Programme können auf unterschiedlichen Computern mit unterschiedlichen Betriebssystemen installiert sein. Zur Datenübertragung muss die Möglichkeit einer beliebigen Netzwerk Verbindung gegeben sein. Die Rechenzeit wird von dem langsamsten Simulationsprogramm bestimmt. Für den Kühl-Fall ist dieses die Bibliothek AirConditioning. Für den Heizfall ist das Raummodell unter Fluent der begrenzende Faktor.

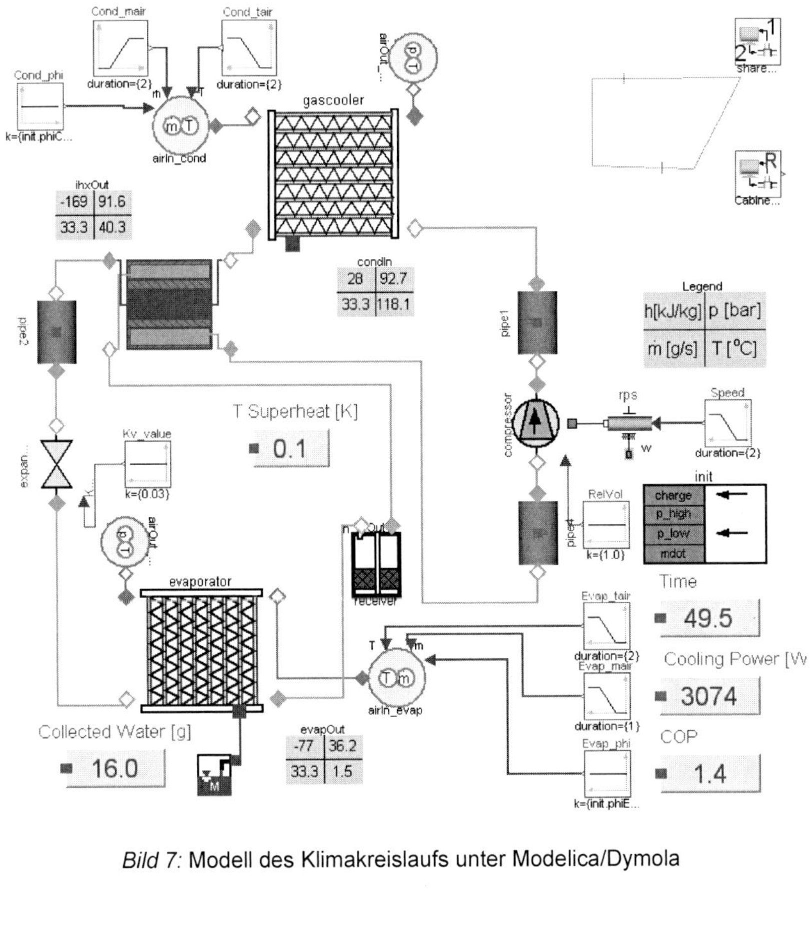

Bild 7: Modell des Klimakreislaufs unter Modelica/Dymola

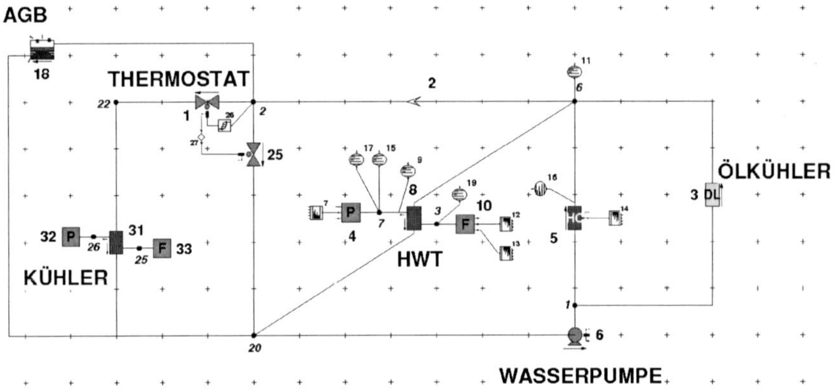

Bild 8: Modell des Heizkreislaufs unter Flowmaster

		Empfänger		
		Dymola	**Simulink**	**Fluent**
Sender	**Dymola**	-	Solltemperatur Fahrgastzelle	Ausblasbedingungen Verdampfer (T, mdot)
	Simulink	Verdichter-abregelgrad	-	
	Fluent	Ansaugbedingungen Umluft	Temperatursignal Sensor	-

Bild 9: Koppelungsmatrix für den Klimatisierungsfall

		Empfänger			
		Flowmaster	**Simulink 1**	**Simulink 2**	**Fluent**
Sender	**Flowmaster**	-			Ausblasbed. Heizungs-WÜ
	Simulink 1		-		Wärmestrom des Motors
	Simulink 2	Volumenstrom Heizungs-WÜ		-	
	Fluent	Ansaugbedin-gungen Umluft		Temperatur-signal Sensor	-

Bild 10: Koppelungsmatrix für den Heizfall

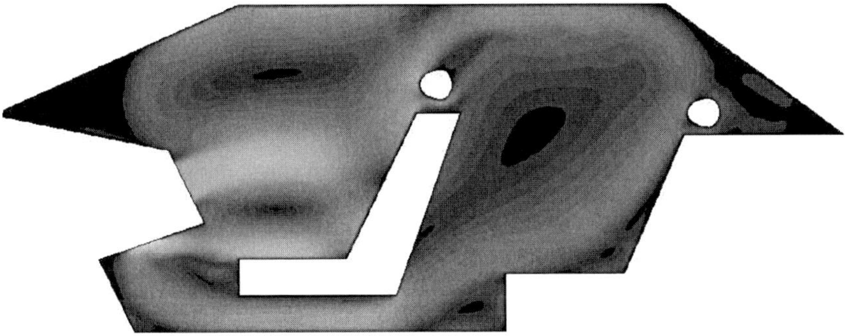

Bild 11: Geschwindigkeitsprofil der vereinfachten Fahrgastzelle als Ergebnis des 2D-Fluent-Modells

5. Ausblick

Wenn Simulationsumgebungen, die den Weg der Sprachstandardisierung unterstützten, über den Middleware mit bestehender Software koppelbar sind, können die Vorteile beider Wege genutzt werden. Bewährte Software und entsprechendes Wissen lassen sich weiterverwenden und auf flexible Weise mit neuem standardisierten offenen Code kombinieren, der nicht zufrieden stellende Software ablöst oder neue Funktionalität abbildet. Während die Standardisierung der Sprache in Form von Modelica oder VHDL bereits weit vorangeschritten ist, besteht im Bereich der Co-Simulation noch Nachholbedarf. Um firmen- und werkzeugübergreifend Co-Simulationsschnittstellen definieren zu können, die die numerische, physikalische und softwaretechnische Kompatibilität gewährleisten, könnte beispielsweise der aus der Verfahrenstechnik bekannte CapeOpen Standard Anregungen liefern [17]. In diesem Standard wird selbst die Koppelung von partiellen hybriden ADGL-Systemen beschrieben. Allerdings findet dieses mathematische sehr anspruchsvolle Verfahren bisher noch keine praktische Umsetzung.

Literatur und Verweise

[1] Puntigam G., Balic J., Almbauer R., Hager J.; Transient Co-Simulation of Cmprehensive Vehicle Models by Time Dependent Coupling, SAE 2006-01-1604

[2] Duhme M., Flögel H.-H., Braun M., Säger U.; Parameterstudie im thermischen Übertragungspfad Motor – Kabine; in: Wärmemanagement im Kraftfahrzeug III; Hrsg. Deussen N. ; S.1 - S.11; Essen; expert Verlag 2002

[3] Pollack J.; CFD Simulation des Motorraums als Beitrag zur Verbesserung des Wärmemangements; in: Wärmemanagement im Kraftfahrzeug III; Hrsg. Deussen N. ; S.1 - S.11; Essen; expert Verlag 2002

[4] Betz, J., Anzenberger T., Kobs T.; Entwicklungstendenzen der Wärmemanagementsimulation im Bereich Kühlung und Klimatisierung bei Audi; in: Wärmemanagement im Kraftfahrzeug IV; Hrsg. Steinberg P. ; S.126 - S.140; Essen; expert Verlag 2004

[5] Extessy AG; Exite Handbuch; Version 1.4.3.; Wolfsburg, 2005, www.extessy.com

[6] www.mpcci.de

[7] Hessel E. ; Standardisierte Modellbibliotheken für die Automobilindustrie – Aktueller Stand der Arbeiten des AK30 in der FAT; Vortragsband der Virtual Vehicle Creation, Stuttgart 2006 und http://fat-ak30.eas.iis.fraunhofer.de

[8] www.modelica.org

[9] Fritzon P.; Object-oriented Modelling and Simulation with Modelica 2.1; Wiley 2004

[10] Tummescheit H., Eborn J.; Prölß K.; Försterling S.; Tegethoff W.; AirConditioning: Eine Modelica Bibliothek zur dynamischen Simulation von Kältekreisläufen; in: PKW-Klimatisierung IV; Hrsg. Schlenz D.; S.196 - S.214; Starnberg; expert Verlag 2005

[11] Schneider F.; Bunzel A., Hofhaus J., Braun M., Limperich D., Cäsar R., Arntz K.-D., Schröter A., Specht B., Mönkediek T.; Entwicklung und Einführung eines einheitlichen Kältekreislaufsimulationsprogramms; in: PKW-Klimatisierung IV; Hrsg. Schlenz D.; S.185 - S.194; Starnberg; expert Verlag 2005

[12] www.dynasim.se

[13] www.mosilab.de

[14] www.amesim.com

[15] www.iti.de

[16] www.ida.liu.se/labs/pelab/modelica/OpenModelica.html

[17] www.colan.org

16 Riemenscheibe mit integriertem Getriebe zur Drehzahlregelung des Klimakompressors

Rico Baumgart, Peter Tenberge, Michael Webner, Jens Gebhardt

Abstract

Increasing requirements to reduce fuel consumption are forcing the automotive industry to search for new concepts and control strategies. Downsizing and speed management of the ancillary aggregates of combustion engines show a very high potential for fuel savings. Usually these aggregates are driven with a constant transmission ratio by the crank shaft. But if they can be driven with a variable transmission ratio, less input power will be needed. With a so called Pulley-Integrated-Gearbox such a desired drive of the ancillary aggregates can be achieved. This gearbox has two gear ratios and can easily be integrated into the pulley of the aggregate. The desired transmission ratio can always be controlled according to engine speed and power demand.
Such gearboxes have been developed and successfully tested by VTAT GmbH in cooperation with Chemnitz University of Technology. Moreover, the potential for fuel savings and increased comfort when using a Pulley-Integrated-Gearbox for the climatic compressor have also been established by simulations.

1. Einleitung

Die Nebenaggregate von Kfz-Verbrennungsmotoren werden heute meist über einen Poly-V-Riemen mit konstanter Übersetzung von der Kurbelwelle angetrieben. Die Aggregate und die Riemenübersetzungen sind so ausgelegt, dass auch bei geringer Motordrehzahl der Leistungsbedarf der Verbraucher gedeckt wird. Die erforderliche Antriebsleistung steigt jedoch in den meisten Fällen mit der Motordrehzahl weiter an.
Die zunehmende Forderung zur Reduzierung des Kraftstoffverbrauches zwingt die Automobilhersteller zur Erschließung neuer Optimierungskonzepte. Der Nebentrieb von Verbrennungsmotoren zeigt dafür sehr hohes Potential. Hierfür gibt es derzeit verschiedene Ansätze mit dem Ziel, den Antrieb der Nebenaggregate unabhängig von der Motordrehzahl zu gestalten. Damit ist es möglich, die Aggregate bedarfsgerecht zu betreiben und die Antriebsleistung zu reduzieren. Als stellvertretendes Konzept soll hier der oft favorisierte elektromotorische Antrieb der Nebenaggregate genannt werden. Bei derartigen Lösungen müssen aber stets die Kosten, der Bauraumbedarf und die Gesamtenergiebilanz kritisch betrachtet werden.
Eine weitere interessante Möglichkeit für den bedarfsgerechten Antrieb der Nebenaggregate wird durch den Einsatz des so genannten Riemenscheibengetriebes dargestellt. Dieses Getriebe ist fast vollständig in die Riemenscheibe des Aggregates integriert und verfügt über zwei Gänge. Der Antrieb erfolgt dabei über einen Poly-V-Riemen von der Kurbelwelle zur Riemenscheibe mit dem integrierten Getriebe. Somit

kann in Abhängigkeit der Motordrehzahl und des Nutzleistungsbedarfes eine günstige Übersetzungsstufe gewählt werden.
Solche Getriebe werden derzeit von der VTAT GmbH in enger Zusammenarbeit mit der TU Chemnitz entwickelt und getestet (Bild 1). An einer Lenkhilfepumpe konnten hier schon im NEFZ Kraftstoffeinsparungen von 75 % gegenüber der serienmäßigen Ausführung nachgewiesen werden. Ebenso kann dieses Riemenscheibengetriebe auch an Kompressoren von Klimaanlagen eingesetzt werden (Bild 2).

Bild 1: Prüfstandsversuch

Bild 2: Anwendung am Klimakompressor

2. Aufbau und Funktionsweise

Das Riemenscheibengetriebe ist in Planetenbauweise als Plusgetriebe ausgeführt (Bild 3, 4). Diese Getriebebauart ist aufgrund der hohen Drehmomentkapazität und der koaxial liegenden An- und Abtriebswellen für die Anwendung an den Nebenaggregaten besonders gut geeignet. Der Antrieb erfolgt über das Hohlrad, welches in die Riemenscheibe integriert ist. Zwischen dem Steg und dem Gehäuse des Aggregates befindet sich eine schaltbare Magnetbremse. Auf dem Steg sind die drei Planetenradsätze mit jeweils zwei miteinander in Eingriff stehenden Planeten gelagert. Der Abtrieb zum Nebenaggregat erfolgt über das Sonnenrad. Zwischen dem Sonnenrad und dem Steg befindet sich eine Freilaufkupplung mit integriertem Lager.

Bei geschlossener Bremse – also stillstehendem Steg – erzeugt das Getriebe eine Übersetzung vom Hohlrad zum Sonnenrad ins Schnelle, wobei der Freilauf geöffnet ist. Die Getriebeübersetzung errechnet sich dabei aus dem negativen Verhältnis der Zähnezahlen des Hohlrades ($z_{Hohl} < 0$) und des Sonnenrades ($z_{Sonne} > 0$). Die Gesamtübersetzung zwischen dem Verbrennungsmotor und dem Aggregat ergibt sich aus der Multiplikation dieser Getriebeübersetzung mit der Riementriebübersetzung.

Bei geöffneter Magnetbremse verzögert das Schleppmoment des Nebenaggregates das Sonnenrad, bis alle Wellen des Planetengetriebes die gleiche Drehzahl haben. Sobald dies erreicht ist, wirkt die Freilaufkupplung in Sperrrichtung und verhindert somit eine weitere Relativbewegung zwischen dem Steg und dem Sonnenrad. In diesem Fall läuft das Getriebe als Block um. Die Getriebeübersetzung ist hier $i_{Getriebe} = 1$ und das Nebenaggregat wird nur mit der Riemenübersetzung angetrieben.

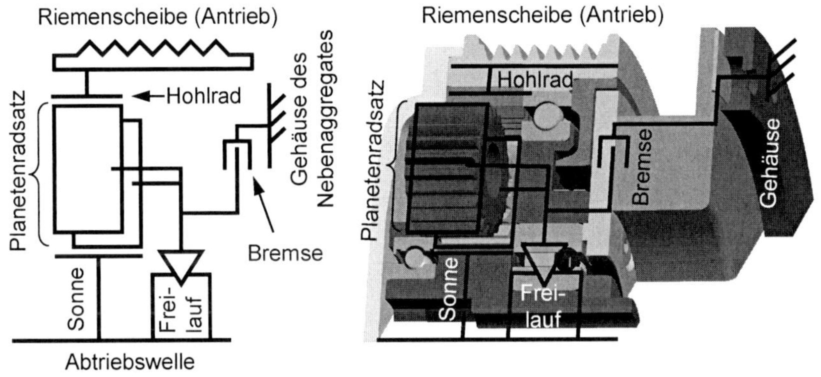

Bild 3: Getriebestruktur

Unter den angenommenen Randbedingungen, dass die maximale Zähnezahl am Hohlrad -100 beträgt und eine minimale Zähnezahl an den Planeten und der Sonne von 17 nicht unterschritten werden soll, liegen die relevanten Übersetzungen ins Schnelle bei der hier vorgestellten Bauart zwischen 0.17 und 0.55 (Bild 4).

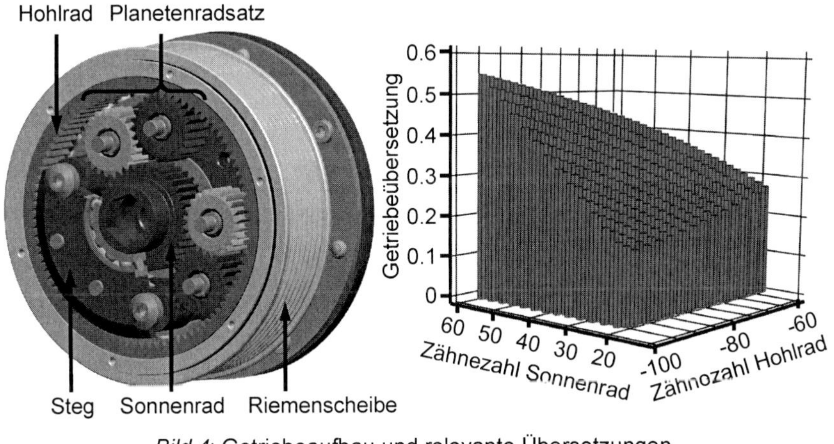

Bild 4: Getriebeaufbau und relevante Übersetzungen

Durch den Einsatz des Riemenscheibengetriebes kann man nun die Baugröße des Nebenaggregates verringern, denn dieses kann bei Bedarf durch Aktivierung der Magnetbremse mit einer höheren Drehzahl angetrieben werden. In den übrigen Betriebspunkten mit geringem Nutzleistungsbedarf ist die Bremse geöffnet und das Nebenaggregat wird mit niedriger Drehzahl und geringer Antriebsleistung betrieben. Durch diese bedarfsgerechte Drehzahlregelung wird der Kraftstoffverbrauch der Nebenaggregate entscheidend reduziert. Das Downsizing der Nebenaggregate führt darüber hinaus zur Massenreduzierung und zur Verringerung der Trägheitsmomente. Dies spiegelt sich in einer weiteren Kraftstoffverbrauchssenkung und einer Erhöhung der Fahrleistungen wieder. Da dieses Getriebe nahezu vollständig in die Riemenscheibe des Nebenaggregates integriert ist, steigt der Bauraumbedarf im Vergleich zur Serienriemenscheibe nur unwesentlich an. Durch die einfache, kostengünstige und funktionssichere Ausführung stellt diese Lösung eine interessante Alternative zu den bekannten Konzepten für das Nebenaggregatemanagement dar.

Auch bei unveränderter Größe des Nebenaggregates lassen sich mittels eines Riemenscheibengetriebes Kraftstoffverbrauch und Fahrkomfort verbessern. Für ein sinnvolles Drehzahlmanagement muss dann aber die Riemenübersetzung entsprechend ins Langsame verändert werden. Bei Bedarf wird das Riemenscheibengetriebe zugeschaltet und das Nebenaggregat mit serienmäßiger Drehzahl betrieben. Wenn der Nutzleistungsbedarf gering ist, wird das Getriebe deaktiviert und das Aggregat nur mit der Riemenübersetzung angetrieben. Die Veränderung der Riemenübersetzung ist allerdings in Anbetracht der Bauraumverhältnisse nur in engen Grenzen möglich. Daher ist der bereits erwähnte Einsatz eines kleineren Aggregates wirkungsvoller.

Beispielhaft soll nun das Verbesserungspotenzial durch den Einsatz eines Riemenscheibengetriebes im Antrieb eines Klimakompressors dargestellt werden. Bei diesem gemeinsam von der VTAT GmbH und der TU Chemnitz bearbeiteten Projekt sollte die Kompressorgröße vorerst unverändert bleiben und nur die Riemenübersetzung angepasst werden.

3. Modell der untersuchten Klimaanlage

Für die Untersuchungen wurde auf das im Folgenden beschriebene einfache Klimaanlagenmodell zurückgegriffen.
Der Kompressor der Klimaanlage verdichtet das gasförmige Kältemittel auf einen höheren Druck und eine höhere Temperatur. Das unter Hochdruck stehende Kältemittel strömt in den Kondensator, wo es vom gasförmigen Zustand vollständig in den flüssigen Zustand übergeht. Anschließend wird das verflüssigte Kältemittel auf einen niedrigeren Druck entspannt. Danach gelangt das Kältemittel in den Verdampfer, wo es vollständig in den gasförmigen Zustand übergeht. Die für die Verdampfung benötigte Wärmeenergie wird der Luft, welche durch den Verdampfer strömt, entzogen. Durch diesen Wärmeentzug wird die Luft auf eine niedrigere Temperatur abgekühlt. Da der Klimakompressor, wie auch die übrigen Nebenaggregate, serienmäßig mit konstanter Übersetzung von der Kurbelwelle angetrieben wird, ist die Kühlleistung von der Motordrehzahl abhängig. Eine direkte Einleitung der abgekühlten Luft in den Fahrzeuginnenraum würde in den meisten Fällen zu einer starken Schwankung der Innenraumtemperatur und zu einer Unterschreitung der Wohlfühltemperatur führen. Ebenso könnte die aus den Lüftungsschlitzen austretende kalte Luft von den Fahrgästen als unangenehm empfunden werden. Um in der Fahrzeugkabine eine konstante behagliche Temperatur zu gewährleisten, steht ein Regelmechanismus zur Verfügung. Damit kann ein Teil der zuvor abgekühlten Luft über Umlenkklappen durch den im Kühlkreislauf des Verbrennungsmotors befindlichen Wärmetauscher geleitet und somit wieder erwärmt werden. Anschließend werden die erwärmte und die kalte Luft vermischt. Die Mischluft wird dann in die Fahrzeugkabine geleitet. Dieses Prinzip wird als Reheat-Verfahren bezeichnet. Durch die Stellung der Umlenkklappen soll die Innenraumtemperatur auf einen gewünschten Wert geregelt

werden. Im Serienzustand ist in die Riemenscheibe des Klimakompressors eine Magnetkupplung integriert, womit der Kompressor bedarfsabhängig zeitweise zu- und abgeschaltet werden kann. Durch den getriggerten Betrieb des Kompressors ist es möglich, Kraftstoffeinsparungen zu erzielen. Aufgrund der sehr hohen Antriebsleistung des Kompressors ist der Ein- und Ausschaltvorgang durch die Magnetkupplung für den Fahrer deutlich spürbar. Diese Komforteinbuße verstärkt sich mit kleiner werdender Motorisierung und kann zu gefährlichen Fahrsituationen führen [1]. Dieser Effekt soll mit dem Riemenscheibengetriebe vermindert werden.

4. Simulationsprogramm

Um die Wirkung des Riemenscheibengetriebes am Klimakompressor zu analysieren, wurde ein Simulationsprogramm mit folgenden Modellen erstellt:

1. Modell für das Temperaturverhalten in der Fahrzeugkabine
   → abhängig von den Umgebungsbedingungen, dem Betriebspunkt des Fahrzeugs und den Einstellungen am Bedienfeld der Klimaanlage → Kühlbedarf
2. Modell für die Klimaanlage
   → Deckung des Kühlbedarfs → Leistungsbedarf an diesem Nebenaggregat
3. Fahrsimulationsmodell zur Bestimmung des Fahrzeugbetriebspunktes und zur Berechnung der Kraftstoffverbräuche bei verschiedenen Regelstrategien

4.1 Fahrzeugkabine

Das zeitliche Verhalten der Innenraumtemperatur in der Fahrzeugkabine lässt sich mit einem einfachen Berechnungsmodell ausreichend genau beschreiben (Bild 5).
Die Begrenzung des Fahrgastraumes, welche in der Realität von der Karosserie gebildet wird, setzt sich aus einer Fläche Glas und einer Fläche Blech mit Innenverkleidung zusammen. Die Wärmeübergangskoeffizienten und die Wärmeleitfähigkeiten bestimmen die thermodynamischen Eigenschaften dieser Kabinenbegrenzung. Der äußere Wärmeübergangskoeffizient wird dabei von der Fahrzeuggeschwindigkeit beeinflusst [3]. Es wurde die Annahme getroffen, dass ein bestimmter Anteil dieser Glas- und Blechfläche einer ständigen Sonnenbestrahlung von 1000 W/m^2 ausgesetzt ist. In der Fahrzeugkabine befindet sich das Interieur, das aus den Elementen wie z.B. dem Armaturenbrett und den Sitzen besteht. Dieses Interieur wurde vereinfachend als eine Masse mit einer bestimmten Oberfläche, einer spezifischen Wärmekapazität und einem Wärmeübergangskoeffizienten dargestellt. Weiterhin befindet sich im Fahrgastraum ein Fahrer mit einer Heizleistung von 150 W. Dieser Fahrer hat in diesem Modell keinen Einfluss auf den Wassergehalt der Luft. In den Fahrgastraum strömt eine Luftmasse hinein, deren Zustand mit dem Modell für den Klimakreislauf (4.2) bestimmt wird. Aus dem Innenraum strömt eine Luftmasse heraus, wobei vorausgesetzt wurde, dass die Massenströme der ein- und ausströmenden Luft gleich sind. Die einströmende Luftmasse vermischt sich mit der Kabinenluft und führt zu einem neuen Luftzustand im Innenraum. Dabei wurde angenommen, dass die Vermischung ohne Zeitverzug stattfindet. Aus der Energiebilanzgleichung der Wärmeströme kann der zeitliche Verlauf der Kabinentemperatur ermittelt werden.

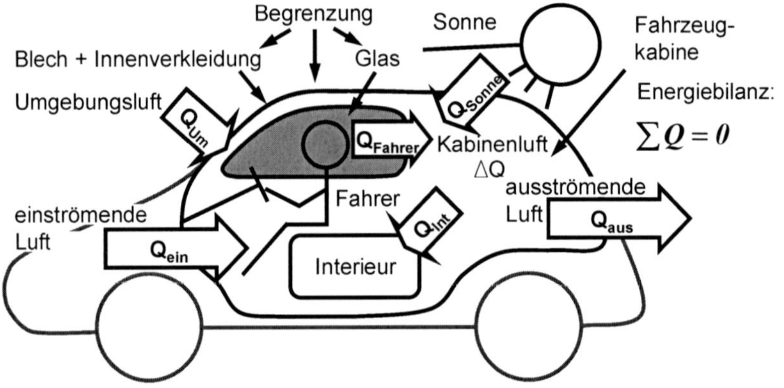

Bild 5: Modell für die Fahrzeugkabine

In der Praxis kann der Fahrer über das Bedienfeld der Klimaanlage die gewünschte Innenraumtemperatur und den eintretenden Luftmassenstrom einstellen. In der Simulation wurden diese Einstellungen in Abhängigkeit der Außentemperatur nach [4] bestimmt (Bild 6).

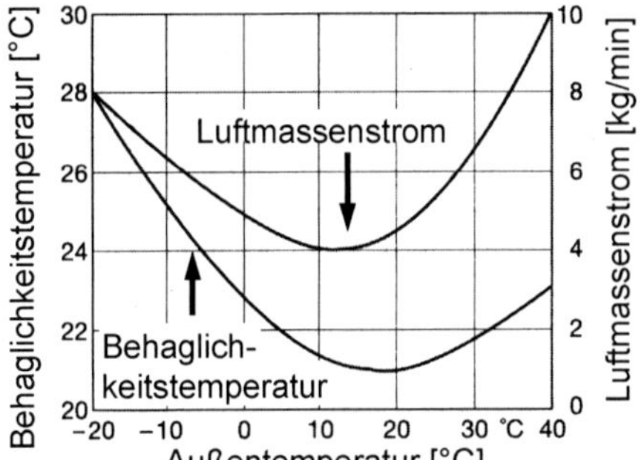

Bild 6: Behaglichkeitstemperatur und Luftmassenstrom [4]

4.2 Klimakreislauf

Im Modell für den Klimakreislauf wurden Messwerte für die beschriebene Klimaanlage hinterlegt und verschiedene realitätsnahe Regelmechanismen integriert. So kann beispielsweise der Luftmassenstrom am Kondensator stufenweise erhöht werden, was z.B. bei niedrigen Fahrgeschwindigkeiten notwendig ist. In der Praxis wird dies durch einen Lüfter realisiert. Wenn der Hochdruck einen kritischen Wert überschreitet, so wird der Kompressor durch die Magnetkupplung abgeschaltet.
Mit diesem Modell kann in Abhängigkeit der Kompressordrehzahl und der Umgebungsbedingungen die Kühlleistung bestimmt werden. Der Zustand der Luft am Verdampferaustritt wurde näherungsweise nach [2] ermittelt (Bild 7). Dabei wird angenommen, dass der Austrittszustand der Luft im h-x Diagramm für feuchte Luft

auf einer Geraden zwischen der auf der Sättigungslinie liegenden Oberflächentemperatur des Verdampfers und dem Eintrittszustand der Luft liegt. Mit der Kühlleistung lässt sich somit der Zustand der Luft am Verdampferaustritt bestimmen. Ein Teil dieser Luft kann bei Bedarf mit dem Reheat-System wieder erwärmt werden. Der Zustand der in die Fahrzeugkabine einströmenden Luft ergibt sich aus der Mischung von abgekühlter mit erwärmter Luftmasse. Im Modell wurde ein Algorithmus zur Regelung der Innenraumtemperatur hinterlegt. Dabei wird ein Vergleich zwischen dem Ist- und dem Sollwert der Temperatur in der Fahrgastzelle durchgeführt und dann die Reheat-Umlenkklappe verstellt bzw. die Magnetkupplung oder das Riemenscheibengetriebe am Kompressor an- oder abgeschaltet. Die Regelung der Umlenkklappe erfolgt dabei aber deutlich schneller als die der Magnetkupplung und des Riemenscheibengetriebes.

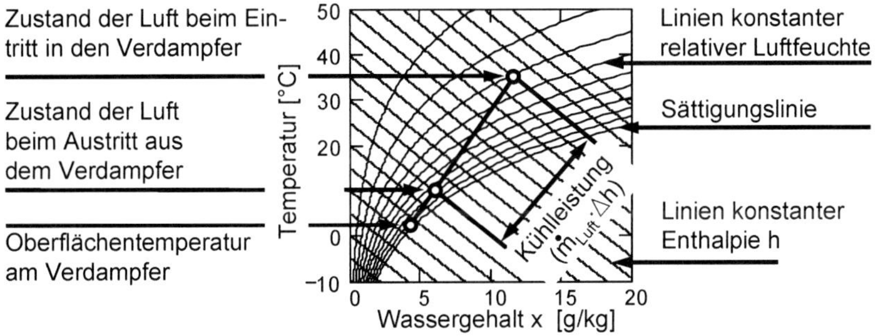

Bild 7: Bestimmung des Luftzustandes am Verdampferaustritt

4.3 Fahrsimulation

Der Kraftstoffmehrverbrauch durch die Klimaanlage wird im Wesentlichen durch die Umgebungsbedingungen, den Betriebspunkt des Fahrzeuges und den Schaltzustand des Riemenscheibengetriebes bzw. der Magnetkupplung bestimmt. Die Ermittlung des Kraftstoffverbrauches für das Modellfahrzeug wurde mit Hilfe einer Fahrsimulation durchgeführt. Der Kraftstoffverbrauch eines Fahrzeugs wird durch das so genannte Muscheldiagramm des Verbrennungsmotors beschrieben (Bild 8). Darin ist der spezifische Kraftstoffverbrauch in Abhängigkeit des effektiven Mitteldruckes und der Motordrehzahl aufgetragen. Der effektive Mitteldruck korreliert mit dem Motordrehmoment. Aus der Fahrwiderstandsleistung und dem Wirkungsgrad des Antriebsstranges ergibt sich die Motorleistung. Die Fahrwiderstandsleistung setzt sich aus folgenden Anteilen zusammen:

- Luftwiderstandsleistung
- Beschleunigungsleistung
- Rollwiderstandsleistung
- Steigungswiderstandsleistung

Die Luftwiderstandsleistung ermittelt sich aus dem Luftwiderstandsbeiwert, der Fahrzeugstirnfläche, der Luftdichte und der Geschwindigkeit des Fahrzeuges. Aus der Motorbeschleunigung und -drehzahl sowie dem auf die Getriebeeingangswelle reduzierten Massenträgheitsmoment wird die Beschleunigungsleistung bestimmt. Das reduzierte Massenträgheitsmoment setzt sich aus der translatorischen trägen Masse des Fahrzeuges und der Massenträgheit der rotierenden Teile zusammen und ist von der Gangwahl abhängig. Aus der Gewichtskraft des Fahrzeugs, der Fahrzeuggeschwindigkeit und einem geschwindigkeitsabhängigen Rollwiderstandsbeiwert errechnet sich die Rollwiderstandsleistung. Der Steigungswiderstand wurde hier vernachlässigt. Zu diesen Fahrwiderstandsleistungen addiert sich die Antriebsleistung des Klimakompressors. Die Fahrwiderstände werden im Modell berechnet. Während der Kupplungsbetätigung, z.B. beim Schalten, sind der Luftwiderstand, der Rollwiderstand und ein Großteil des Beschleunigungswiderstandes vom Motor entkoppelt. Bei negativen Fahrwiderständen wird im Programm geprüft, ob die Bedingungen für eine Schubabschaltung gegeben sind. Wenn dies der Fall ist, wird in diesen Betriebspunkten kein Kraftstoff verbraucht. Im Bild 8 sind die Fahrwiderstandsleistungen für einen kundenspezifischen Fahrzyklus eingetragen.

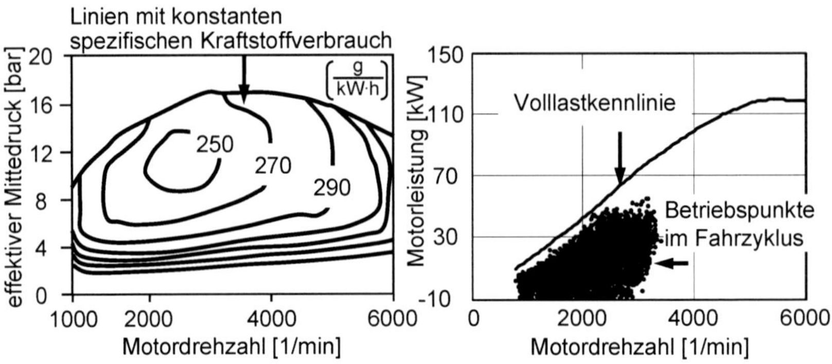

Bild 8: Muscheldiagramm und Fahrwiderstände im Zyklus

4.4 Fahrzyklus und Umgebungsbedingungen

Der in der Simulation zugrunde gelegte Fahrzyklus setzt sich aus den Anteilen Stadtfahrt, Überlandfahrt und Autobahnfahrt zusammen. Dieser Zyklus repräsentiert ein durchschnittliches Fahrerverhalten.

Die Berechnungen wurden für zwei Außenluftzustände durchgeführt (Bild 9). Zum Vergleich wurde die Häufigkeitsverteilung für Frankfurt a.M. nach [3] gegenüber gestellt. Daraus ist ersichtlich, dass die hohe Lufttemperatur von 34 °C sehr selten auftritt. Im Gegensatz dazu ist die Außentemperatur von 26 °C häufig vertreten. Die aus den Außenluftzuständen resultierenden Behaglichkeitstemperaturen und Luftmassenströme in der Fahrgastzelle wurden nach Bild 6 ermittelt und sind ebenfalls im Bild 9 aufgeführt. Für die Simulation wurde angenommen, dass das Fahrzeug vor dem Start des Zyklus eine Stunde in der Sonne parkte und sich somit die Fahrzeugkabine entsprechend aufgeheizt hat. Der Innenraum hatte zu Beginn der Aufwärmphase eine Temperatur von 23 °C.

Außenluftzustände/Behaglichkeitszustände			
1.	26 °C 70% rL.	⇨	T_{Behag} = 21,3 °C $\dot{m}_{Luft}$ = 5,5 kg/min
2.	34 °C 35% rL.	⇨	T_{Behag} = 22,3 °C $\dot{m}_{Luft}$ = 7,8 kg/min

Häufigkeitsverteilung für Frankfurt a.M. [3]		
Temperatur:	20°C-29°C	30°C-39°C
Häufigkeit:	16,4%	0,8%

Bild 9: Außenluft- und Behaglichkeitszustände

5. Ergebnisse

Für eine bessere Interpretierbarkeit und Vergleichbarkeit der Ergebnisse wurde die Simulation für folgende Varianten des Klimakompressors durchgeführt:

1. Klimakompressor ohne Magnetkupplung und ohne Riemenscheibengetriebe
   → Regelung der Innenraumtemperatur ausschließlich mit dem Reheat-System
2. Klimakompressor mit Magnetkupplung und ohne Riemenscheibengetriebe
   → Regelung der Innenraumtemperatur mit dem Reheat-System und durch Zu- und Abschalten des Kompressors
3. Klimakompressor mit Riemenscheibengetriebe
   → Regelung der Innenraumtemperatur mit dem Reheat-System und durch Übersetzungsverstellung des Riemenscheibengetriebes

Bei den Berechnungen wurde der Wirkungsgrad des Riemenscheibengetriebes beachtet. Dieser beträgt im deaktivierten Zustand, wenn also $i_{Getriebe}$ = 1 ist, 98 % und im aktiven Zustand 95 %. Die Getriebeübersetzung ist hier 0,55. Um im geschalteten Zustand die gleiche Kompressordrehzahl wie die erste und zweite Variante zu erreichen, wurde die Riemenübersetzung entsprechend angepasst. Bei deaktiviertem Riemenscheibengetriebe wird der Klimakompressor nur mit der Riemenübersetzung angetrieben. Der elektrische Leistungsbedarf für die Magnetkupplung von 28 W und für das Riemenscheibengetriebe von 21 W wurde mit einem Generatormodell berücksichtigt.

Im Bild 10 sind die Ergebnisse für einen Klimakompressor ohne Magnetkupplung und ohne Riemenscheibengetriebe dargestellt. Die Außentemperatur beträgt hier 26 °C. Die Kabinenluft hat sich nach einer Stunde parken in der Sonne von 23 °C auf 50 °C erwärmt. Nach dem Starten des Zyklus vergehen ca. 15 min, bis sich die Innenraumluft auf die Behaglichkeitstemperatur von 21,3 °C abgekühlt hat. Ab diesem Zeitpunkt versucht die Regelung mit dem Reheat-System, die Temperatur in der Fahrgastzelle innerhalb eines Toleranzfeldes von 1,6 °C konstant zu halten. Der Anteil des Luftmassenstromes, der dabei durch das Reheat-System strömt, ist rechts im Bild 10 dargestellt. Bei dieser Variante beträgt der Kraftstoffverbrauch des Fahrzeuges 8,82 l/100 km, wobei davon 1,45 l/100 km auf die Klimaanlage entfallen.

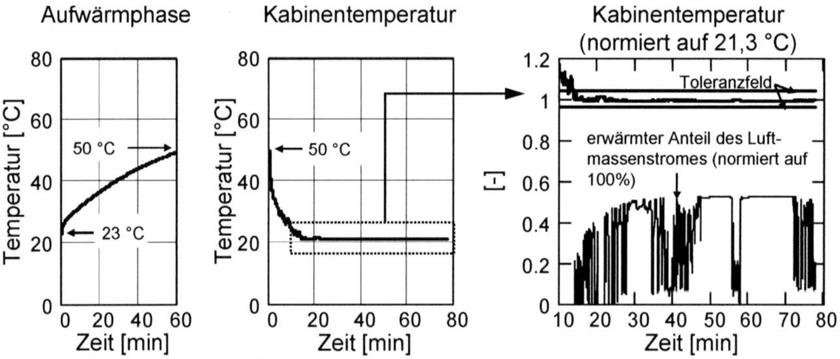

Kraftstoffverbrauch: **8,82 l/100 km**

Bild 10: Ergebnisse für Variante 1 bei einer Außentemperatur von 26 °C

Durch das zeitweise Zu- und Abschalten des Kompressors mit der Magnetkupplung können zwar 0,36 l/100 km Kraftstoff im Vergleich zur ersten Variante eingespart werden, aber die Temperatur in der Kabine schwankt dabei sehr stark (Bild 11). Die berechneten Temperaturschwankungen stimmen gut mit den aus der Literatur [5] bekannten Werten überein. Im rechten Diagramm sind die Betriebspunkte dargestellt, in denen die Kupplung geöffnet bzw. der Kompressor abgeschaltet ist. In diesem Fahrzyklus werden von der Kupplung 118 Schaltvorgänge getätigt. Diese Schaltvorgänge sind, wie schon erwähnt, für den Fahrer deutlich spürbar. Der ungleichmäßige Verlauf der Kabinentemperatur und die hohe Schaltzahl werden den Fahrkomfort erheblich beeinträchtigen. Dabei muss aber beachtet werden, dass im Berechnungsprogramm die Regelung der Magnetkupplung zugunsten einer hohen Kraftstoffeinsparung und weniger für eine geringe Schaltzahl ausgelegt wurde.

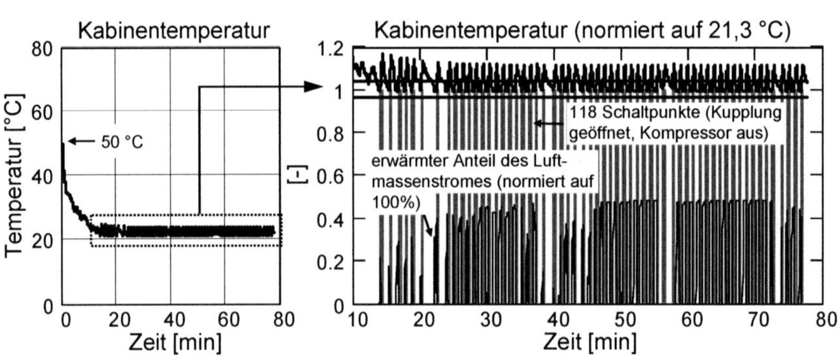

Kraftstoffverbrauch: **8,46 l/100 km** Einsparung: **0,36 l/100 km**

Bild 11: Ergebnisse für Variante 2 bei einer Außentemperatur von 26 °C

Aus Bild 12 sind die Resultate für den Klimakompressor mit Riemenscheibengetriebe ersichtlich. In den meisten Betriebspunkten läuft das Getriebe als Block, also mit der Übersetzung $i_{Getriebe}$ = 1, um. Da der Kompressor in diesen Punkten bei niedriger Drehzahl und geringer Antriebsleistung betrieben wird, ergibt sich eine Kraft-

stoffersparnis zur ersten Variante von 0,46 l/100 km und zur zweiten Variante von 0,1 l/100 km. Bei dieser Lösung werden nur noch 35 Schaltungen getätigt, wobei dieselbe Regelstrategie wie bei der Magnetkupplung angewendet wurde. Der Temperaturverlauf in der Fahrgastzelle ist dabei aber deutlich gleichmäßiger.
Mit dem Riemenscheibengetriebe ist der Kompressor im Gegensatz zur Magnetkupplungsversion nie ganz abgeschaltet, sondern wird lediglich mit einer langsameren Drehzahl angetrieben. Daraus resultiert ein geringerer Leistungssprung beim Zuschalten des Kompressors. Dieser Schaltvorgang wird dadurch im Vergleich zur Variante mit Magnetkupplung weniger spürbar sein. Dies spiegelt sich wiederum in einem Anstieg des Fahrkomforts wieder.

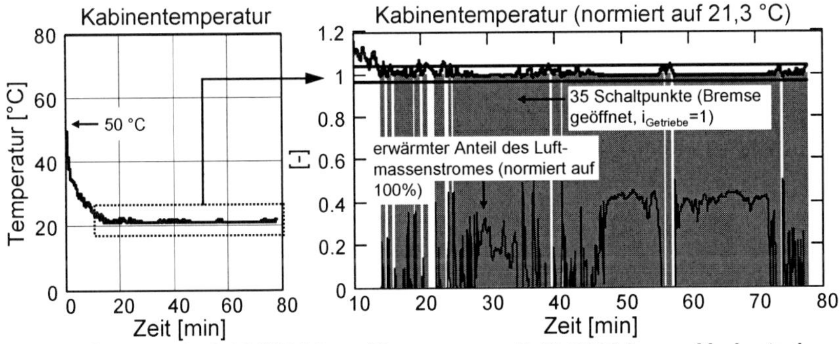

Kraftstoffverbrauch: **8,36 l/100 km** Einsparung: **0.46 l/100 km zu Variante 1**
0,1 l/100 km zu Variante 2

Bild 12: Ergebnisse für Variante 3 bei einer Außentemperatur von 26 °C

Bei einer Außentemperatur von 34 °C ist der Zeitanteil, in dem die volle Kompressorleistung benötigt wird, größer als bei 26 °C (Bild 13 - 15). Somit sind auch die Kraftstoffeinsparungen geringer. Dennoch kann mit dem Riemenscheibengetriebe im Vergleich zur Magnetkupplungsversion neben einer geringen Kraftstoffeinsparung auch eine gleichmäßigere Kabinentemperatur in weiten Bereichen des Zyklus erzielt werden.

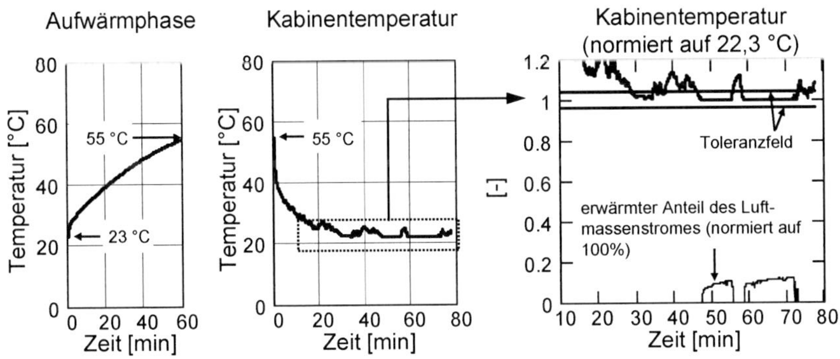

Kraftstoffverbrauch: **8,84 l/100 km**

Bild 13: Ergebnisse für Variante 1 bei einer Außentemperatur von 34 °C

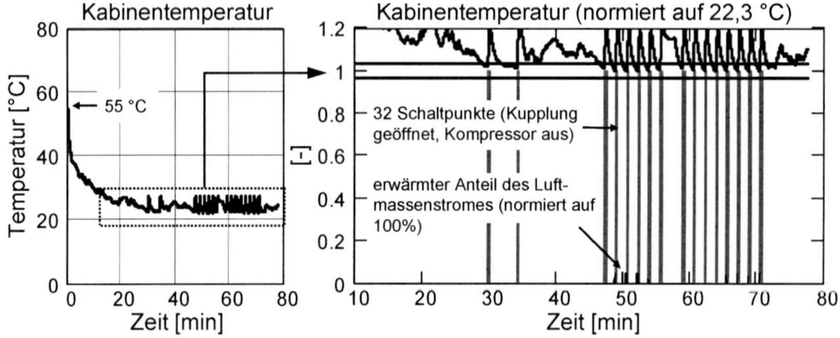

Kraftstoffverbrauch: **8,72 l/100 km** Einsparung: **0,12 l/100 km**

Bild 14: Ergebnisse für Variante 2 bei einer Außentemperatur von 34 °C

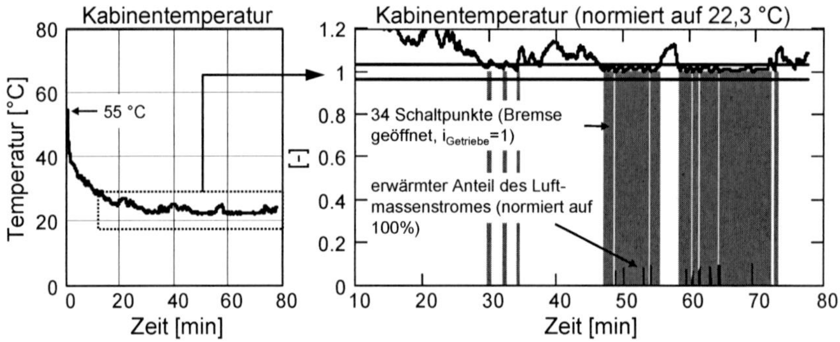

Kraftstoffverbrauch: **8,67 l/100 km** Einsparung: **0.17 l/100 km zu Variante 1**
0,05 l/100 km zu Variante 2

Bild 15: Ergebnisse für Variante 3 bei einer Außentemperatur von 34 °C

6. Zusammenfassung und Ausblick

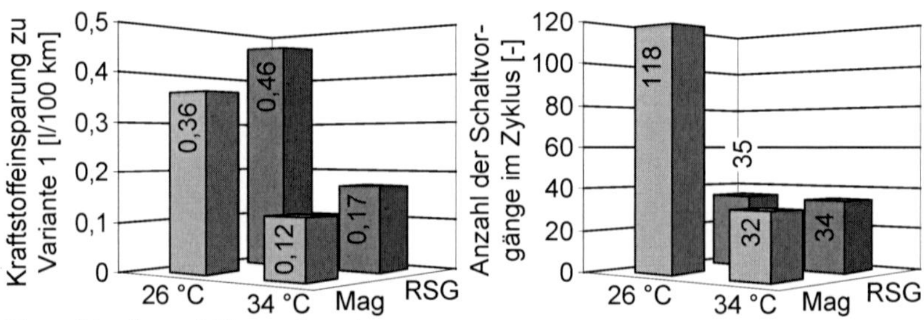

Mag: Version mit Magnetkupplung
RSG: Version mit Riemenscheibengetriebe

Bild 16: Zusammenfassung der Ergebnisse

Mit einer einfachen, aber schon ausreichend genauen Simulationsrechnung konnte nachgewiesen werden, dass die hier zugrunde gelegte Klimaanlage in Verbindung mit einem Riemenscheibengetriebe einige Vorteile bietet. Die Vorteile gegenüber der Magnetkupplungsversion liegen in einer Senkung des Kraftstoffverbrauches und einer Fahrkomforterhöhung. Die Erhöhung des Fahrkomforts ergibt sich dabei aus einem gleichmäßigeren Verlauf der Kabinentemperatur, einer geringeren Schaltanzahl und einem weniger spürbaren Schaltvorgang am Klimakompressor. Diese Vorteile sind bei einer Temperatur von 26 °C, wie sie in Deutschland häufig auftritt, stärker ausgeprägt als bei 34 °C (Bild 16).

Um das Simulationsprogramm für weitere Optimierungen zu nutzen, sollen noch für die Elemente Verdampfer, Kondensator und Kompressor statt der bisher verwendeten Messdaten Berechnungsmodelle hinterlegt werden. Damit kann dann auch die Wirkung des Riemenscheibengetriebes auf verschiedene Anlagenkonzepte und Kompressorgrößen über Parametervariation untersucht werden. Hierbei soll besonders das Zusammenwirken des Getriebes mit Kompressoren, deren Hubvolumen variabel ist, und mit Scrollkompressoren analysiert werden.

Derzeit befindet sich das Riemenscheibengetriebe in der Erprobungsphase für Lenkhilfepumpen und Lader von Verbrennungsmotoren (Bild 17). Durch die geringe Baugröße, die betriebssichere Ausführung und die viel versprechenden Testergebnisse zieht diese Lösung derzeit das Interesse der Automobilindustrie auf sich. Demnächst werden auch Prüfstandsversuche für die Anwendung am Klimakompressor durchgeführt. Dabei soll zusätzlich noch eine Funktion zur vollständigen Deaktivierung des Klimakompressors, ähnlich der Magnetkupplungsversion, integriert und das Getriebe hinsichtlich einer Serienfertigung weiter optimiert werden.

Bild 17: Riemenscheibengetriebe an der Lenkhilfepumpe und am Lader

Literatur

[1] Deh, Ulrich; Kfz-Klimaanlagen, Vogel Fachbuch 1999
[2] Ihle, Claus; Klimatechnik und Kältetechnik, Werner-Verlag 1996
[3] Schlenz, Dieter; PKW-Klimatisierung, Expert Verlag, 2000
[4] Bosch; Technisches Taschenbuch, Vieweg Verlag 2002
[5] Webasto; Schulungshandbuch Kälte-Klima

17 Die Bremsanhänger BA6500.1: ein komfortables Werkzeug für die ortsunabhängige Erprobung von Wärmemanagementkomponenten

Peter Steinberg, Dirk Goßlau, Sven Briesemann

Abstract

Towing dynamometer serve the test and analysis of cooling systems, their components, air conditioning systems or also for the application of different requirements of combustion engine, transmission or vehicle control units. This article shows a new concept to clearly increase the comfort at trail runs. At the same time the length of application can be guaranteed also with high ambient temperatures. In the following one shows, how this was converted and how the BA6500.1 distinguishes itself thus from the competition.

Zusammenfassung

Bremsanhänger dienen dem Test von Kühlsystemen, deren Komponenten, Klimaanlagen oder auch zur Applikation verschiedener Anforderungen aus Motor-, Getriebe- oder Fahrzeugsteuerungen. Dieser Beitrag zeigt ein neues Konzept, mit dem der Komfort bei Versuchsfahrten deutlich gesteigert werden kann. Gleichzeitig kann die Einsatzdauer auch bei hohen Umgebungstemperaturen sichergestellt werden. Im Folgenden wird gezeigt, wie dies umgesetzt wurde und wie sich der BA6500.1 somit von der Konkurrenz abgrenzt.

1. Einleitung

Bei der Fahrzeug- bzw. Prototypenerprobung werden Gebirgsfahrten unternommen, um Belastungstests von Fahrzeugsystemen und Komponenten, zum Beispiel der Motorkühlung, unter Grenzbedingungen durchzuführen.

Diese Bergfahrten sind für die OEM notwendig, jedoch sehr kostenintensiv und zeitaufwendig. Gleichzeitig führt das Nutzen der öffentlichen Gebirgsstraßen zu einem geringen Maß an Reproduzierbarkeit. Jeglicher Verkehr stört bzw. beeinflusst die Messungen.

Neben der nicht möglichen Absperrung von öffentlichen Gebirgsstraßen zum Erhöhen und Sicherstellen reproduzierbarer Testbedingungen, liegt permanent der Nachteil nicht konstanter Steigungen und nicht beliebig langer Wegstrecken vor. Zusätzlich zwingt der Straßenverlauf zur Rücknahme der Motorlast an Kurven!

Daher werden von zahlreichen Fahrzeugherstellern und Systementwicklern sogenannte Bremsanhänger genutzt. Sie simulieren vorgegebene Lasten bei verschiedenen Geschwindigkeiten und sorgen so für effektive und gut reproduzierbare Messdaten auf ebenen Teststrecken. Bremsanhänger können somit auftretende Hangabtriebskräfte von Fahrzeugen und Gespannen an definierten Steigungen simulieren.

1.1 Aufgaben von Bremsanhängern

Neben der Simulation von Hangabtriebskräften sind natürlich auch andere Betriebszustände abbildbar. So können Dauervolllast bei konstanten Geschwindigkeiten ebenso wie der Transport zusätzlicher Massen untersucht werden. Genutzt werden diese Möglichkeiten

- zur Untersuchung des Kühlsystems und dessen Komponenten auf Funktionsfähigkeit und Zuverlässigkeit
- zur Untersuchung der thermischen Belastbarkeit des Motorinnenraums bei niedrigen Geschwindigkeiten (wenig, keine Kühlluft)
- zur Auslegung der Fahrgastzellenklimatisierung
- zur Applikation von Motorsteuerung, Getriebesteuerung, elektronischen Fahrhilfen, etc. (Volllast im Gesamtfahrzeug, Klopfen, Bauteilschutz, ASR, Traktionskontrollen, ...)
- zur komponentenbezogenen Fehleranalyse
- zur Gesamtfahrzeugerprobung aller Bauteile, Komponenten und Systeme bei hohen/höchsten Lasten & niedrigen Geschwindigkeiten (kritische Randbedingungen) – vor allem im Heißlandbetrieb, z.B. Abgasanlagen

Bisher existieren weltweit drei Hersteller von Bremsanhängern. Ein elektrodynamischer Retarder (Wirbelstrombremse) dient jeweils als Belastungsaggregat. In Verbindung mit einem schaltbaren Getriebe wird das Bremsmoment über das Differential an die Räder übertragen.

1.2 Generelle Vorteile durch den Einsatz von Bremsanhängern

Es ergeben sich bedeutende Vorteile durch die Verwendung von Bremsanhängern:

- Zum Testen von Fahrzeugen ist man nicht auf Berge und Steigungen angewiesen. Die Erprobung kann *ortsunabhängig* durchgeführt werden. Die Zugkraftprogrammierung ermöglicht das Nachfahren bestimmter topographischer Profile, also realer Strecken. So kann beispielweise im DeathValley ein Pass der Alpen nachgefahren werden.
- Zwischen den Regelstrategien konstante Zugkraft, konstante Bremskraft, Vorgabe einer Geschwindigkeitsfunktion und Vorgabe einer Bremskraftfunktion ist beliebig wechselbar.

- Bei der Erprobung auf hauseigenen bzw. Test-Strecken ist kein öffentlicher Verkehr beteiligt. Somit steigt der *Erfolg* und die *Reproduzierbarkeit* jeder Messung.
- Durch die Erprobung auf ebenem, privatem Gelände ist ein hohes Maß an *Sicherheit* gegeben.
- Parallel steigt die *Diskretion (Erlkönige)* deutlich, da Photografen u.ä. nur schwer in gute Photoposition gelangen können.
- Da mit Bremsanhängern beinah jedes Testgelände nutzbar ist, erhöhen sich die *terminliche Unabhängigkeit* und die *Testvielfalt*. Der Einfluss von Witterungsbedingungen kann umgangen werden. Es können des weiteren auch Testzyklen gefahren werden, die in der Praxis nicht abbildbar sind, aber aus theoretischer Sicht getestet werden müssen/sollen, beispielweise in der Applikation Neuronaler Netze.
- Die *Validierung von Simulationsergebnissen* kann besser durchgeführt werden.

1.3 Prinzipielle Nachteile von Bremsanhängern

Den Vorteilen von Bremsanhängern stehen natürlich auch einige Nachteile gegenüber:

- Es fallen *hohe Anschaffungskosten* an, die sich erst bei längerer Nutzung amortisieren.
- Bremsanhänger weisen aufgrund der verbauten Technik ein *hohes Eigengewicht* auf, welches zu Grundlasten führt, die u.U. nicht gewollt sind.
- Die *Baugröße* und das Gewicht erschweren die Transportmöglichkeiten.
- Bremsanhänger sind nicht beliebig einsetzbar. Sie weisen eine konstruktiv- und komponentenbedingt *begrenzte Zugkraft und Geschwindigkeit* auf. Dies schmälert den Einsatzbereich.
- Die Beeinflussung der *Aerodynamik des Zugfahrzeuges* muss bei der Versuchsplanung und -auswertung berücksichtigt werden.
- Sie weisen eine *hohe Abhängigkeit zu den Umgebungsbedingungen* auf. Besonders bei hohen Umgebungstemperaturen und hohem Luftdruck wird die Einsatzmöglichkeit stark eingeschränkt.
- Bei Simulation einer Bergfahrt entfällt die in der Realität sinkende Umgebungstemperatur während des Fahrt- und Test-/Messverlaufs.

2. Zielsetzung für den Bremsanhänger BA6500.1

Aus den oben genannten Vor- und Nachteilen ergab sich die Basis-Zielsetzung für diesen Bremsanhänger. Mit den zur Verfügung stehenden Mitteln sollte der neu zu entwickelnde Bremsanhänger mindestens ebenbürtig zu Konkurrenzprodukten sein, aber deren Nachteile reduzieren. Die hierzu durchgeführte Markanalyse zeigt Tabelle 2.1.

	Mitbewerber 1	Mitbewerber 2	Mitbewerber 3		
Fahrwerk	Einzelradaufhängung	Längslenkeraufhängung aus Aluminium	Starrachse mit Blattfederaufhängung		
Getriebe	Modifiziertes Pkw-Getriebe	Übersetzung von 3,54 bis 5,8:1 möglich	mit oder ohne Getriebe lieferbar		
Belastungseinheit	luftgekühlte Wirbelstrombremse	luftgekühlte Wirbelstrombremse	luftgekühlte Wirbelstrombremse		
max. Bremsleistung	140 kW	112 kW	ca. 70 kW	ca. 140 kW	ca. 160 kW
max. Bremskraft	7000 N	5340 N	3389 N	6644 N	7536 N
Geschw.bereich	1–125 km/h	5–112 km/h	5–105 km/h	5–105 km/h	5–105 km/h
Abmaße (L x B x H); [mm]	4580 x 1800 x 1070	3500 x 1910 x 910	3505 x 1905 x 914,4		
max. Gewicht	1018 kg	1111 kg	1072 kg	1223 kg	1318 kg

Tab. 2.1: Marktanalyse der Bremsanhänger-Hersteller

Die Marktrecherche hat die Haupteinsatzbereiche (Zugkraft, Geschwindigkeit) gezeigt. Gleichzeitig wurde analysiert, dass die existierenden Konzepte einige prinzipbedingte Nachteile aufweisen, welche die Bedienung, den Einsatzbereich und/oder die Einsatzdauer betreffen.
So begrenzen luftgekühlte Wirbelstrombremsen die Messdauer erheblich. Besonders bei hohen Umgebungstemperaturen macht sich diese starke Abhängigkeit von den äußeren Randbedingungen deutlich bemerkbar.
Die Verwendung von Schaltgetrieben zum Durchfahren des gesamten Geschwindigkeitstestbereiches oder die Begrenzung durch feste Getriebestufen machen die Benutzung der Bremsanhänger verhältnismäßig unkomfortabel. Gleichzeitig erhöhen Schaltgetriebe die Versuchsdauer und Konditionierzeiten erheblich.

Daher ergaben sich aus Tabelle 2.1 die Ziele für einen eigens entwickelten Bremsanhänger:

- Die Trennung von Kraftentwicklung (Bremsmomentenaufbau) und Wärmeabgabe stand im Vordergrund. Die Umgebungstemperatur sollte ebenso minimalen Einfluss auf eine Testprozedur haben wie die Dauer der Belastung.
- Zur Erhöhung des Komforts wurde das Ziel gesetzt, eine Getriebe-Belastungsaggregat-Kombination umzusetzen, mit welcher der gesamte Geschwindigkeitsbereich ohne Schalten durchfahren werden kann.
- Ebenso wie die auf dem Markt existierenden Produkte sollte der neue Bremsanhänger über eine komfortable Fernbedienung verfügen. Diese sollte übersichtlich gestaltet, intuitiv bedienbar und unanfällig sein. Die Fernbedienung sollte ein Not-Aus-Reset ermöglichen. Ferner wurde das Ziel gesetzt,

neben einer aktiven Datenabfrage von Parametern auch die Eigendiagnose verfolgen zu können.

- Die durch den Bremsanhänger erfassten Daten sollten nicht mehr per Datenkabel an einen zusätzlich notwendigen Rechner übermittelt werden. Durch Einsatz einer Flash-Card im Bremsanhänger sollte ein komfortables, unanfälliges, weltweit nutzbares Speichersystem umgesetzt werden.
- Der Bremsanhänger muss über eine ABE oder EBE verfügen, um ihn im öffentlichen Straßenverkehr transportieren und nutzen zu können.
- Ein weiterer besonders wichtiger Punkt bei dieser Entwicklung war die Verbesserung der Zugkraftmessung.

3. Realisierung

3.1 Die Zugkraftanforderungen und -absicherung im BA6500.1

Ausgehend von der Zielsetzung wurde ein Lastenheft erstellt, welches alle zu erfüllenden Anforderungen genauer spezifizierte.
Unter anderem wurde für den neuen Bremsanhänger festgelegt, dass er ein 6.500kg schweres Gespann an einer 8%-igen Steigung simulieren können soll. Unter Berücksichtigung einer Kraftreserve wurde die maximale Zugkraft auf 6.500N festgelegt.
Des weiteren soll der Bremsbetrieb im Geschwindigkeitsbereich 20km/h bis mindestens 130km/h sichergestellt sein.

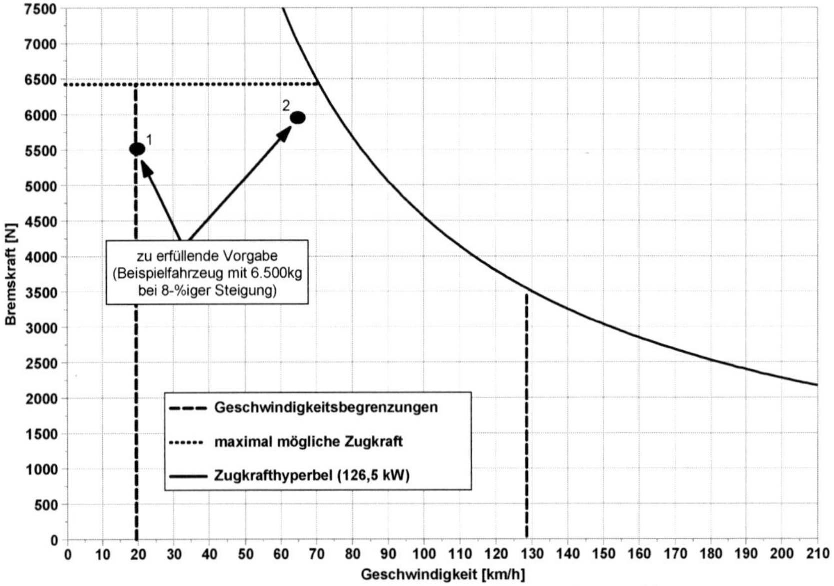

Abb. 3.1.1: Zugkraftkennfeld – Vorgabe für den Bremsanhänger BA6500.1

Aus Vorgabepunkt 2 (Abb. 3.1.1) ergab sich eine mögliche Zugkraft von 6.000N bei 65km/h im Dauerbetrieb. Um diesen Betriebspunkt sicher, d.h. mit ausreichend Reserve abzubilden, ergab sich eine maximale Bremsleistung von 126,5kW.

Augrund der Zielsetzung, eine möglichst hohe Unabhängigkeit von der Umgebungstemperatur zu erreichen, fiel die Entscheidung für eine Drehstrommaschine als Belastungseinrichtung des Bremsanhänger. Solche Maschinen sind von ortsfesten Prüfständen bekannt.

Mithilfe einer überdrehenden Drehstrom-Synchronmaschine mit 126,5kW konnte bei geeigneter Übersetzung sowohl der Geschwindigkeitsbereich als auch die gewünschte Zugkraft in allen erforderlichen Punkten realisiert werden. Aufgrund der zusätzlichen Fahr- und mechanischen Widerstände durch die Kraftübertragung, elektrische Verluste und die Eigenenergieversorgung des Anhängers erhöht sich die mögliche Bremskraft um zusätzlich 800N. Bild 3.1.2 zeigt die möglichen zu simulierenden Lasten:

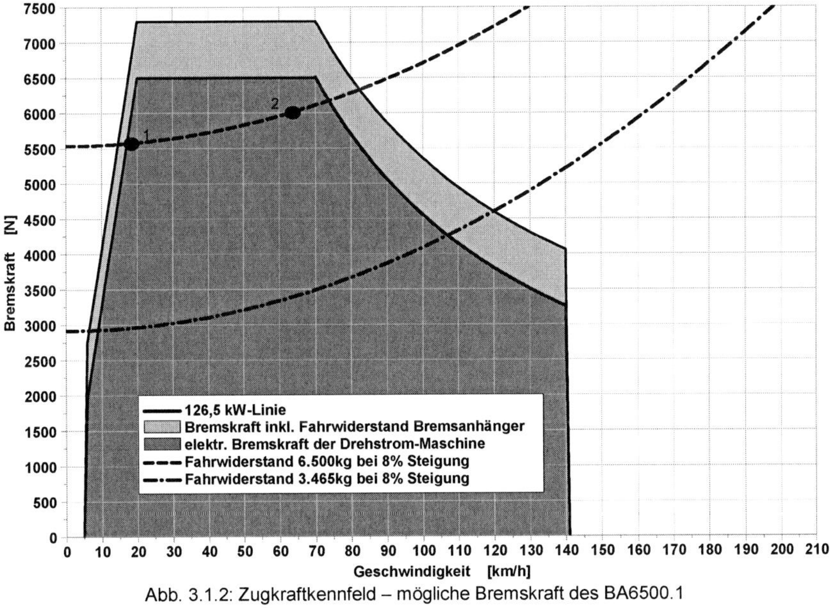

Abb. 3.1.2: Zugkraftkennfeld – mögliche Bremskraft des BA6500.1

Der geforderte Bremskraftbereich wurde sowohl in der maximalen Zugkraft als auch im möglichen Geschwindigkeitsbereich um knapp 10% übertroffen. Von 5km/h bis 140km/h sind die in Bild 3.1.2 dargestellten Zugkräfte beliebig simulierbar.

3.2 Das einstufige Getriebe – Komfortelement im BA6500.1

Mit der überdrehenden Synchronmaschine konnte gleichzeitig ein Durchfahren des gesamten Geschwindigkeitsbandes ohne Schalten realisiert werden. In Kombination mit einem geeigneten Getriebe wurde somit ein Tool geschaffen, welches den Komfort beim Test von Kühlsystemen und -komponenten deutlich steigert.

Das Getriebe sollte in erster Linie die erforderliche kleine Übersetzung realisieren und den großen Achsabstand überbrücken. Parallel wurden Anforderungen an minimales Gewicht und Geräuscharmut gestellt.
Gewählt wurde eine Riemengetriebe. Es ermöglicht hohe Achsabstände bei geringem Gewicht und gleichzeitig geringen Geräuschemissionen. Um die hohen Leistungen zu übertragen, wurde auf einen Riemen mit Pfeilverzahnung zurückgegriffen.

Innerhalb des Getriebes ist die Hauptkupplung integriert, die den Kraftfluss zwischen Differential und Drehstrom-Maschine trennt. Die Hauptkupplung kann über die Fernbedienung angesteuert werden. Generell öffnet sie sich im Überlast- und Not-Aus-Fall selbstständig. Nach einem Not-Aus-Reset schaltet sich die Hauptkupplung nach 5s wieder ein. In dieser Zeit erfolgt eine Diagnose aller Systeme.

3.3 Leistungselektrik und Steuerelektronik

Die Drehstrom-Synchronmaschine arbeitet im generatorischen Betrieb und erzeugt elektrisch ein Bremsmoment. Die durch den Bremsbetrieb erzeugte Leistung wird an luftgekühlte kaskadierte Widerstände abgegeben. Gegenüber einem Retarder entsteht der deutliche Vorteil, dass die Umwandlung in Verlustwärme nicht in der Belastungseinrichtung selbst geschieht. Durch diese *Trennung der Energieumwandlung und -abfuhr* ist die Einsatzdauer unabhängig von der Höhe der Last. Gleichzeitig beeinflusst die Umgebungstemperatur die Test- und Messdauer deutlich weniger.

Zur Sicherstellung der Eigenenergieversorgung des Bremsanhängers sind zwei Generatoren verbaut. Sie versorgen die Steuerelektronik mit der notwendigen Spannung. Beide sind für unterschiedliche Drehzahl- bzw. Geschwindigkeitsbereiche ausgelegt. Ein Generator wird permanent betrieben. Er liefert jedoch erst ab ca. 70km/h ausreichend Strom. Zur Absicherung der Stromversorgung bei niedrigen Geschwindigkeiten wird ein zweiter Generator, ausgelegt für diesen Bereich, genutzt und bei höheren Geschwindigkeiten (v≥65km/h) automatisch ausgekuppelt. Bei ihm ist eine Hysterese von 10km/h hinterlegt.

Weitere Eigenschaften, um einen komfortablen und sicheren Betrieb zu ermöglichen, sind die Selbstdiagnose des BA6500.1 bei Inbetriebnahme bzw. Start einer Versuchsfahrt (inkl. Fehlerspeicher) und die Verwendung einer Flash-Card zur Datensicherung.
Die Flash-Card ist gekennzeichnet durch einfache, komfortable Bedienung und hohe Verfügbarkeit von Speichermedien. Die Unabhängigkeit von einem zusätzlichen Rechner (Laptop), damit verbundener Spannungsversorgung und der Verbindung

zum Bremsanhänger mittels Datenkabel, erleichtert den weltweiten Einsatz und reduziert mögliche Fehlerquellen in der Bedienung und Nutzung.

3.4 Messsystem und Bedienung

Kern des Messsystems am Bremsanhänger ist die Einrichtung zur Bestimmung der Zugkraft. In der Regel wird eine Kraftmessdose (im folgenden KMD genannt) in der Deichsel verbaut, welche die axialen Kräfte bestimmt.

Abb. 3.4.1: Kraftmessdose mit Aufnahmen für Deichsel und Kugelkopf

Am BA6500.1 wurde eine KMD von HBM mit DMS-Vollbrücke verbaut. Durch ein direktes Anbringen an der Kugelpfanne erhöht sich die Mess- und Regelgenauigkeit erheblich. Begründet ist dies durch den geringsten Einfluss von Querkräften, Elastizitäten u.a. der Auflaufbremse. Da die Kraftmessdose ein tragendes Element der Deichsel ist und gleichzeitig der maximalen Biegebeanspruchung unterliegt, wurde sie in die Festigkeitsberechnung einbezogen und einer gesonderten Analyse bei der Dekra unterzogen.
Im verbauten Zustand weist die verwendete KMD eine Messgenauigkeit von ≤0,25% bei gleichzeitiger Querkraftkompensation von mehr als 99,7% auf.

Die Bedienung des Bremsanhängers erfolgt vom Zugfahrzeug aus mit einem handlichen Bediengerät, auf dem der Betriebsmodus und die entsprechenden Werte eingestellt werden. Die Verbindung mit dem Bremsanhänger wird durch eine handelsübliche Datenleitung (CAN-Bus) hergestellt

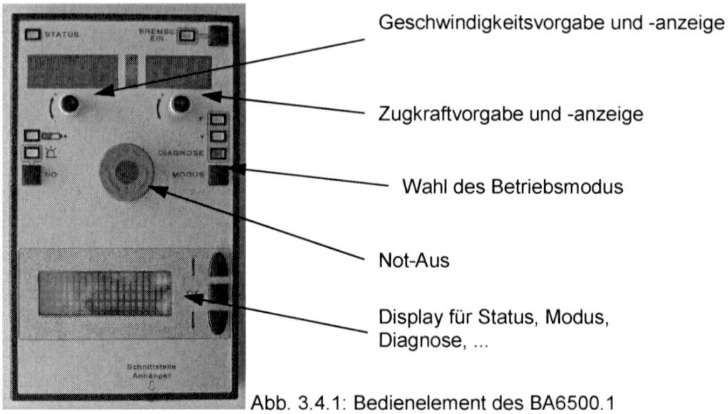

Abb. 3.4.1: Bedienelement des BA6500.1

Die Bedienoberfläche kann individuell gestaltet werden. So ist es möglich, alternativ zur Zugkraftvorgabe auch eine Fahrzeuggewicht/Steigungskombination zu implementieren.

3.5 Funktionsprinzip – Kraft- und Energieflüsse

Wie oben bereits beschrieben, wird die Bremskraft an den Rädern durch eine Drehstrom-Synchronmaschine bewirkt. Das Bremsmoment wird vom Generator an das einstufige Riemengetriebe übergeben. Dort wird der Achsabstand überwunden und es findet eine Übersetzung der Drehzahl statt. Zwischen Getriebe und Achsdifferential sitzt die Hauptkupplung, welche im unbelasteten Betrieb Getriebe und Generator von Antriebskräften entkoppelt. Die Kraftumlenkung auf beide Räder und eine zweite Drehzahlanpassung erfolgt im Achsdifferential.

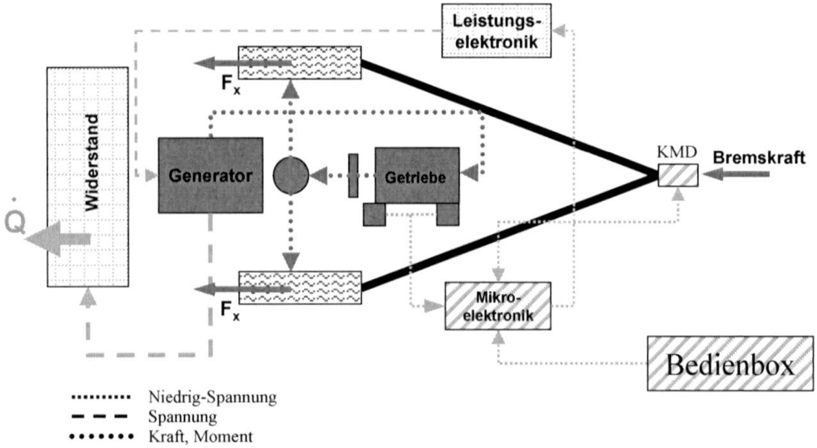

Abb. 3.5.1: Kraft- und Energieflussschema des BA6500.1

Die Größe des Bremsmomentes wird am Generator durch die Leistungselektronik vorgegeben. Diese erhält aus der Mikroelektronik die entsprechenden Steuer- und Regelsignale. Die Signale werden durch Vergleich der Informationen aus der Kraftmessdose und den Rad- & Getriebedrehzahlsensoren sowie den Vorgaben für Geschwindigkeit und Zugkraft von der Bedienbox berechnet. Somit ergibt sich die Regelstrecke zwischen Bremskraftaufbau und Bremskraftbestimmung aus den in Abb. 3.5.1 dargestellten Komponenten.

Der im Bremsbetrieb am Generator erzeugte Strom wird an die kaskadierten Widerstände geleitet und dort über Luftkühlung an die Umgebung abgeführt. Da die Austrittsöffnung des Widerstandspaketes unter dem Bremsanhänger liegt, wie in Abb. 3.5.1 dargestellt, wird die gesamte Bremsleistung als Wärmestrom so abgeführt, dass die erzeugte Wärme sich nicht negativ auf Komponenten des BA6500.1 und somit auf das Leistungsvermögen auswirkt.

3.6 Kühlsystem des Bremsanhängers BA6500.1

Zur Gewährleistung der Leistungsfähigkeit des Bremsanhängers ist er mit zwei Kühlkreisen ausgestattet. Zum einen verfügt er über eine Flüssigkühlung ausgewählter Komponenten. Zum anderen besitzt er die bereits in Kap. 3.5 erwähnte Luftkühlung zur Abfuhr der erzeugten Wärme.
Der Kühlkreislauf mit Wasser-Glykol-Gemisch kühlt sowohl die Leistungselektronik als auch das Differential. Dadurch kann eine lange Einsatzdauer auch bei hohen Umgebungstemperaturen sichergestellt werden. Vor allem die Kühlung der Drehstrommaschine ermöglicht lange Zugkraftsimulationen mit hoher Last. Hier zeigt sich ein eindeutiger Vorteil gegenüber dem Einsatz von Wirbelstrombremsen (Retarder) in Bremsanhängern.
Das Differential, serienmäßig ohne Ölkühlung verbaut, wurde durch eine Kühlmittel-Ölkühlung erweitert. Lange Einwirkung maximaler Zugkraft kann bei langsamen Fahrgeschwindigkeiten, d.h. geringer Unterbodenströmung zu hohen Differentialöltemperaturen führen. Hinzu kommt die Krafteinwirkung entgegen der ursprünglichen Auslegung des Differentials eines Serienfahrzeuges. Durch die Einkopplung in den Kühlmittelkreislauf mithilfe eines serienmäßigen Öl-Kühlmittel-Wärmetauscher kann eine optimale Öltemperatur sichergestellt werden. Eine temperaturabhängige Kühlregelung stellt optimale Betriebstemperaturen sicher. Die temperaturgesteuerte Ölpumpe bewirkt dabei beste Schmier- und Reibungsbedingungen bei geringster thermischer Ölbelastung.

Die Luftkühlung der Leistungswiderstände wird durch eine Lufthutze sichergestellt. Sie lenkt den Luftstrom, der den Bremsanhänger überstreicht, gezielt durch die Widerstände. Wird der BA6500.1 bei niedrigen Geschwindigkeiten betrieben, stellen zusätzliche E-Lüfter eine ausreichende Kühlung sicher. Diese werden temperaturabhängig angesteuert.

3.7 Mechanik, Besonderheiten

Der Bremsanhänger wurde in seiner Gesamtheit modular aufgebaut. Er besteht neben dem Generator, Getriebe, Leistungselektrik und Elektronik aus folgenden Modulen:

- Stahl-Gitterrohrrahmen
- Integrierte Stapleraufnahmen (aircargo-fähig)
- Mehrlenker-Achse für Geschwindigkeits-, Längs- und Querkraftstabilität
- Aluminiumkarosserie

Besonderheiten:

- innenbelüftete Scheibenbremse
- hydraulische Einkreis-Auflaufbremse
- elektrische Rückfahrautomatik – zusätzlich mechanisch sperrbar
- großer Böschungswinkel (>18°)
- Variable Stützlast
- 125l staub- und wasserdichter Stauraum mit Druckausgleich (zum Beispiel für Messtechnik-Transport)
- Einsatzbedingungen: -20°C ... +45°C , bis zu 2.500m über N.N.
- rüttelfest bis 3g
- EBE vorhanden, ABE-fähig

Autorenverzeichnis

Prof. Dr.-Ing. Peter Steinberg
Brandenburgische
Technische Universität
Cottbus

Dr.-Ing. Peter Ambros
Modine Europe GmbH
Filderstadt

Dipl.-Ing. Oleksiy Antoshkiv
Brandenburgische
Technische Universität
Cottbus

Dipl.-Ing. Reinhold Bals
IAV GmbH
Gifhorn

Dipl.-Ing. Ralf Barthel
FEV Motorentechnik GmbH
Aachen

Dipl.-Ing. Rico Baumgart
Technische Universität
Chemnitz

Prof. Dr.-Ing. Heinz Peter Berg
Brandenburgische
Technische Universität
Cottbus

Dipl.-Ing. Ralf Binnenbruck
Brandenburgische
Technische Universität
Cottbus

Dipl.-Ing. Michael Bodmann
TLK-Thermo GmbH
Braunschweig

Dipl.-Ing. Christof Böttcher
Volkswagen AG
Wolfsburg

Dipl.-Ing. Sven Briesemann
Brandenburgische
Technische Universität
Cottbus

Dipl. Masch.-Ing. FH
Thomas Bürgin
Rieter Automotive Systems
Winterthur / Schweiz

Ing. Claudenê Correia, M.Sc.
Technische Universität
Braunschweig

Dipl. Masch.-Ing. ETH
Hermann de Ciutiis
Rieter Automotive Systems
Winterthur / Schweiz

Prof. Dr.-Ing. Norbert Deußen
Fachhochschule Köln

Dr.-Ing. Jürgen Dohmen
FEV Motorentechnik GmbH
Aachen

Dipl.-Ing. (FH) Jens Gebhardt
VTAT GmbH
St. Egidien

Dipl. Masch.-Ing. Luka Gorlato
Rieter Automotive Systems
Winterthur / Schweiz

Dipl.-Ing. Dirk Goßlau
Brandenburgische
Technische Universität
Cottbus

DI Josef Hager
MAGNA POWERTRAIN –
Engineering Center Steyr
GmbH & Co KG
St. Valentin

Prof. Dr.-Ing. Andreas Huster
Fachhochschule Koblenz

Dipl.-Ing. Daniel Jänsch
IAV GmbH
Berlin

Dipl.-Ing. (FH) Christian Karl
MAN Nutzfahrzeuge AG
München

DI Filip Kitanoski
Kompetenzzentrum
»Das virtuelle Fahrzeug«
Forschungsgesellschaft mbH (vif)
Graz / Österreich

Dipl.-Ing. Jens Kitte
IAV GmbH
Berlin

Dipl.-Ing. Stefan Klopstein
FEV Motorentechnik GmbH
Aachen

Prof. Dr.-Ing. Arno H. Klose
Fachhochschule Hannover

Prof. Dr.-Ing. Jürgen Köhler
Technische Universität
Braunschweig

Dr.-Ing. Claudius Kormann
BASF AG
Ludwigshafen

Dipl.-Ing. Roland Kossel
TLK-Thermo GmbH
Braunschweig

Dr.-Ing. Martin Kröner
Thermotec Engineering
Services GmbH
Erding

DI Günter Lang
Kompetenzzentrum
»Das virtuelle Fahrzeug«
Forschungsgesellschaft mbH (vif)
Graz / Österreich

Dr.-Ing. Nicholas Lemke
TLK-Thermo GmbH
Braunschweig

Dipl.-Ing. Matthias Michniacki
Volkswagen AG
Wolfsburg

Dipl.-Ing. Steffen Müller
BMW AG
München

DI Heinz Petutschnig
Kompetenzzentrum
»Das virtuelle Fahrzeug«
Forschungsgesellschaft mbH (vif)
Graz / Österreich

Dipl.-Ing. Jordi Pirk
VOLKE Consulting Engineers
GmbH & Co. Planungs KG
München

Dipl.-Ing. Manfred Plechaty
BMW AG
München

Dr.-Ing. Christian Poruba
BMW AG
München

Dipl.-Ing. Youen Puillandre
Delphi Automotive Systems
Bascharage / Luxemburg

DI (FH) Wolfgang Puntigam
Kompetenzzentrum
»Das virtuelle Fahrzeug«
Forschungsgesellschaft mbH (vif)
Graz / Österreich

Dr.-Ing. Rainer Richter
BMW AG
München

Dipl.-Ing. Heiko Schulz-Andres
Hyvatec Hückeswagen GmbH
Hückeswagen

Dr.-Ing. Gerald Seider
BMW AG
München

Yevgen Shumeyko
Brandenburgische
Technische Universität
Cottbus

Dr.-Ing. Wilhelm Tegethoff
Technische Universität
Braunschweig
TLK-Thermo GmbH
Braunschweig

Prof. Dr.-Ing. Peter Tenberge
Technische Universität
Chemnitz

Dr.-Ing. Klaus Tüber
Modine Europe GmbH
Filderstadt

Dipl.-Ing. Michael Webner
VTAT GmbH
St. Egidien

Dipl.-Ing. Benedikt Winter
BMW AG
München